内爆冲击动力学

蔡星会　杭贵云　刘欣　编著

国防工业出版社
·北京·

内容简介

本书按照认识论规律，从炸药爆轰波基础知识开始，在此基础上介绍爆轰波传播规律及爆轰波的控制方法，而后介绍爆轰波与介质之间的相互作用，层层递进介绍固体中高压冲击波的传播规律，以及高压冲击波与介质的相互作用，球面爆轰波和冲击波相关知识分别融入爆轰波传播和高压冲击波与介质作用章节，最后介绍了冲击动力学实验技术。各部分知识注重前后衔接，循序渐进地引出物理概念，深入浅出地介绍计算方法，并对导出的结论进行深入分析。

本书注重基本概念、基本理论和物理意义的讲解与分析，是火箭军工程大学核工程与核技术专业本科生教材，也可作为弹药工程与爆炸技术、工程力学专业学生的参考书籍，同时还可作为相关专业教师、研究生及科研人员的参考指导书。

图书在版编目(CIP)数据

内爆冲击动力学 / 蔡星会，杭贵云，刘欣编著.
北京：国防工业出版社，2025. 9. -- ISBN 978-7-118-13731-6

Ⅰ. O38

中国国家版本馆 CIP 数据核字第 2025XE2152 号

※

国防工业出版社出版发行
（北京市海淀区紫竹院南路 23 号　邮政编码 100048）
三河市天利华印刷装订有限公司印装
新华书店经售

*

开本 710×1000　1/16　**印张** 15¼　**字数** 280 千字
2025 年 9 月第 1 版第 1 次印刷　**印数** 1—1500 册　**定价** 99.00 元

国防书店：(010)88540777　　发行邮购：(010)88540776
发行传真：(010)88540755　　发行业务：(010)88540717

前　言

爆炸与冲击在国防军事和国民经济领域应用广泛。军事上通过炸药爆炸和弹丸冲击实现对目标的打击与破坏，民用上通过各种工程爆破、爆炸成型与焊接实现各类工程的建设或设备的制造。本书融合了爆炸冲击与内爆相关理论，以武器内爆效应、战斗部终点效应为应用背景，着重介绍炸药爆轰、爆轰波传播及其与介质的相互作用、高压冲击波在介质中的传播及其与介质的作用、球面爆轰波及冲击波传播等知识。

全书共分6章。第1章介绍爆轰波基础知识，着重讲述了爆轰波CJ模型与ZND模型，爆轰产物状态方程；第2章介绍爆轰波传播及波形控制，着重讲述了爆轰波反射、波形控制方法及球面波传播理论知识；第3章介绍爆轰波与介质的相互作用，着重讲述了爆轰波与介质之间的反射过程与计算方法；第4章介绍固体中高压冲击波的传播理论，着重讲述了固体中高压冲击波计算所必需的状态方程与等熵方程；第5章介绍高压冲击波与介质的作用，着重讲述了高速撞击产生的初始冲击波及一维平面冲击波的相互作用过程，并讲述了球面聚心冲击波的计算方法；第6章介绍冲击动力学实验技术，着重讲述了霍普金森杆与气体炮实验技术。考虑课程思政教学的需要，附录中介绍了与书中理论相关的人物生平与事迹，方便读者阅读与参考。

本书结合最近多年来的教学科研实践，参考吸取国内外的一部分科研成果以及相关书籍的内容编纂而成，在此向有关单位和作者一并表示感谢。限于作者的水平，书中难免存在不足和不妥之处，衷心欢迎读者批评指正。

作者

2025年4月于西安

目　录

第1章 爆轰波基础

爆轰波是含有化学反应的强冲击波。爆轰过程中,物质的化学反应和介质运动同时发生,整个过程既涉及化学动力学过程,又涉及流体动力学过程。

20世纪初,Chapman、Jouguet等人不考虑爆轰的化学动力学过程,单纯从流体动力学角度出发,将爆轰波看作未反应物质与反应物质之间的突跃间断面,运用质量、动量、能量守恒方程研究问题,并且提出爆轰波稳定传播的条件,从而发展成为爆轰波CJ理论,即爆轰流体动力学理论。该理论不仅能够定性解释爆轰波传播的物理现象,而且建立了一套计算爆轰波参数的理论公式,直到现在仍然得到广泛应用。

由于爆轰波具有一定的厚度,且爆轰波阵面内部必定涉及化学动力学过程,因而CJ理论除在计算爆轰波参数上存在不小的误差外,还不能计算爆轰反应区内的参数分布。20世纪40年代,Zeldovich、Von Neumann和Doering各自独立提出了同一种有关爆轰波的模型,简称ZND模型。该模型把爆轰波看成由前沿冲击波和紧跟在其后的化学反应区组成,即用冲击波和化学反应区的组合取代了CJ理论中简单的突跃间断面。

无论是CJ理论,还是ZND模型,都是在一维定常流动下做出的,实际上并未完全反映爆轰波内所发生过程的真实情况。许多研究表明,爆轰往往是以螺旋爆轰的方式进行,爆轰波不是光滑面,存在着复杂的三维波系,这些波系相互作用形成称为胞格结构的状态,并且这种理论在推动着爆轰学的发展。

1.1 爆轰波的CJ模型

从本质上讲,爆轰波是在炸药中传播的一种极强冲击波。这种冲击波在炸药中传播过后,使得炸药受到强烈冲击压缩,压力、温度皆上升到很高的数值,炸药立即发生剧烈的化学反应,并且释放出大量的化学能,所释放的能量又供给冲击波对下一层炸药进行冲击压缩,从而使得爆轰波在炸药中一层层地传播下去。由此可见,爆轰波可以看作是带有化学反应区的冲击波。

1.1.1 守恒方程

爆轰波的流动图形如图1-1所示,前沿击波连同其后化学反应区的传播速度

为 D，前沿冲击波之前是未反应的炸药，炸药处于初态：初始压力为 p_0，密度为 ρ_0，单位质量内能为 e_0，质点速度取 $u_0=0$；前沿冲击波后化学反应区内的状态是变化的，化学反应区初始断面处炸药受到冲击压缩，开始化学反应，化学反应区末断面化学反应结束后，全部变成爆轰产物，单位质量炸药放出化学能 Q_v；化学反应区之后爆轰产物的状态：压力为 p_{H}，密度为 ρ_{H}，单位质量内能为 e_{H}，爆轰产物的质点速度为 u_{H}。

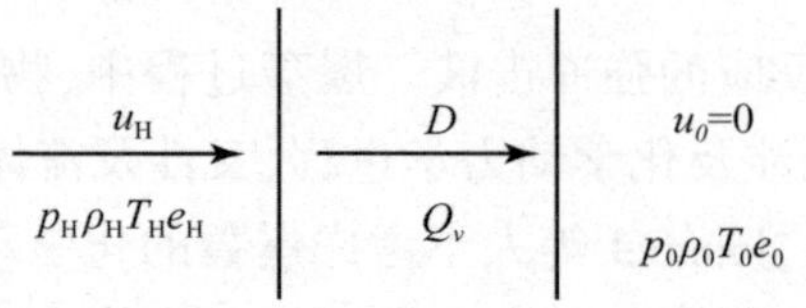

图 1-1　爆轰波在地面坐标系中的流动

为了研究问题方便，把坐标原点取在爆轰波波阵面上，采用爆轰波不动的相对坐标系。在这个坐标系中，炸药以 D 的速度流入爆轰波，爆轰产物以 $D-u_{\mathrm{H}}$ 的速度从爆轰波流出(图 1-2)。并且，只研究爆轰波前、后物质的流动，而不考虑爆轰波内部的化学反应。于是可得各守恒方程如下。

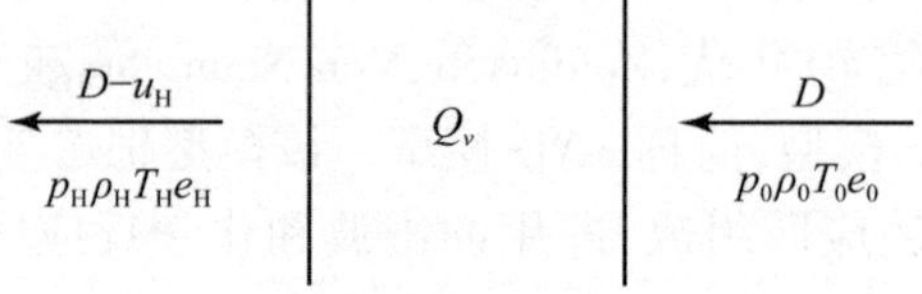

图 1-2　爆轰波在相对坐标系中的流动

1. 质量守恒方程

单位时间内流入爆轰波的物质质量等于从爆轰波流出的物质质量。

$$\rho_0 D = \rho_{\mathrm{H}}(D - u_{\mathrm{H}}) \tag{1-1}$$

2. 动量守恒方程

单位时间内作用于爆轰波的冲量等于这段时间内爆轰波前、后物质动量的增量。

$$p_{\mathrm{H}} - p_0 = \rho_0 D u_{\mathrm{H}} \tag{1-2}$$

3. 能量守恒方程

单位时间内流入爆轰波的能量与爆轰波反应区放出的能量之和，等于爆轰波后物质所具有的能量。单位时间内流入爆轰波的能量包括：物质的内能 $\rho_0 D e_0$，介质运动的动能 $\frac{1}{2}\rho_0 D D^2$，介质体积和压力所决定的压力位能 $p_0 D$，单位时间内爆轰反应区放出的化学能 $\rho_0 D Q_v$，单位时间内爆轰产物所具有的能量包括：物质的内能 $\rho_{\mathrm{H}}(D-u_{\mathrm{H}})e_{\mathrm{H}}$，介质运动的动能 $\frac{1}{2}\rho_{\mathrm{H}}(D-u_{\mathrm{H}})(D-u_{\mathrm{H}})^2$，介质体积和压力所决定的压

力位能$\rho_H(D-u_H)$,按照能量守恒定律

$$\rho_0 De_0 + \frac{1}{2}\rho_0 DD^2 + p_0 D + \rho_0 DQ_v$$
$$= \rho_H(D - u_H)e_H + \frac{1}{2}\rho_H(D - u_H)(D - u_H)2 + p_H(D - u_H) \tag{1-3}$$

该式两边同除以$\rho_0 D$,并且利用式(1-1),得

$$e_0 + \frac{1}{2}D^2 + \frac{p_0}{\rho_0} + Q_v = e_H + \frac{1}{2}(D - u_H)^2 + \frac{p_H(D - u_H)}{\rho_0 D} \tag{1-4}$$

整理且利用式(1-2),则能量守恒方程为

$$e_H - e_0 = \frac{P_H u_H}{\rho_0 D} - \frac{1}{2}u_H{}^2 + Q_v \tag{1-5}$$

式(1-1)~式(1-5)是爆轰波的基本方程式,从这些基本方程可以推导出爆轰参数之间的关系。由式(1-1)和式(1-2)可得

$$\frac{\rho_H u_H}{\rho_H - \rho_0} = \frac{p_H - p_0}{\rho_0 u_H} \tag{1-6}$$

引入比容$v_0 = \frac{1}{\rho_0}$,$v_H = \frac{1}{\rho_H}$,得到爆轰波后质点速度为

$$u_H = \sqrt{(p_H - p_0)(v_0 - v_H)} \tag{1-7}$$

将式(1-7)代入式(1-2),得到爆轰波传播速度为

$$D = v_0\sqrt{\frac{p_H - p_0}{v_0 - v_H}} \tag{1-8}$$

式(1-8)是爆轰波速度表达式,又称为 Rayleigh 方程。

将式(1-7)、式(1-8)代入式(1-5)得

$$e_H - e_0 = \frac{p_H}{\rho_0}\frac{\sqrt{(p_H - p_0)(v_0 - v_H)}}{v_0\sqrt{\frac{p_H - p_0}{v_0 - v_H}}} - \frac{1}{2}(p_H - p_0)(v_0 - v_H) + Q_v \tag{1-9}$$

整理得到

$$e_H - e_0 = \frac{1}{2}(p_H + p_0)(v_0 - v_H) + Q_v \tag{1-10}$$

式(1-10)是用压力和比容表示的能量守恒方程,通常称为 Hugoniot 方程。

式(1-7)、式(1-8)和式(1-10)是由三个守恒方程转换来的,与三个守恒方程具有同等的作用,亦可用作研究爆轰波的基本方程。

1.1.2 爆轰波基本方程讨论

下面分别讨论一下式(1-8)和式(1-10)。

1. Rayleigh 线

由式(1-8)得到 Rayleigh 线方程

$$p_{\mathrm{H}} = p_0 + \frac{D^2}{v_0^2}(v_0 - v_{\mathrm{H}})$$

在 p-v 平面上,这是一条直线(图 1-3)。直线的始点为(v_0,p_0),直线的斜率为

$$\tan\alpha = \frac{D^2}{v_0^2}$$

或写成

$$\tan\varphi = \frac{D^2}{v_0^2}$$

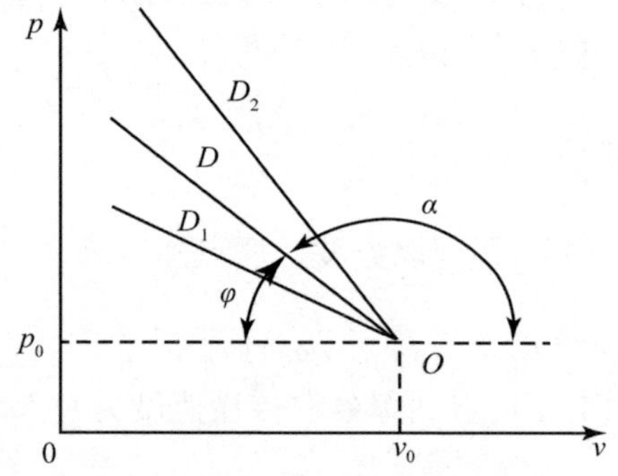

图 1-3　Rayleigh 线

由于方程中不含有能量项,因而爆轰波 Rayleigh 线与冲击波 Rayleigh 线相一致。Rayleigh 线具有下列性质。

(1) Rayleigh 线是以炸药初始状态(v_0,p_0)为始点,向外发出的一条直线。

(2) 当给定初始状态(v_0,p_0)和爆速 D 后,Rayleigh 线就确定了。也就是说,初始压力和比容分别为 p_0、v_0 的炸药,爆速 D 确定后,爆轰波反应区末端面上爆轰产物的压力 p_{H} 和比容 v_{H} 一定在这条直线上。

(3) 当给定初始状态(v_0,p_0),而爆速 D 变化时,此直线斜率发生变化。当爆速 $D_2>D>D_1$ 时,直线斜率 $\tan\varphi_2>\tan\varphi>\tan\varphi_1$。

2. Hugoniot 线

仍然在横坐标为比容、纵坐标为压力的平面上讨论问题。式(1-10)在 p-v 平面上,是一条位于(v_0,p_0)点上方的凹向上的双曲线(图 1-4)。

为了分析这条曲线,首先讨论一下冲击波的 Hugoniot 曲线。冲击波能量守恒方程与爆轰波能量守恒方程比较,只是缺少了化学能项,因而从式(1-10)中去掉 Q_v,即是冲击波 Hugoniot 曲线

$$e_H - e_0 = \frac{1}{2}(p_H + p_0)(v_0 - v_H)$$

按照理想气体内能表达式 $e=c_vT=\frac{R}{\gamma-1}T$，理想气体状态方程 $pv=RT$，其中，c_v 为定容比热容，γ 为比热比，R 为气体常数。

代入 $e_H=\frac{p_H-v_H}{\gamma-1}$，$e_0=\frac{p_0v_0}{\gamma-1}$，得

$$\frac{p_Hv_H}{\gamma-1} - \frac{p_0v_0}{\gamma-1} = \frac{1}{2}(p_H + p_0)(v_0 - v_H)$$

整理后得到

$$p_Hv_H - \frac{\gamma-1}{\gamma+1}p_Hv_0 + \frac{\gamma-1}{\gamma+1}p_0v_H - p_0v_0 = 0$$

由对一般二次曲线方程的判别得知，这是一条过炸药初始状态 (v_0, p_0) 的双曲线。方程表明，不论冲击波传播速度如何，冲击波过后气体的压力 p_H 和比容 v_H 的坐标点皆在这条曲线上。

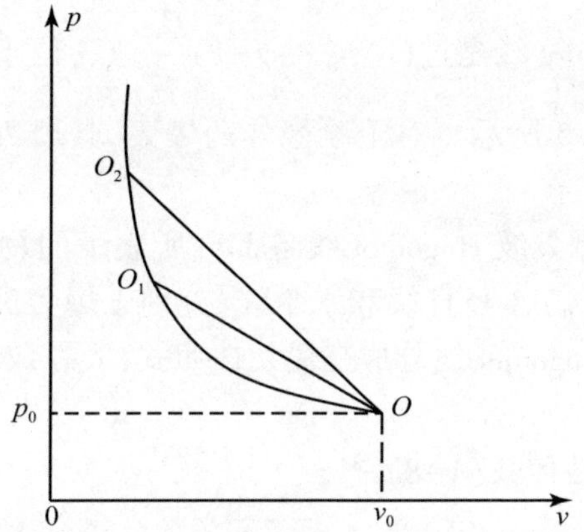

图 1-4　冲击波 Hugoniot 线

冲击波后气体的压力和比容必须与冲击波 Rayleigh 线联立求出。以 (v_0, p_0) 为初始点、一定波速 D 的 Raileigh 线和过同一初始点 (v_0, p_0) 的 Hugoniot 线的交点，则为冲击波波后气体所达到的压力和比容。如图 1-4 所示，曲线弧 O_{12} 是过 (v_0, p_0) 点的 Hugoniot 线，O_1 和 O_2 是过 (v_0, p_0) 点分别以 $-\frac{D_1^2}{v_0^2}$ 和 $-\frac{D_2^2}{v_0^2}$ 为斜率的 Rayleigh 线，交点 1 是初始状态 (v_0, p_0) 下以 D_1 传播的冲击波波后气体所达到的压力和比容，交点 2 是初始状态 (v_0, p_0) 下以 D_2 传播的冲击波波后气体所达到的压力和比容。从而可以看出，冲击波 Hugoniot 线是过同一初态点不同传播速度的冲击

波波后介质终点状态连线。

再讨论爆轰波的 Hugoniot 线。对于气相爆轰,近似取爆轰前、后气体皆为理想气体,式(1-10)可以转化成

$$\frac{p_{\mathrm{H}}v_{\mathrm{H}}}{\gamma - 1} - \frac{p_0 v_0}{\gamma - 1} = \frac{1}{2}(p_{\mathrm{H}} + p_0)(v_0 - v_{\mathrm{H}}) + Q_v$$

整理后得到

$$p_{\mathrm{H}}v_{\mathrm{H}} - \frac{\gamma - 1}{\gamma + 1}p_{\mathrm{H}}v_0 + \frac{\gamma - 1}{\gamma + 1}p_0 v_{\mathrm{H}} - p_0 v_0 - \frac{2(\gamma - 1)}{\gamma + 1}Q_v = 0$$

由对一般二次曲线方程的判别得知,这同样是一条双曲线,但是不通过(v_0,p_0)点。令 $v_{\mathrm{H}}=v_0$,代入方程

$$p_{\mathrm{H}}v_0 - \frac{\gamma - 1}{\gamma + 1}p_{\mathrm{H}}v_0 + \frac{\gamma - 1}{\gamma + 1}p_0 v_0 - p_0 v_0 - \frac{2(\gamma - 1)}{\gamma + 1}Q_v = 0$$

整理后得到对应 v_{H}-v_0 时的压力

$$p_{\mathrm{H}} = p_0 + (\gamma - 1)\frac{Q_v}{v_0}$$

表明爆轰波 Hugoniot 线是过(v_0,$p_0+(\gamma-1)\frac{Q_v}{v_0}$)点,位于冲击波 Hugoniot 线上方的一条曲线,如图 1-5 所示。对于凝聚炸药爆轰,其爆轰波 Hugoniot 线也具有上面的形式。

下面再讨论一下爆轰波 Hugoniot 线各部分所表示的物理意义。如图 1-6 所示,过初始状态点(v_0,p_0)作竖直线和水平线,分别于爆轰波 Hugoniot 线相交于 A 点和 B 点,将爆轰波 Hugoniot 线分成三段。按照式(1-7)和式(1-8)对这三段进行讨论。

A 点:$v=v_0$,$p>p_0$,按照式(1-8)

$$D = v_0\sqrt{\frac{p - p_0}{v_0 - v}} \to \infty$$

表明 *A* 点对应于定容爆轰。

B 点:$p=p_0$,$v>v_0$,按照式(1-8)

$$D = v_0\sqrt{\frac{p - p_0}{v_0 - v}} = 0$$

表明 *B* 点对应于定压燃烧。

A 点以上线段:$p>p_0$,$v<v_0$,按照式(1-7)、式(1-8)

$$D = v_0\sqrt{\frac{p - p_0}{v_0 - v}} > 0$$

$$u = (v_0 - v)\sqrt{\frac{p - p_0}{v_0 - v}} > 0$$

说明 A 点以上线段各点满足波速为正值，产物质点运动方向与波传播方向一致，具有爆轰的特征，称为爆轰支。

B 点以下线段：$p<p_0$，$v>v_0$，按照式(1-7)、式(1-8)

$$D = v_0\sqrt{\frac{p - p_0}{v}} > 0$$

$$u = (v_0 - v)\sqrt{\frac{p - p_0}{v_0 - v}} < 0$$

说明 B 点以下线段各点满足波速为正值，产物质点运动方向与波传播方向相反，具有燃烧的特征，称为燃烧支。

AB 线段：$p>p_0$，$v>v_0$，其商值

$$\frac{p - p_0}{v_0 - v} < 0$$

按照式(1-7)和式(1-8)两式，D 和 u 都是虚数，表明此线段不与任何实际过程相对应。

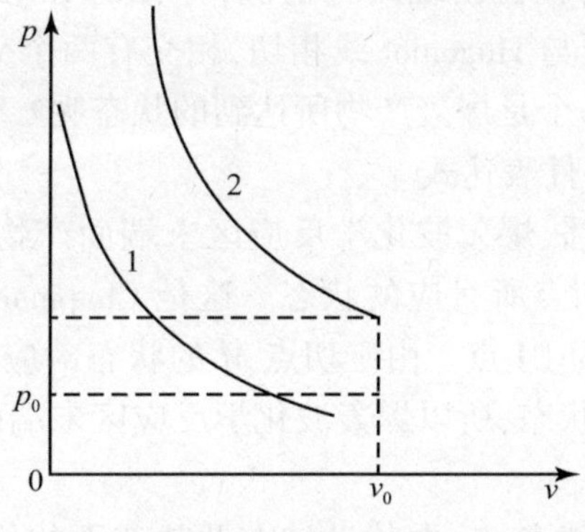

图 1-5　Hugoniot 线

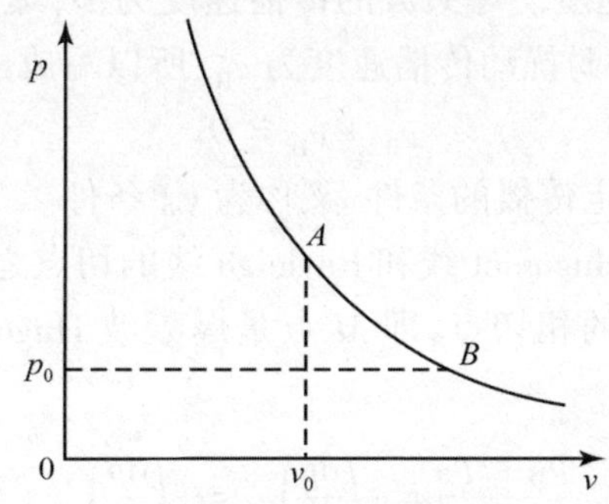

图 1-6　爆轰波 Hugoniot 线各部分

3. 爆轰稳定传播条件

由对爆轰波 Hugoniot 线和 Rayleigh 线的讨论得知，爆轰波化学反应区末端面爆轰产物的状态必定在 Rayleigh 线上，而且又在爆轰波 Hugoniot 线的爆轰支上，如图 1-7 所示。

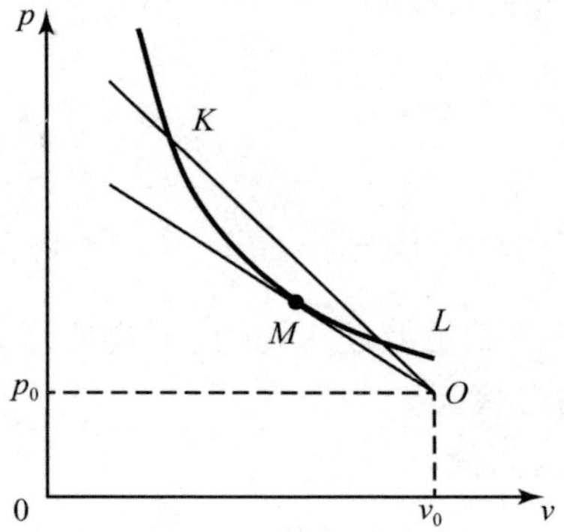

图 1-7　Ralyleigh 线和 Hugoniot 线的相交和相切

对于初始炸药状态(v_0,p_0)的爆轰，要求化学反应区末端面爆轰产物所达到的状态同时在这两条线上，就会出现两种情况，一种是 Rayleigh 线与 Hugoniot 线相交，另一种是 Rayleigh 线与 Hugoniot 线相切，相交有两个交点 K 和 L，相切有一个切点 M，这三点到底哪一个是爆轰产物所达到的状态呢？下面分别讨论。

1) 爆轰稳定传播条件表达式

爆轰波若能稳定传播，爆轰波化学反应区末端面产物的状态是爆轰波 Hugoniot 线和 Rayleigh 线相切点所对应的状态。这是 Chapman 和 Jouguet 各自研究的结果，因而切点 M 又称为 CJ 点。由于切点 M 的状态对应于稳定传播的爆轰波化学反应区末端面产物的状态，所以爆轰波化学反应区末端面又称 CJ 面，切点 M 所表示的状态又称 CJ 状态。

CJ 状态具有如下重要特点：弱扰动波在此状态下的传播速度，恰好等于爆轰波相对于波后质点传播速度。爆轰波的传播速度为 D，爆轰化学反应区末端面的质点速度为 v_H，此状态的弱扰动传播速度为 c_H，所以写成

$$v_H + c_H = D \tag{1-11}$$

式(1-11)是爆轰稳定传播的条件，又称为 CJ 条件。

M 点除了是爆轰波 Hugoniot 线和 Rayleigh 线的切点之外，还是爆轰波 Hugoniot 线和过 M 点的等熵线的相切点，即 M 点是爆轰波 Hugoniot 线、Rayleigh 线和过该点等熵线的公切点

$$\frac{p_H - p_0}{v_0 - v_H} = -\left(\frac{dp}{dv}\right)_M = -\left(\frac{dp}{dv}\right)_S \tag{1-12}$$

式(1-12)是 CJ 条件的另一种表达式。

2）爆轰稳定传播条件的物理意义

爆轰波在炸药中能够稳定传播的原因，完全在于化学反应供给能量，这个能量维持爆轰波毫不衰减地传播下去。假如这个能量受到损失，则爆轰波就会因缺乏能量而衰减。

爆轰波在炸药中传播过后，产物处于高温、高压状态，但是此高温、高压状态不能孤立存在，必定迅速发生膨胀。从力学观点来说，也就是从外界向高压产物传入一系列的稀疏波，其稀疏波速度在化学反应区末端面上为 u_H+c_H。

若 $u_H+c_H=D$，意味着向爆轰产物传入的稀疏波传播至化学反应区末端面时，在此处与爆轰波的传播速度相等，因而无法再传入化学反应区内，化学反应区放出的能量不受损失，全部用来支持爆轰波的运动，使爆轰波稳定传播。

若 $u_H+c_H>D$，意味着向爆轰产物传入的稀疏波在化学反应区末端面上的速度，比爆轰波传播速度快，从而稀疏波可以进入化学反应区，导致化学反应区膨胀而能量损失，这样化学反应区放出的能量就不能全部用于支持爆轰波的运动，使爆轰波衰减。这种情况对应图 1-7 中的 K 点。K 点状态的爆轰波速度由 OK 线的斜率所确定，随着爆轰波的衰减，爆轰波的速度逐渐减小，OK 的斜率 $\tan\varphi=\frac{D^2}{v_0^2}$ 也不断减小，使 OK 逐渐趋向于 OM，以致最终与 OM 线相重合，使爆轰波达到稳定传播状态。

若 $u_H+c_H<D$，意味着弱扰动传播速度小于爆速，在实际情况下这是不可能实现的。从力学观点来讲，在化学反应区内部，由于不断地层层进行化学反应放出热量，陆续不断地层层产生压缩波，此一系列压缩波向前传播，最终汇聚成为前沿冲击波。在弱扰动速度小于爆轰波速度的情况下，化学反应区内向前传播的压缩波无法达到前沿冲击波，因此前沿冲击波会脱离化学反应区而成为无能源的一般冲击波，所以传播过程中前沿冲击波必然衰减。这种情况对应图 1-7 中的 L 点，即使是由于某种原因达到了 L 点的状态，爆轰波也不能稳定传播。

通过上述分析可以明显看出，只有爆轰波 Rayleigh 线和 Hugoniot 线相切点所具有的性质，才是爆轰波稳定传播的条件。

3）爆轰过程的描述

爆轰波是由前沿冲击波和紧跟其后的化学反应区所组成。按照这种模型，当爆轰波沿炸药传播时，炸药首先受到前沿冲击波的强烈冲击压缩，使炸药从初始状态 O 点立即上升到冲击波 Hugoniot 线和 Rayleigh 线的交点状态 Z，然后炸药在高温、高压下迅速进行剧烈的化学反应，随着化学反应的不断放出热量，化学反应区的产物也不断发生膨胀，压力、密度不断降低，但是由于爆轰波稳定传播的速度不变，在图 1-8 上状态只能由 Z 点沿过切点 M 的 Rayleigh 线不断下降，当化学反应结束到达化学反应区末端面时，状态对应于爆轰波 Hugoniot 线和 Rayleigh 线的切点 M，按照 M 点的性质，爆轰波稳定传播。

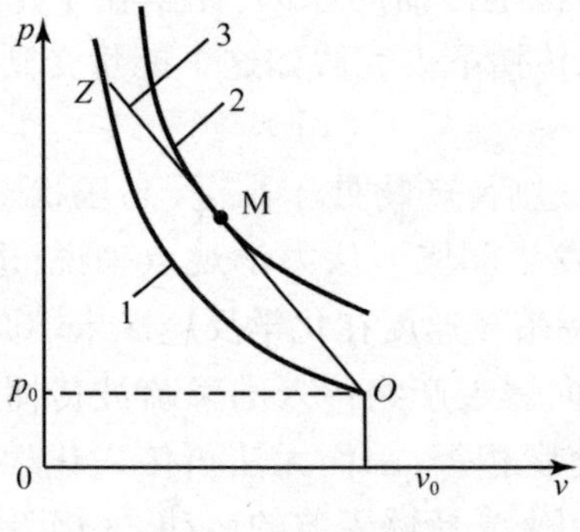

图 1-8　爆轰过程

1—前沿冲击波的 Hugoniot 线；2—爆轰波的 Hugoniot 线；3—Rayleigh 线。

图 1-9 中各图表示了爆轰过程中压力、密度、温度的变化。当炸药受到前沿冲击波的冲击压缩时，压力、密度、温度分别由 p_0、ρ_0、T_0 立即上升到 p_Z、ρ_Z、T_Z。然后随着化学反应的进行，不断放出热量，使化学反应区内温度不断提高，但当化学反应进行到接近化学反应末端面时，由于化学反应临近结束，反应速度下降，反应放出的热量减少，因而在化学反应末端面之前温度达到最大值，化学反应末端面处温度有所降低。对于压力、密度的变化则是另外的规律，压力、密度是力学量，与压缩、膨胀程度有关系，由于前沿冲击波的剧烈冲击压缩，压力、密度都在前沿冲击波处达到最大值，随着化学反应的进行，生成的气体产物不断膨胀，因而在化学反应区内压力、密度不断下降，至化学反应区末端面时，压力大约下降到前沿冲击波处压力的二分之一，密度大约下降到前沿冲击波处密度的三分之一。

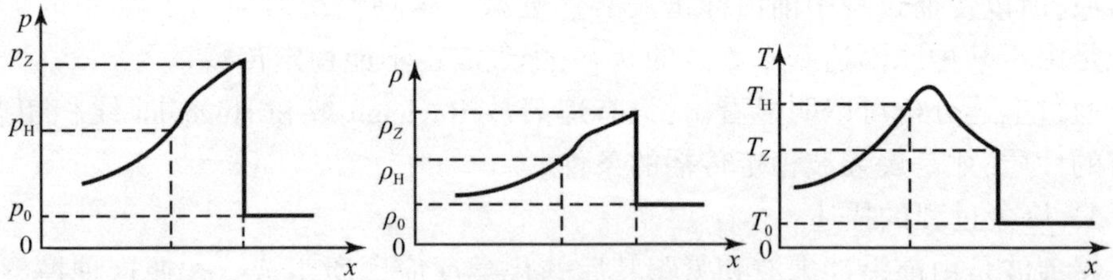

图 1-9　爆轰过程中状态参数的变化

(a) 压力；(b) 密度；(c) 温度。

化学反应区末端面后，爆轰产物按照等熵膨胀规律进行膨胀，产物气体的压力、密度、温度不断下降。

1.2 爆轰波的ZND模型

在1940年左右,泽尔多维奇(Zeldovich)、纽曼(Von Neuman)、多灵(Doring)三位学者相继对CJ理论进行修正,后取三位学者名字第一个字母构成表示修正理论的泽尔道维奇-纽曼-多灵模型(Zeldovich-Neuman-Doring Model)。CJ理论也包含一个化学反应的强间断面,实际并未考虑此区的结构,因化学反应并非瞬间完成。在一定反应速率下,必然有一个由原始炸药变成爆轰反应的化学反应区,此区对一些炸药已相当宽,其宽度在毫米量级。据此实际存在,有必要对CJ简化理论进行修正,即把爆轰波视为一个前沿冲击波和一个化学反应区所构成,此即ZND模型,这是现今较完整的爆轰波理论概念。

ZND模型认为爆轰波具有双层结构,前面一层是以超声速推进的激波,紧跟在后面的一层是化学反应区。激波仍作为一个强间断面,爆轰物质被瞬时地压缩到高温高密度状态,接着开始化学反应,直到反应区末端达到CJ状态,在反应区内忽略黏性和热传导的影响。除初始物质、爆轰产物和它们的混合物的状态方程外,还必须建立反应速率方程:

$$\frac{d\xi}{dT}=\lambda(p,T,\xi)$$

式中:ξ为化学反应程度变量,称为反应进度;t为时间;λ为反应速率,它是压强p、温度T和ξ的函数。在ZND模型中,$\xi=0$对应于反应区的初态,即激波后的状态;$\xi=1$对应于反应区的终态。反应区内各点处于热力学平衡状态。

1.2.1 ZND爆轰模型

根据ZND模型,在爆轰波阵面内发生的历程如图1-10所示,未反应炸药在前导冲击波的强烈冲击下由初始状态点O突跃到N_1点状态,在N_1点温度和压力突然升高,高速的爆轰化学反应发生,随着反应的进行不断放出更多的能量,介质的状态随之不断发生变化,而且状态的变化过程始终是沿着Rayleigh线,即反应进程变量从点$N_1(\lambda=0)$开始逐渐增大,状态由点N_1沿Rayleigh线逐渐向反应终态点M变化,直至反应进程变量$\lambda=1$,到达反应区的终态,炸药全部反应完毕,放热量达到最大。对于稳定传播的爆轰波,该终态点即为CJ点,对于强爆轰,该终态点为K点。因此,在该模型中,只可能出现强爆轰解和CJ爆轰解,不可能出现弱解。

在ZND模型中,爆轰波内的压力分布可以用图1-11表示。它显示的是一个正在沿爆炸物传播的爆轰波,在前导击波后压力突跃到p_N(称为Von Neuman峰),随着化学反应不断地进行,压力急剧下降,在反应终了时断面压力降至CJ压力

p_{CJ}。CJ 面后为爆轰产物地等熵膨胀区,称为 Taylor 膨胀波,在该区内压力平缓下降。

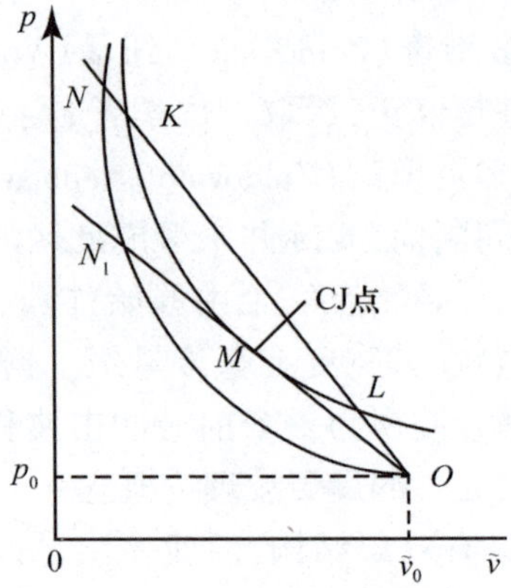

图 1-10　爆轰波压力变化

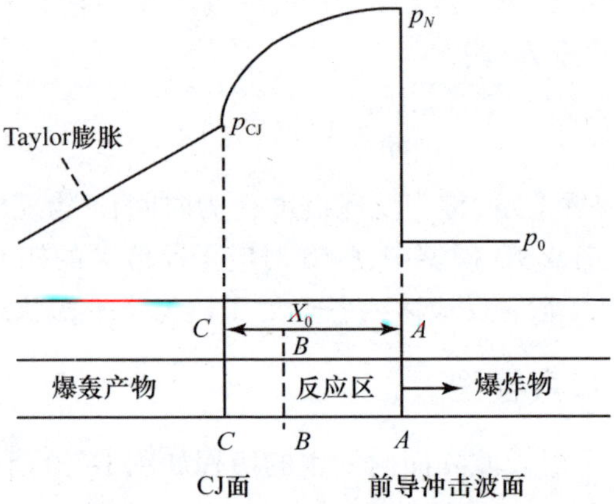

图 1-11　爆轰波的 ZND 模型

1.2.2　ZND 模型爆轰波反应区内的定常解

考查 ZND 模型,设 $A-A$ 面为前导冲击波,$C-C$ 面为化学反应终了面,炸药通过前导冲击波 $A-A$ 面后,化学反应开始发生,最终在 $C-C$ 面处化学反应结束,反应热全部放出。在反应区内假设仅有一个反应道,已反应物质占总物质份额以 λ 表示,称为反应度或反应进程变量。在 $A-A$ 面处,初态时 $\lambda=0$;在 $C-C$ 面处,终态时 $\lambda=1$,放出反应热 $Q_{\tilde{v}}$;在反应区任一断面 $B-B$ 处,炸药仅有一部分发生化学反应,$0<\lambda<1$,放出的反应热为 $\lambda Q_{\tilde{v}}$。当坐标系取在波阵面上时,如果忽略黏性和热传导等耗散效应,反应区内一维定常流动方程组如下:

$$\begin{cases}\dfrac{\mathrm{d}}{\mathrm{d}x}[\rho(D-v)]=0\\ \dfrac{\mathrm{d}}{\mathrm{d}x}[p+\rho(D-v)^2]=0\\ \dfrac{\mathrm{d}}{\mathrm{d}x}\left\{\rho(D-v)\left[e+\dfrac{1}{2}\rho(D-v)^2\right]+\rho(D-v)\right\}=0\end{cases} \tag{1-13}$$

对三个守恒微分方程积分得

$$\begin{cases}\rho(D-v)=\rho_0 D\\ p-p_0=\rho_0 Dv\\ e-e_0=\dfrac{1}{2}(p+p_0)(\tilde{v}_0-\tilde{v})+\lambda Q_{\tilde{v}}\end{cases} \tag{1-14}$$

在 p-$\tilde{v}$ 平面上,可以得到以 $\lambda Q_{\tilde{v}}$ 为参数的一簇曲线,如图 1-12 所示。不同的 λ 值构成一簇 Hugoniot 曲线,称为冻结(指 λ 不变)Hugoniot 曲线。Rayleigh 线与冻结 Hugoniot 曲线的切点称为冻结 CJ 点。当 $\lambda=0$ 时,式(1-14)就是无放热反应的 Hugoniot 方程,相应的曲线称为无放热反应的 Hugoniot 曲线;当 $\lambda=1$ 时,式(1-14)就是完全放热的 Hugoniot 方程,相应的曲线称为完全放热反应的 Hugoniot 曲线。

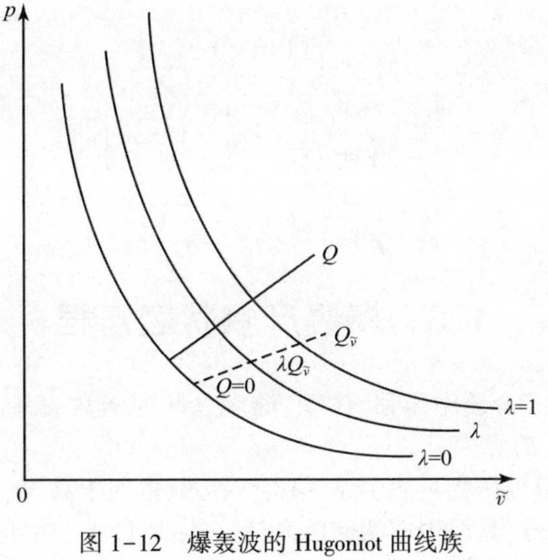

图 1-12　爆轰波的 Hugoniot 曲线族

由于比内能 e 不仅是 p、$\tilde{v}$ 的函数,也是 λ 的函数,即

$$e=e(p,\tilde{v},\lambda) \tag{1-15}$$

由于假设在反应区内仅有一个反应道,因此 λ 只有一个分量,其反应速率方程为

$$\dot{\lambda} = \frac{d\lambda}{dt} = \dot{\lambda}(p, \tilde{v}, \lambda) \tag{1-16}$$

因此,该方程组就可以求解爆轰反应区内的状态。但是状态方程和反应率方程的形式较为复杂,通常需要进行数值求解。

如果采用多方指数型状态方程来近似描述凝聚炸药爆轰反应区的物质状态,则式(1-14)中的能量守恒方程可写为

$$\frac{1}{\gamma - 1}(p\tilde{v} - p_0\tilde{v}_0) = \frac{1}{2}(p + p_0)(\tilde{v}_0 - \tilde{v}) + \lambda Q_{\tilde{v}} \tag{1-17}$$

对于凝聚炸药,p 远大于 p_0,可以忽略 p_0,则上式可化为

$$\frac{1}{\gamma - 1}p\tilde{v} = \frac{1}{2}p(\tilde{v}_0 - \tilde{v}) + \lambda Q_{\tilde{v}} \tag{1-18}$$

当爆速 D 给定后,式(1-18)与 Rayleigh 线联立求解就可以得到爆轰波反应区内各断面处 p 和 $\tilde{v}$ 的表达式:

$$p = \frac{D^2}{(\gamma + 1)\tilde{v}_0}\left[1 + \sqrt{1 - 2(\gamma^2 - 1)\lambda Q_{\tilde{v}}/D^2}\right] \tag{1-19}$$

$$\tilde{v} = \frac{\gamma\tilde{v}_0}{\gamma + 1}\left[1 - \frac{1}{\gamma}\sqrt{1 - 2(\gamma^2 - 1)\lambda Q_{\tilde{v}}/D^2}\right] \tag{1-20}$$

对于 CJ 爆轰情况,有 $\lambda = 1, p = p_J, \tilde{v} = \tilde{v}_J$,此时反应区内各断面处有

$$\begin{cases} p = \dfrac{\rho_0 D^2}{\gamma + 1}\left[1 + \sqrt{1 - \lambda}\right] \\ \tilde{v} = \dfrac{\gamma\tilde{v}_0}{\gamma + 1}\left[1 - \dfrac{1}{\gamma}\sqrt{1 - \lambda}\right] \\ v = \dfrac{D}{\gamma + 1}\left[1 + \sqrt{1 - \lambda}\right] \end{cases} \tag{1-21}$$

1.3 爆轰产物状态方程

状态方程通常指介质中压强、体积、温度之间的函数关系,即 p、V、T 关系,有时也包括内能 $e(v$、$T)$ 在内。

炸药爆轰后,爆轰产物虽然多是气体产物,但是处于高温、高压、高密度状态,尤其是凝聚炸药爆炸,其爆轰产物密度高达 $2g/cm^3$ 以上,并且爆轰瞬间产物组分间还进行着复杂的化学动力学过程,单纯从理论上建立状态方程颇为困难,通常多是采用一些近似模型,建立经验或半经验的状态方程。

1.3.1 理想气体状态方程

理想气体是一种气体模型。理想气体的条件是:气体分子不占体积;气体分

子之间不存在作用力。对于气相爆炸，由于爆轰前、后都是气体，密度很小，可近似作为理想气体处理。理想气体状态方程

$$pV = nRT \tag{1-22}$$

式中：V 为气体的体积；n 为气体物质的量；R 为气体常数，$R=8.314\text{J}/(\text{mol}\cdot\text{K})$。

1.3.2　真实气体状态方程

当气体比较稠密之后，必须考虑分子间的作用力，不宜再采用理想气体状态方程。真实气体状态方程有许多不同的形式，这里只给出 Virial 形式的状态方程

$$pV = nRT\left[1 + \frac{B(T)}{V} + \frac{C(T)}{V^2} + \frac{D(T)}{V^3} + \cdots\right]$$

式中：$B(T)$、$C(T)$、$D(T)$ 分别称为第二、第三、第四 Virial 系数，它们都是温度的函数。

假定分子如同钢球，且假定分子间不存在吸引力，按照这种所谓钢球模型计算 Virial 系数，最后得到的 Virial 方程为

$$pV_m = RT\left[1 + \frac{b}{V_m} + 0.625\left(\frac{b}{V_m}\right)^2 + 0.287\left(\frac{b}{V_m}\right)^3 + \cdots\right] \tag{1-23}$$

式中：V_m 为气体摩尔体积；b 为钢球分子体积的四倍乘以阿伏伽德罗常数。

在高温 2000~4000K 情况下，分子间引力成为次要因素，式(1-23)是一种较好的状态方程。但是，对于泰安、梯恩梯、硝化甘油等炸药的爆轰参数计算，偏差比较大。

1.3.3　固体模型状态方程

固体的主要特点是分子间距离小，且按一定规则排列，分子间存在巨大的作用力，分子只能在平衡位置附近进行振动。由于凝聚炸药爆轰所形成的爆轰产物密度很高，所以可以作为固体模型处理。固体模型状态方程较为详细的内容将在第 3 章讨论，此处仅介绍分子固体模型。分子固体模型把爆轰产物看作不仅分子间存在很大的排斥作用，而且全部分子还进行着两种热运动，一种是分子内部原子间的振动，另一种是由转动和平动转化而来的分子间的振动。分子间的排斥作用与分子间的距离有关，即取决于比容；分子间的热运动还与比热容和温度有关，不过压力只受分子间振动的影响，而内能受原子间振动和分子间振动二者的影响。状态方程为

$$p = \frac{A}{v^k} + \frac{n'c_{v2}}{v}T$$

$$e = \frac{A}{(k-1)v^{k-1}} + (c_{v1} + c_{v2})T$$

式中：A、k 为与炸药性质有关的常数；c_{v1} 为原子间振动自由度贡献的比热容；c_{v2} 为分子间振动自由度贡献的比热容；n' 为压力与温度有关部分系数，其值 $n'=k/2-1/6$。

令 $c_v=c_{v1}+c_{v2}$，$n=n'c_{v2}/c_v$，则状态方程可写为

$$\begin{cases} p=\dfrac{A}{v^k}+\dfrac{nc_v}{v}T \\ e=\dfrac{A}{(k-1)v^{k-1}}+c_vT \end{cases} \tag{1-24}$$

分子固体状态方程能够较好地拟合炸药爆速和密度关系 $D=D(\rho_0)$ 的试验数据，解释所有主要实验事实，并且导出的爆压值和实验结果也符合得较好。

1.3.4 液体模型状态方程

把爆轰产物看成分子固体，可以解释大量的实验事实，但是限制分子只能进行振动，产生了振动自由度与实际不符合的问题。为了解决这种问题，引进液体模型，设想爆轰产物分子的转动自由度并没有转化为振动，仍然作转动；三个平动自由度也只是部分地转化为振动，假如未转化的比率为 $\xi(0\leqslant\xi\leqslant1)$，则平动自由度转化为振动的比率为 $1\leqslant\xi$。这样，爆轰产物的状态方程可以写为

$$\begin{cases} p=\dfrac{A}{v^k}+\dfrac{3RT(1-\xi)\left(\dfrac{k}{2}-\dfrac{1}{6}\right)}{Mv}+\xi\dfrac{RT}{Mv} \\ e=\dfrac{A}{(k-1)v^{k-1}}+\dfrac{3RT(1-\xi)}{M}+\dfrac{3\xi}{2}\dfrac{RT}{M}+c_{v1}T \end{cases}$$

式中：A、k 为与炸药性质有关的常数；M 为爆轰产物平均摩尔质量；c_{v1} 为原子间振动自由度和转动自由度所贡献的比热容。

严格地说，比率 ξ 是比容和温度的函数，作为一种估算，粗略认为 ξ 为常数，显然上式可以改写为

$$\begin{cases} p=\dfrac{A}{v^k}+\dfrac{nc_v}{v}T \\ e=\dfrac{A}{(k-1)v^{k-1}}+c_vT \end{cases}$$

式中：$n=\dfrac{[3k(1-\xi)+3\xi-1]R}{2Mc_v}$；$c_v=3\left(1-\dfrac{1}{2}\xi\right)\dfrac{R}{M}+c_{v1}$。

上述方程在形式上与分子固体状态方程完全一致。液体模型状态方程不仅像分子固体状态方程一样能够解释爆轰主要实验事实，而且还能够对分子热运动

进行与分子固体模型不同的描述,克服了采用分子固体模型在解释分子所作两种振动图像时所遇到的困难。为了应用上的方便,上述液体模型状态方程还可以进一步简化,考虑到爆轰状态下产物分子主要作平动,而只有一小部分转化为振动,基于这种考虑可以把所有分子都看作只作平动运动,即令 $\xi=1$,这时液体模型状态方程为

$$\begin{cases} p = \dfrac{A}{v^k} + \dfrac{RT}{Mv} \\ e = \dfrac{A}{(k-1)v^{k-1}} + c_v T \end{cases} \tag{1-25}$$

式中:$c_v = \dfrac{3}{2}\dfrac{R}{M} + c_{v1}$。

1.3.5 仅考虑分子间排斥作用的凝聚体状态方程

凝聚炸药爆轰产物的密度高达 2g/cm^3 以上,而在正常情况下其主要组分如 H_2O、CO_2、CO、N_2 等的液态密度都在 1g/cm^3 左右,也就是说爆炸产物处在相对于液体状态压缩度为 2 的压缩条件下,分子间排斥作用产生的压力和内能远大于分子热运动产生的压力和内能。因而,可以采用仅考虑分子间排斥作用的凝聚体状态方程

$$\begin{cases} p = \dfrac{A}{v_k} \\ e = \dfrac{A}{(k-1)v^{k-1}} \end{cases} \tag{1-26}$$

式中:A、k 为与炸药性质有关的常数。

计算表明,采用式(1-26),对于初始密度 $\rho_0>1\text{g/cm}^3$ 的炸药,计算结果与实验数据符合得比较好;对于低密度炸药,计算结果与实验结果数据相差较远。

1.3.6 JWL 状态方程

JWL 状态方程是机械状态分析中被广泛使用的一种应变能量模型。它模拟材料在压缩力输入到一定时间或位移后的变形和弹性能量变化情况,以说明材料的机械性质。它有助于对材料的变形和破坏过程的预测,以及该材料在应力载荷下的变形状态的计算,因此被广泛地应用到机械工程的实践中。

JWL 状态方程是由日本科学家 John Paul Wierzbicki 和英国科学家 John Wilkins 在 20 世纪 60 年代提出的。他们提出的方程式可以很好地模拟材料在受到压缩载荷后的应变能量变化情况。它可以提供对材料受到压缩力输入后应变能量和弹性能量之间的关系的理解。此外,它还能够有效地描述材料的变形和破

坏的过程,以及材料在受到强度载荷后的变形状态。

JWL 状态方程是一个一维应变能量方程式,可以模拟材料在受到载荷时应变能量和弹性能量之间的变化情况。它由两个状态方程组成,用于描述材料在受到压缩力输入时,应变能量和弹性能量之间的变化关系,即

状态方程 1: $$\frac{\Delta\sigma}{\Delta\varepsilon}=A+(B+C\varepsilon^n)\varepsilon^m$$

状态方程 2: $$\frac{\Delta w}{\Delta\varepsilon}=A\varepsilon+(B+C\varepsilon^n)\varepsilon^{n+1}$$

式中:A、B、C、m、n 为常数;w 为压缩应变;ε 为变形应变;σ 为应力;Δw 为应变能量。在材料变形的过程中,随着应变的增加,σ/ε 之比一直减小,而应变能量 w/ε 先减小,再增大。

JWL 状态方程可以精确表述材料在受到压缩力输入后响应的情况,因此被广泛地应用到机械工程的实践中。在材料受到压缩力输入时,JWL 状态方程可以用于计算材料变形状态,从而实现快速准确地分析判断,为实际工程实践提供有益的参考。此外,JWL 状态方程还能够用于模拟材料在受到压缩力输入后的变形和破坏过程,以及它们在受到强度载荷下的变形状态。

总之,JWL 状态方程为机械状态分析提供了有力的工具,它可用来模拟材料在受到压缩力输入后应变能量和弹性能量的变化情况,以及它们在受到强度载荷后的变形状态。因此,JWL 状态方程在工程实践中具有广泛的应用价值。

JWL 状态方程的常用表达式如下:

$$\begin{cases} p = A\mathrm{e}^{-R_1\bar{v}} + B\mathrm{e}^{-R_2\bar{v}} + \dfrac{w\rho_0 c_v}{v}T \\ E = \dfrac{A}{R_1}\mathrm{e}^{-R_1 v} + \dfrac{B}{R_2}\mathrm{e}^{-R_2 v} + \rho_0 c_v T \end{cases} \tag{1-27}$$

式中:$E=\rho_0 e$,$\bar{v}=v/v_0$,A、B、R_1、R_2、w 为与炸药性质有关的常数。将该方程与液体模型状态方程相比较,可以看出该方程的前两项都是与分子间距离有关的项,第三项对应于分子热运动。

将式(1-27)前两项简化成一项,经适当变换可得到简化的 JWL 状态方程

$$\begin{cases} p = A\mathrm{e}^{-kv} + \dfrac{RT}{Mv} \\ e = \dfrac{A}{k}\mathrm{e}^{-kv} + c_v T \end{cases} \tag{1-28}$$

式中:A、k 为与炸药性质有关的常数。

1.3.7 BKW 状态方程

BKW 状态方程是一种用于描述气体状态方程的数学表达式,它在计算乳化炸

药爆轰参数的研究中得到了应用。BKW 状态方程的参数组包括 α、β、κ 和 θ,这些参数在计算中进行了修正,以确保计算结果与大量测试的经验相符。具体到 BKW 状态方程的参数值,有 $\alpha=0.5$,$\beta=0.16$,$\kappa=10.91$ 和 $\theta=400$。这个方程的应用不仅证明了其计算方法的可行性,而且为理解和预测炸药的爆轰行为提供了重要的工具。

气体动力学基本微分方程组,包括质量守恒、动量守恒、能量守恒和物态方程,是描述气体运动和状态的基本方程。物态方程,即气体自身的特性方程,可以视为包括 BKW 状态方程在内的各种状态方程的一种概括。这些方程共同构成了气体动力学的理论基础,用于描述不同条件下气体的行为。

理想气体状态方程 $pV=nRT$ 是描述理想气体行为的基本方程。式中:p 为压强;V 为体积;n 为物质的量;R 为气体常数;T 为温度。这个方程是热力学和气体动力学的基础,与 BKW 状态方程一样,都是用来描述气体的状态和行为的数学表达式。

综上所述,BKW 状态方程是一个特定的状态方程,用于描述炸药等特定物质的爆轰行为,而理想气体状态方程则是更广泛适用于理想气体的基本规律,两者都是气体动力学和热力学领域的重要工具。

在涉及化学参数的状态方程中,BKW 状态方程使用最为广泛。BKW 状态方程最终形式为

$$\begin{cases} \dfrac{pVm}{RT} = 1 + w\mathrm{e}^{\beta\alpha} \\ w = \dfrac{k\sum b_i x_i}{V_m(T+\theta)^{\alpha}} \end{cases} \tag{1-29}$$

式中:V_m 为气态产物的摩尔体积;R 为摩尔气体常数;b_i 为第 i 种气体产物的摩尔余容,表 1-1 给出了几种爆轰产物摩尔余容的数值;x_i 为第 i 种气体产物的物质的量分数;α、β、k、θ 为经验常数,其中 α、β、θ 要配合炸药爆速—密度曲线进行选用,θ 为指定值。

表 1-1　爆轰产物几种主要成分的摩尔余容

成分	b_i	成分	b_i	成分	b_i
H_2O	250	NO	386	H_2	180
CO_2	600	CH_4	528	O_2	350
CO	390	NH_3	476	N_2	380

C. L. Mader 曾用 BKW 状态方程对多种炸药的爆轰参数进行了计算。在计算中以五种高度精确的实验数据为准选定 α、β、k、θ 的值,这五种实验数据是:密度为 $1.8\mathrm{g/cm^3}$ 的 RDX 炸药的爆压,密度为 $1.0\mathrm{g/cm^3}$ 和 $1.8\mathrm{g/cm^3}$ 的 RDX 炸药的爆

速，密度为 1.0g/cm^3 和 1.64g/cm^3 时 TNT 炸药的爆速。由于应用一套参数难以同时满足上述五种数据，因而选用了两套参数，一套用于 RDX 和与 RDX 相近的炸药，另一套用于 TNT 和与 TNT 相近的炸药，表 1-2 给出了这两套参数的数值。

表 1-2　BKW 状态方程中的参数

参数	α	β	k	θ
适于 RDX 类炸药的参数	0.5	0.16	10.91	400
适于 TNT 类炸药的参数	0.5	0.09585	12.865	400

采用 BKW 状态方程计算爆轰参数，精度相当好。尤其是对爆速的计算，其计算值与实验测定值相对偏差一般不超过 3%，达到令人满意的程度。

1.3.8　VLW 状态方程

我国学者吴雄从 Virial 方程出发，采用 Lennad-Jones 给出的势函数，提出了 VLW 爆轰产物状态方程。

VLW 状态方程是一种用于描述爆轰产物状态的热力学模型，它基于维里方程的理论，特别适用于高温高压条件下的气体状态描述。VLW 状态方程的特色在于能够提供较可靠的计算数据，尤其是对于新型高能密度材料的爆轰性能参数。此外，它不仅能够计算凝聚相炸药的爆轰参数，还可以计算燃料空气炸药以及火药的燃烧性能参数，应用范围广泛。

VLW 状态方程的建立基于维里理论，通过考虑高阶维里系数来描述爆轰产物混合气体在高温高压下的行为。这种方程不仅考虑了分子间的相互作用，还特别关注了多分子同时碰撞的概率，这在传统的状态方程中是不容易实现的。通过独立自主的研究，VLW 状态方程成功地用一个可供实际应用的表达式来描述爆轰产物的状态，这在爆轰理论和含能材料的研究中具有重要意义。

此外，VLW 状态方程的计算结果与实验结果相比，显示出较好的一致性，尤其是在使用 Lennard-Jones 势函数进行计算时，当势函数参数设置为特定值时，计算结果与实验数据符合得非常好。这表明 VLW 状态方程在描述水的冲击 Hugoniot 曲线时，相比其他状态方程如 BKW 状态方程，具有更高的准确性。

综上所述，VLW 状态方程不仅在理论上提供了对爆轰产物状态的深入理解，而且在实验验证中也表现出了其优越性和实用性，为高能密度材料的研究和应用提供了有力的理论支持。

VLW 状态方程表达式如下：

$$\frac{pV_m}{RT} = 1 + B^* w + C^* w^2 + D^* w^3$$

或写成

$$\frac{pV_m}{RT} = 1 + B^* w + qw^2 + \frac{q}{16}w^3 \tag{1-30}$$

式中：B^*，C^*，D^* 分别为无量纲第二、第三、第四 Virial 系数，其中

$$B^* = \frac{B}{\frac{2}{3}\pi N d^3}, \qquad C^* = \frac{B^*}{T^{*\frac{1}{4}}}, \qquad D^* = \frac{B^*}{16T^{*\frac{1}{4}}}$$

w、q 分别为

$$w = \frac{b_0}{V_m}, q = \frac{B^*}{T^{*\frac{1}{4}}}$$

无量纲温度 T^* 与温度 T 之间关系为

$$T^* = \frac{kT}{\varepsilon}$$

以上各式中：B 为第二 Virial 系数；b_0 为钢球模型中第二 Virial 系数；N 为气体分子数；d 为势能函数等于 0 时分子间距离；ε 为势能函数最低值；k 为玻尔兹曼常数。

典型炸药的 VLW 状态方程参数如表 1-3 所列。采用 VLW 状态方程计算炸药爆轰参数的结果表明，其计算值较比采用 BKW 状态方程计算的炸药爆轰参数值更加接近实验值。

表 1-3　典型炸药 VLW 状态方程参数

参数	RDX $\rho_0>1.8\text{g/cm}^3$	TNT $\rho_0>1.64\text{g/cm}^3$	PETN $\rho_0>1.77\text{g/cm}^3$	TENA $\rho_0>1.692\text{g/cm}^3$
$b_0/(\text{mL}\cdot\text{mmol}^{-1})$	53.87	55.61	57.83	49.60
$V_m/(\text{mL}\cdot\text{mmol}^{-1})$	11.41	13.78	12.49	12.06
T^*	36.4	29.11	33.28	34.817
B^*	0.522	0.527	0.525	0.5241
C^*	0.2125	0.227	0.2186	0.2160
D^*	0.0133	0.0142	0.0137	0.0135

1.4　爆轰参数的近似计算

在爆轰波基本理论方程里面，我们考虑了初始压强和初始能量的影响，但在实际爆轰中，初始压强与爆轰波后压强相比，几乎可以忽略不计，而初始能量与爆炸后产生的能量相比，也是极少的，因此也可以忽略，这种近似对于我们的计算十分方便。下面我们分别针对气相爆轰和凝聚炸药的爆轰进行分析，导出它们爆轰参数的近似计算公式。

1.4.1 气相爆轰参数近似计算

对于气相爆轰,由于爆轰前、后都是气体,可似假设爆轰前、后气体皆遵从理想气体状态方程。并且,由于爆轰压力很高,即 $p_H \gg p_0$,故而可略去 p_0,这种气相爆轰的方程组为

$$D = v_0 \sqrt{\frac{p_H}{v_0 - v_H}} \tag{1-31}$$

$$u_H = (v_0 - v_H)\sqrt{\frac{p_H}{v_0 - v_H}} \tag{1-32}$$

$$\frac{p_H v_H}{\gamma - 1} = \frac{1}{2} p_H (v_0 - v_H) + Q_v \tag{1-33}$$

$$u_H + c_H = D \tag{1-34}$$

$$p_H v_H = \frac{1}{M_H} R T_H \tag{1-35}$$

式中:下标 0 为爆轰前初始状态;下标 H 为爆轰波 CJ 面上的状态;M_H 为爆轰产物气体的平均摩尔质量;Q_v 为爆热。

为了获得各个参数,必须解这个方程组。首先将声速公式 $C_H = \sqrt{\gamma p_H v_H}$ 和式(1-31)、式(1-32)代入式(1-34),得

$$\sqrt{\gamma p_H v_H} = v_H \sqrt{\frac{p_H}{v_0 - v_H}}$$

两边平方后整理为

$$\gamma (v_0 - v_H) = v_H$$

从而得到爆轰产物比容

$$v_H = \frac{\gamma}{\gamma + 1} v_0$$

或写成密度

$$\rho_H = \frac{\gamma + 1}{\gamma} \rho_0 \tag{1-36}$$

将式(1-36)代入式(1-31),得到爆轰压力

$$p_H = \frac{1}{\gamma + 1} \rho_0 D^2 \tag{1-37}$$

将式(1-36)、式(1-37)代入式(1-32),得爆轰产物质点速度

$$u_H = \frac{1}{\gamma + 1} D \tag{1-38}$$

将式(1-38)代入式(1-34),得爆轰产物声速

$$c_H = \frac{\gamma}{\gamma + 1} D \tag{1-39}$$

将式(1-36)、式(1-37)代入式(1-35),得爆轰产物温度

$$T_{\mathrm{H}}=\frac{\gamma M_{\mathrm{H}}D^{2}}{(\gamma+1)^{2}R} \tag{1-40}$$

将式(1-36)、式(1-37)代入式(1-33),得爆速和爆热之间的关系

$$D=\sqrt{2(\gamma^{2}-1)Q_{v}} \tag{1-41}$$

式(1-36)~式(1-41)是气相爆轰参数的计算公式。下面对应用上述公式时,如何确定 γ、M_{H}、ρ_0 给以说明。

1. γ 是爆轰波化学反应区末端面上爆轰产物的比热比,其值既与爆轰产物的组成有关,又与化学反应区末端面上的温度有关。γ 的计算式为

$$\gamma=\frac{\sum_{i=1}^{N}n_{i}c_{pi}}{\sum_{i=1}^{N}n_{i}c_{vi}}=\frac{\sum_{i=1}^{N}n_{i}c_{vi}+R\sum_{i=1}^{N}n_{i}}{\sum_{i=1}^{N}n_{i}c_{vi}}=1+\frac{R\sum_{i=1}^{N}n_{i}}{\sum_{i=1}^{N}n_{i}c_{vi}} \tag{1-42}$$

式中:n_i 为爆轰产物各组分物质的量(mol);c_{vi} 为爆轰产物各组分的平均定容比热容;R 为摩尔气体常数,$R=8.314\mathrm{J/(mol\cdot K)}$。

计算 γ 的具体步骤如下。

(1) 首先假定一个温度 t'_{H},采用二项式平均定容比热容公式

$$c_{vi}=a_{i}+b_{i}t'_{\mathrm{H}} \tag{1-43}$$

式中:c_{vi} 的单位为 J/(mol·K);a_i、b_i 是与物质有关的系数。

(2) 将求得的 γ 代入式(1-40),在已知爆速 D 的条件下,可以计算出 T_{H};假如爆速 D 未知、而爆热 Q_v 已知时,可通过式(1-40)和式(1-41)联立解出确定 T_{H} 的表达式

$$T_{\mathrm{H}}=\frac{2\gamma(\gamma-1)M_{\mathrm{H}}Q_{v}}{(\gamma+1)R} \tag{1-44}$$

计算 T_{H}。若计算出的 T_{H} 与假设的 $T'_{\mathrm{H}}=t'_{\mathrm{H}}+273$ 相等(或在要求偏差范围之内),则 g 为所求。否则,需要重新假设温度进行计算。

2. M_{H} 是爆轰波化学反应区末端面上爆轰产物的平均摩尔质量,其值等于产物的总质量除以产物总物质的量

$$M_{\mathrm{H}}=\frac{\sum_{i=1}^{N}n_{i}M_{i}}{\sum_{i=1}^{N}n_{i}} \tag{1-45}$$

式中:n_i 为爆轰产物各组分物质的量;M_i 为爆轰产物各组分物质的摩尔质量。

3. ρ_0 是爆轰前气体爆炸产物的平均密度,其值等于气体爆炸产物的质量除以所占的体积

$$\rho_0 = \frac{\sum_{j=1}^{L} n_j M_j}{22.4 \times 10^{-3} \sum_{j=1}^{L} n_j} \tag{1-46}$$

式中：n_j 为气体爆炸物各组分物质的量；M_j 为爆轰产物各组分物质的摩尔质量；22.4×10^{-3} 为标准状态下 1mol 气体的体积为 $22.4\times10^{-3}\mathrm{m}^3$。

1.4.2 凝聚炸药爆轰近似参数计算

所谓凝聚炸药，是指固体和液体炸药。这类炸药经常在军事和民用爆破上使用，与气相爆炸物相比，凝聚炸药密度大，爆速大，爆压大，因而爆轰威力也大。

凝聚炸药爆轰和气相爆轰一样，遵从三大守恒定律和爆轰波稳定传播的 CJ 条件。但是，由于凝聚炸药初始密度大，爆轰产物处于更高的高温、高压状态，爆轰产物密度达 $2\mathrm{g/cm^3}$ 以上，在这种情况下不能再使用理想气体状态方程，而必须采用适于描述爆轰产物参数间关系的状态方程。

为简便，采用仅考虑分子间排斥作用的凝聚体状态方程

$$p = \frac{A}{v^k}$$

式中：k 为凝聚态炸药爆轰产物绝热指数。

若将内能写成压力和比容的函数，则为

$$e = \frac{pv}{k-1}$$

CJ 点是过该点 Hugoniot 线和 Rayleigh 线的切点，也是这两条线与过该点等熵线的公切点。按照这个性质，将 CJ 条件写成

$$-\left(\frac{\partial p}{\partial v}\right)_S = \frac{p_{\mathrm{H}} - p_0}{v_0 - v_{\mathrm{H}}}$$

在 $p_{\mathrm{H}} \gg p_0$ 的情况下，略去 p_0，并且也略去 e_0，则凝聚炸药爆轰方程组为

$$D = v_0\sqrt{\frac{p_{\mathrm{H}}}{v_0 - v_{\mathrm{H}}}} \tag{1-47}$$

$$u_{\mathrm{H}} = (v_0 - v_{\mathrm{H}})\sqrt{\frac{p_{\mathrm{H}}}{v_0 - v_{\mathrm{H}}}} \tag{1-48}$$

$$\frac{p_{\mathrm{H}} v_{\mathrm{H}}}{k-1} = \frac{1}{2} p_{\mathrm{H}}(v_0 - v_{\mathrm{H}}) + Q_v \tag{1-49}$$

$$-\left(\frac{\partial p}{\partial v}\right)_S = \frac{p_{\mathrm{H}}}{v_0 - v_{\mathrm{H}}} \tag{1-50}$$

$$p = \frac{A}{v^k} \tag{1-51}$$

由于爆轰产物状态方程式(1-51)中不含有温度项,因而可以近似视作等熵方程。将式(1-51)对 v 取导数,得

$$\frac{\partial p}{\partial v}=-\frac{kA}{v^{k+1}}=-k\frac{p}{v}$$

将该结果用于 CJ 状态,与式(1-50)联立得

$$k\frac{p_{\mathrm{H}}}{v_{\mathrm{H}}}=\frac{p_{\mathrm{H}}}{v_0-v_{\mathrm{H}}}$$

整理此式,得爆轰产物比容

$$v_{\mathrm{H}}=\frac{k}{k+1}v_0$$

或写成密度

$$\rho_{\mathrm{H}}=\frac{k+1}{k}v_0 \tag{1-52}$$

将式(1-52)代入式(1-47),得爆轰压力

$$p_{\mathrm{H}}=\frac{1}{k+1}\rho_0 D^2 \tag{1-53}$$

将式(1-52)、式(1-53)代入式(1-48),得爆轰产物质点速度

$$u_{\mathrm{H}}=\frac{1}{k+1}D \tag{1-54}$$

由 CJ 条件的另一表达式 $D_{\mathrm{H}}=u_{\mathrm{H}}+c_{\mathrm{H}}$,得爆轰产物声速

$$c_{\mathrm{H}}=\frac{k}{k+1}D \tag{1-55}$$

将式(1-52)、式(1-53)代入式(1-49),得爆速与爆热的关系

$$D=\sqrt{2(k^2-1)Q_v} \tag{1-56}$$

式(1-52)~式(1-56)与气相爆轰参数计算公式完全一致,原因在于凝聚炸药爆轰采用了近似状态方程 $p=\dfrac{A}{v^k}$,该方程与气相爆轰中导出声速方程 $c_{\mathrm{H}}=\sqrt{\gamma p_{\mathrm{H}}v_{\mathrm{H}}}$时所采用的等熵关系 $pv^\gamma=\mathrm{const}$ 相一致。但是,要注意 k 与 γ 不仅数值不同,而且含义也不同,γ 是气相爆轰中爆轰产物的比热比,k 是凝聚态炸药爆轰中简化状态方程的幂指数,也称为爆轰产物绝热指数。

对于凝聚炸药,k 值一般可以近似取作 $k=3$,对于 C、H、O、N 组成的炸药,也可以按下面公式近似确定绝热指数

$$k=\frac{\sum_{i=1}^{N}n_i}{\sum_{i=1}^{N}\dfrac{n_i}{k_i}} \tag{1-57}$$

式中：n_i 为爆轰产物中某组分物质的量；k_i 为爆轰产物中某组分的多方指数。

另外，对于凝聚炸药爆轰过程中化学反应区末端面的温度，АПИН 给出了下述经验式

$$T_H = 4.8\frac{p_H}{\rho_H}\left(\frac{1}{\rho_H} - 0.2\right)M_H \tag{1-58}$$

式中：p_H 为爆轰波 CJ 压力（$\times10^5$Pa）；ρ_H 为爆轰波 CJ 密度（g/cm^3）；M_H 为爆轰产物 CJ 面上平均摩尔质量（kg/mol）。

1.5 凝聚炸药爆轰参数工程计算方法

在凝聚炸药爆轰参数理论计算方面，由于理论前提的简化以及寻求合适爆轰产物状态方程的困难，不可避免地使计算公式具有很大的近似性，这些理论公式虽然在分析问题和粗略估计爆轰参数上有一定的作用，但是对于精确计算爆轰参数偏差太大，以致很难使用。

在爆轰理论研究的同时，人们还通过试验研究提出了一些爆轰参数工程计算的方法。爆速和爆压是实际应用中经常遇到的两个重要爆轰参数，本节介绍几种计算单质、混合炸药爆速和爆压的工程计算式。

1.5.1 NMQ 法

Kamlet 等人对于碳、氢、氧、氮类型炸药的爆速、爆压计算进行了大量分析，提出了工程计算公式，该公式适用于装药密度 $\rho_0>1$g/cm^3 的情况，公式表明炸药爆速、爆压与炸药密度、炸药组分和炸药化学反应热有关。计算公式为

$$\begin{cases} p_H = 0.762\varphi\rho_0^2 \\ D = 706\varphi^{\frac{1}{2}}(1 + 1.30\rho_0) \\ j = NM^{\frac{1}{2}}Q^{\frac{1}{2}} \end{cases} \tag{1-59}$$

式中：p_H 为炸药的爆压（GPa）；D 为炸药的爆速（m/s）；ρ_0 为炸药装药密度（g/cm^3）；φ 为炸药特性值；N 为每克炸药爆炸所形成气体物质的量（mol/g）；M 为爆轰产物气体组分的平均摩尔质量（g/mol）；Q 为每克炸药的化学反应热（J/g）。

N、M、Q 的计算是在最大放热条件下获得的。爆炸产物生成的顺序：炸药中的氧首先将氢生成 H_2O；余下的氧将碳生成 CO_2；如再有多余的氧，则以氧分子存在；如有多余的碳，则生成固体碳；氮不参加反应，产物中以 N_2 存在。化学反应的热效应取决于下列两个反应式

$$H_2 + \frac{1}{2}O_2 \rightarrow H_2O + 241.8\times10^{-3}\text{J/mol}$$

$$C + O_2 \rightarrow CO_2 + 393.5 \times 10^{-3}\,\text{J/mol}$$

对于 $C_aH_bO_cN_d$ 炸药，按照炸药含氧量可以分成三种情况计算 N、M、Q。

（1）当 $c \geqslant 2a+\frac{1}{2}b$ 时

$$C_aH_bO_cN_d \rightarrow \frac{b}{2}H_2O + aCO_2 + \left(\frac{c}{2} - \frac{b}{4} - a\right)O_2 + \frac{d}{2}N_2$$

$$\begin{cases} N = \dfrac{\dfrac{b}{2} + a + \left(\dfrac{c}{2} - \dfrac{b}{4} - a\right) + \dfrac{d}{2}}{12a + b + 16c + 14d} = \dfrac{b + 2c + 2d}{48a + 4b + 64c + 56d} \\ M = \dfrac{18 \times \dfrac{b}{2} + 44a + 32\left(\dfrac{c}{2} - \dfrac{b}{4} - a\right) + 28 \times \dfrac{d}{2}}{\dfrac{b}{2} + a + \left(\dfrac{c}{2} - \dfrac{b}{4} - a\right) + \dfrac{d}{2}} = \dfrac{48a + 4b + 64c + 56d}{b + 2c + 2d} \\ Q = \dfrac{\left(241.8 \times \dfrac{b}{2} + 393.5 \times a\right) \times 10^3 + \Delta H_f}{12a + b + 16c + 14d} \\ \quad = \dfrac{(120.9b + 393.5a) \times 10^3 + \Delta H_f}{12a + b + 16c + 14d} \end{cases} \tag{1-60}$$

（2）当 $2a+\frac{b}{2} > c \geqslant \frac{b}{2}$ 时

$$C_aH_bO_cN_d \rightarrow \frac{b}{2}H_2O + \frac{1}{2}\left(c - \frac{b}{2}\right)CO_2 + \left(a - \frac{c}{2} + \frac{b}{4}\right)C + \frac{d}{2}N_2$$

$$\begin{cases} N = \dfrac{\dfrac{b}{2} + \dfrac{1}{2}\left(c - \dfrac{b}{2}\right) + \dfrac{d}{2}}{12a + b + 16c + 14d} = \dfrac{b + 2c + 2d}{48a + 4b + 64c + 56d} \\ M = \dfrac{18 \times \dfrac{b}{2} + 44 \times \dfrac{1}{2}\left(c - \dfrac{b}{2}\right) + 28 \times \dfrac{d}{2}}{\dfrac{b}{2} + \dfrac{1}{2}\left(c - \dfrac{b}{2}\right) + \dfrac{d}{2}} = \dfrac{88c + 56d - 8b}{b + 2c + 2d} \\ Q = \dfrac{\left[241.8 \times \dfrac{b}{2} + 393.5 \times \dfrac{1}{2}\left(c - \dfrac{b}{2}\right)\right] \times 10^3 + \Delta H_f}{12a + b + 16c + 14d} \\ \quad = \dfrac{\left[120.9b + 393.5\left(\dfrac{c}{2} - \dfrac{b}{4}\right)\right] \times 10^3 + \Delta H_f}{12a + b + 16c + 14d} \end{cases} \tag{1-61}$$

（3）当 $c < \frac{b}{2}$ 时

$$C_aH_bO_cN_d \rightarrow cH_2O + \left(\frac{b}{2} - c\right) H_2 + aC + \frac{d}{2}$$

$$\begin{cases} N = \dfrac{c + \left(\dfrac{b}{2} - c\right) + \dfrac{d}{2}}{12a + b + 16c + 14d} = \dfrac{b + d}{24a + 2b + 32c + 28d} \\ M = \dfrac{18c + \dfrac{1}{2}\left(\dfrac{b}{2} - c\right) + 28 \times \dfrac{d}{2}}{c + \left(\dfrac{b}{2} - c\right) + \dfrac{d}{2}} = \dfrac{2bc + 32c + 28d}{b + d} \\ Q = \dfrac{241.8 \times 10^3 + \Delta H_f}{12a + b + 16c + 14d} \end{cases} \tag{1-62}$$

式中：ΔH_f 为炸药生成焓(J/mol)。

应用 NMQ 法计算炸药的爆速、爆压时，只要知道炸药的分子式和装药密度，就可以计算，并且准确性相当高。通过与大量实测数据对比表明，爆速计算值与实测值偏差大多数在 3%之内，爆压计算值与实测值的相对偏差大多数在 5%之内，适用于工程计算。

1.5.2 *w*-*k* 法

1985 年吴雄发表了计算爆轰参数的 w-k 法。该法在理论公式的基础上，引入了势能因子 w 的概念，并给出了绝热指数 k 的计算方法，其计算值与试验结果符合得很好。计算公式为

$$\begin{cases} D = aQ^{\frac{1}{2}} + \beta r_0 w \\ p_{\mathrm{H}} = \dfrac{\rho_0 D^2}{10^6(k + 1)} \\ Q = \dfrac{-\left(\sum\limits_{i=1}^{N} n_i \Delta H_i - \Delta H_f\right)}{M} \\ w = \dfrac{\sum\limits_{i=1}^{N} n_i b_i}{M} \\ k = \gamma + k_0(1 - \mathrm{e}^{-0.546\rho_0}) \\ k_0 = \dfrac{\sum\limits_{i=1}^{N} n_i}{\sum\limits_{i=1}^{N} \dfrac{n_i}{k_{0i}}} \end{cases} \tag{1-63}$$

式中：D 为炸药爆速(m/s)；p_H 为炸药爆压(GPa)；Q 为炸药爆热(J/g)；w 为势能因子；k 为爆轰产物绝热指数；α、β 为常数，分别为 33.0 和 243.2；ρ_0 为炸药装药密度(g/cm³)；ΔH_i 为爆轰产物第 i 组分的生成焓；ΔH_f 为炸药的生成焓；M 为炸药的摩尔质量(g/mol)；n_i 为爆轰产物第 i 组分物质的量(mol)；b_i 为爆轰产物第 i 组分余容；γ 为视爆轰产物为理想气体的比热比，$\gamma=\dfrac{c_p}{c_v}=1.25$；$k_0$ 为爆轰绝热指数与密度有关部分；k_{0i} 为爆轰产物第 i 组分的绝热指数。

在计算爆热 Q、势能因子 w 和绝热指数 k 时，都要知道爆轰产物的组分。通过对炸药爆轰产物理论计算和试验结果的分析，下面分五种类型给出 $C_aH_bO_cN_d$ 炸药的爆轰反应方程式以及 Q、w、k 的计算公式。

类型 1：$c\geqslant 2a+\dfrac{b}{2}$

$$C_aH_bO_cN_d \rightarrow \frac{b}{2}H_2O + aCO_2 + \left(\frac{c}{2} - \frac{b}{4} - a\right)O_2 + \frac{d}{2}N_2$$

$$\begin{cases} Q = \dfrac{10^3(393.5a + 120.9b) + \Delta H_f}{12a + b + 16c + 14d} \\ w = \dfrac{250a + 37.5b + 175c + 190d}{12a + b + 16c + 14d} \\ k_0 = \dfrac{0.25b + 0.5c + 0.5d}{0.0241a + 0.2230b + 0.1493c + 0.1316d} \end{cases} \tag{1-64}$$

类型 2：$2a+\dfrac{b}{2}>c>a+\dfrac{b}{2}$

$$C_aH_bO_cN_d \rightarrow 0.43bH_2O + \left(\frac{c}{2} - \frac{b}{4}\right)CO_2 + 0.07bCO + 0.035bCH_4 + \left(a - \frac{c}{2} + 0.145b\right)C + \frac{d}{2}N_2$$

$$\begin{cases} Q = \dfrac{10^3(9.88b + 217.65c - 41.8a) + \Delta H_f}{12a + b + 16c + 14d} \\ w = \dfrac{46a + 9.95b + 277c + 190d}{12a + b + 16c + 14d} \\ k_0 = \dfrac{a + 0.43b + 0.5d}{0.2857a + 0.2549b + 0.0184c + 0.1316d} \end{cases} \tag{1-65}$$

类型 3：$a+\dfrac{b}{2}\geqslant c>\dfrac{b}{2}$

$$C_aH_bO_cN_d \rightarrow 0.35bH_2O + \left(\frac{c}{2} - \frac{b}{4}\right)CO_2 + 0.15bCO + 0.075bCH_4 +$$

$$\left(a-\frac{c}{2}+\frac{b}{40}\right)C+\frac{d}{2}N_2$$

$$\begin{cases} Q=\dfrac{10^3(7.73b+217.65c-41.8a)+\Delta H_f}{12a+b+16c+14d} \\ w=\dfrac{46a+36.75b+277c+190d}{12a+b+16c+14d} \\ k_0=\dfrac{a+0.35b+0.5d}{0.2857a+0.2166b+0.0184c+0.1316d} \end{cases} \tag{1-66}$$

类型 4：$c\leqslant\dfrac{b}{2}$ 且 $c>a$

$$C_aH_bO_cN_d\rightarrow aCO+(c-a)H_2O+\left(\frac{b}{2}-c+a\right)H_2+\frac{d}{2}N_2$$

$$\begin{cases} Q=\dfrac{10^3(241.8b-131.3a)+\Delta H_f}{12a+b+16c+14d} \\ w=\dfrac{354a+107b+36c+190d}{12a+b+16c+14d} \\ k_0=\dfrac{a+0.5b+0.5d}{0.0734a+0.1471b+0.3011c+0.1316d} \end{cases} \tag{1-67}$$

类型 5：$c\leqslant\dfrac{b}{2}$ 且 $c\leqslant a$

$$C_aH_bO_cN_d\rightarrow 0.54cH_2O+0.46cCO+0.23cCH_4+(a-0.69c)C+\left(\frac{b}{2}-c\right)H_2+\frac{d}{2}N'_2$$

$$\begin{cases} Q=\dfrac{10^3(227.4c-41.8a)+\Delta H_f}{12a+b+16c+14d} \\ w=\dfrac{46a+107b+190c+190d}{12a+b+16c+14d} \\ k_0=\dfrac{a+0.5b-0.46c+0.5d}{0.2857a+0.1471b+0.0810c+0.1316d} \end{cases} \tag{1-68}$$

对于 $C_aH_bO_cN_d$ 炸药，如果四种元素俱全，即 $a\neq0$、$b\neq0$、$c\neq0$、$d\neq0$ 时，可以直接使用式(1-64)~式(1-68)；如果缺少其中一种元素，需要进行如下修正：

(1) 当 $a=0$ 时，$w'=1.25w$，$k'_0=1.25k_0$；

(2) 当 $b=0$ 时，$w'=1.06w$，$k'_0=0.7k_0$（类型 1 除外）；

(3) 当 $c=d=0$，且属于类型 4 时，$w'=1.04w$；

(4) 当 $c=d=0$，且属于类型 5 时，$w'=1.06w$。

1.5.3 氮当量法和修正氮当量法

氮当量法和修正氮当量法适用于碳氢氧氮氟氯炸药,与其他工程计算方法相比,适用范围广,并且计算准确性也很好。

1. 氮当量法计算公式

氮当量法认为,炸药爆速和爆压除与炸药的装药密度有关之外,还与爆轰产物的组成有关,并且不同组分的爆轰产物其作用也不相同。以爆速实测数据为基础,确定爆轰产物各组分对爆速的贡献,取氮产物对爆速的贡献为1,其他产物对爆速的贡献与氮的贡献相比,所得比值称为氮当量系数。对于爆压,爆轰产物各组分的贡献按照爆速的二次方关系进行处理。

氮当量法计算公式

$$\begin{cases} D = (690 + 1160\rho_0)\sum N \\ p_{\mathrm{H}} = 1.092(\rho_0 \sum N)^2 - 0.574 \\ \sum N = \dfrac{100}{M}\sum\limits_{i=1}^{N} n_i N_i \end{cases} \tag{1-69}$$

式中:D 为炸药爆速(m/s);p_{H} 为炸药爆压(GPa);ρ_0 为炸药装药密度($\mathrm{g/cm^3}$);n_i 为爆轰产物第 i 组分物质的量(mol);N_i 为爆轰产物第 i 组分氮当量系数;M 为炸药的摩尔质量(g/mol);$\sum N$ 为炸药的氮当量,定义为100g炸药爆轰时各产物组分的物质的量与其氮当量系数乘积之和。

对于碳氢氧氮氟氯炸药(包括碳氢氧氮炸药在内),氮当量法规定形成爆轰产物的次序如下:氟最先与氢作用,形成氟化氢;有多余的氟时,氟与碳作用形成四氟化碳;有多余的氢时,氢与氧作用形成水;有多余氧时,氧与碳化合生成一氧化碳;仍有多余氧时,把一氧化碳氧化成为二氧化碳;再有多余氧时,则以氧气存在;氟、氧不足以将氢全部氧化时,则以氢气存在;氟、氧不足以将碳全部氧化时,则以固体碳存在;氯不作用,形成氯气;氮不作用,形成氮气。

2. 修正氮当量法计算公式

在氮当量法计算炸药爆速、爆压的基础上,通过大量实测数据的处理,进一步考虑炸药化学键和基团的影响,并且调整了爆轰产物的氮当量系数,得到修正氮当量法计算公式

$$\begin{cases} D = (690 + 1160\rho_0)\sum N' \\ p_{\mathrm{H}} = 1.106(\rho_0 \sum N')^2 - 0.840 \\ \sum N' = \dfrac{100}{M}\left(\sum\limits_{i=1}^{N} n_i N_i + \sum\limits_{j=1}^{B} B_j N_{Bj} + \sum\limits_{k=1}^{G} G_k N_{Gk}\right) \end{cases} \tag{1-70}$$

式中：B_j 为第 j 种化学键在炸药分子中出现的次数；N_{Bj} 为第 j 种化学键的修正氮当量系数；G_k 为第 k 种基团在炸药分子中出现的次数；N_{Gk} 为第 k 种基团的修正氮当量系数；$\sum N'$ 为炸药修正氮当量，定义为100g炸药爆轰时各产物组分以及炸药化学键和基团分别与其对应修正氮当量系数乘积之和。

1.5.4 混合炸药爆速和爆压经验计算

混合炸药包括几种单质炸药混合在一起，以及在单质炸药中加入少量惰性添加物或金属粉的炸药。由于装药工艺性能和安全使用性能的需要，混合炸药应用非常广泛，混合炸药爆速和爆压是爆炸、冲击问题必不可少的初始参数，因而对它们进行工程上可以应用的计算是非常重要的。

1. 加权法计算混合炸药爆速

混合炸药的爆速可以用各组分的特性爆速（非爆炸组分称为特性传播速度）对应乘以各组分的体积百分数，然后相加而得。混合炸药的组分，除了包括实际组分混合炸药的各物质外，还包括炸药内各颗粒之间的空隙。

当炸药处于结晶密度 ρ_{max} 时，炸药内不存在空隙，完全由各组分物质组成，其速度加权公式为

$$D_{max} = \sum_{i=1}^{n} D_i \varepsilon_i$$

式中：D_i 为混合炸药某物质组分的特性爆速（或特性传播速度）；ε_i 为物质组分的体积百分数。

当混合炸药处于任意密度 ρ_0 时，可认为混合炸药是由炸药物质和空气所组成，其速度加权公式为

$$D = D_a \varepsilon_a + D_{max}\left(\sum_{i=1}^{n} \varepsilon_i\right)$$

式中：D_a、ε_a 分别为炸药内空气气隙的特性传播速度和体积百分数；D_{max}、$\sum_{i=1}^{n} \varepsilon_i$ 为不含空气气隙时混合炸药的爆速和体积百分数。

取空气气隙的特性传播速度

$$D_a = \frac{1}{4} D_{max}$$

且按照 $\varepsilon_a + \sum_{i=1}^{n} \varepsilon_i = 1$，以及 $\sum_{i=1}^{n} \varepsilon_i = \frac{\rho_0}{\rho_{max}}$，有

$$\varepsilon_a = 1 - \frac{\rho_0}{\rho_{max}}$$

这样，混合炸药加权爆速计算公式为

$$\begin{cases} D = D_{\max}\left(\dfrac{1}{4} + \dfrac{3}{4}\dfrac{\rho_0}{\rho_{\max}}\right) \\ D_{\max} = \dfrac{\sum\limits_{i=1}^{L} D_i V_i}{\sum\limits_{i=1}^{L} V_i} \\ r_{\max} = \dfrac{\sum\limits_{i=1}^{L} m_i}{\sum\limits_{i=1}^{L} V_i} \\ V = \dfrac{m_i}{\rho_i} \end{cases} \tag{1-71}$$

式中:D 为混合炸药密度 ρ_0 时爆速(m/s);$D_{\max}$ 为混合炸药结晶密度 $\rho_{\max}$ 时爆速(m/s);ρ_i 为混合炸药第 i 组分物质的结晶密度(g/cm^3);D_i 为混合炸药第 i 组分在其结晶密度为 ρ_i 时的特性爆速或特性传播速度(m/s);V_i 为混合炸药第 i 组分物质在结晶密度 ρ_i 时所占体积(cm^3);m_i 为混合炸药第 i 组分物质的质量(g)。

2. 用 NMQ 法计算混合炸药爆压

惰性添加物在混合炸药中主要起粘接和钝感作用,不参与化学反应,对爆压没有作用;铝粉等物质在爆轰过程中虽然参加化学反应,但是这种反应是二次反应,在爆轰化学反应区之后进行,放出的能量提供不到爆轰波上去,因而也假定这部分对爆压不起作用。按照上面分析,计算混合炸药爆压时,可以不考虑惰性添加物和铝粉等物质的影响。

取混合炸药中各个参加瞬时爆轰反应组分的 φ 值与对应质量百分比乘积之和,为混合炸药的 φ 值。混合炸药爆压计算 NMQ 公式为

$$\begin{cases} p_{\mathrm{H}} = 0.762\varphi\rho_0^2 \\ \varphi = \sum\limits_{i=1}^{L} \mu_i \varphi_i \end{cases} \tag{1-72}$$

式中:p_{H} 为混合炸药密度 ρ_0 时的爆压(GPa);φ 为混合炸药的 φ 值;μ_i 为混合炸药第 i 爆炸组分的质量百分数;φ_i 为混合炸药第 i 爆炸组分的 φ 值。

3. 用 $w-k$ 法计算混合炸药的爆速和爆压

$w-k$ 法计算爆速和爆压公式,不仅可以用于计算 $C_aH_bO_cN_d$ 类单质炸药的爆速和爆压,还可以用于计算含氟、氯炸药以及混合物的爆速和爆压。对于含氟、氯炸药和混合物炸药中的添加组分,是通过一系列爆速和爆压数据的整理,归纳校核出他们的 Q、w 和 k_0;对于混合炸药,是通过质量加和的方法求出总的 Q、w 和

k_0,然后再利用 w-k 法公式计算爆速和爆压。混合炸药爆速、爆压计算公式归结如下

$$
\begin{cases}
D = 33Q^{\frac{1}{2}} + 243.2\rho_0 w \\
p_{\mathrm{H}} = \dfrac{\rho_0 D^2}{10^6(k+1)} \\
k = 1.25 + k_0(1 - \mathrm{e}^{-0.546\rho_0}) \\
Q = \sum\limits_{i=1}^{L} \mu_i Q_i \\
w = \sum\limits_{i=1}^{L} \mu_i w_i \\
k_0 = \dfrac{\sum\limits_{i=1}^{L} \dfrac{\mu_i}{M_i}}{\sum\limits_{i=1}^{L} \dfrac{\mu_i}{k_{0i} M_i}}
\end{cases}
\tag{1-73}
$$

式中:Q 为混合炸药总爆轰热(J/g);w 为混合炸药总势能因子;k 为混合炸药爆轰产物总绝热指数;k_0 为混合炸药爆轰产物总绝热指数与密度有关部分;ρ_0 为混合炸药装药密度($\mathrm{g/cm^3}$);μ_i 为混合炸药第 i 组分的质量百分数;M_i 为混合炸药第 i 组分的摩尔质量;Q_i 为混合炸药第 i 组分的 Q(J/g);w_i 为混合炸药第 i 组分的 w;k_{0i} 为混合炸药第 i 组分的 k_0。

如果混合炸药中某一组分是负氧平衡,考虑到会出现新的化学反应,爆轰热进行如下修正

$$
Q' = Q + 146.4 \times 10^3 \frac{n}{M}
$$

式中:n 为该组分单独反应产物中除水和氧化物之外的氧原子数目;M 为该组分的摩尔质量(g/mol)。

习　题

1. 什么是爆轰波,爆轰波与冲击波有什么异同?
2. 简述爆轰波 Rayleigh 线和 Hugoniot 线的物理意义。
3. 什么是爆轰产物状态方程?
4. 爆轰波稳定传播的条件是什么?
5. 简述爆轰稳定传播条件的物理意义。

第2章　爆轰波传播及其波形控制

CJ理论或ZND模型中都把爆轰波看成平面爆轰波进行计算,实际炸药爆轰一般就从起爆点开始起爆,爆轰波在传播过程中,基本呈球面状态向外扩散运动,继续引爆未爆炸药。如果炸药中有两个以上起爆点,爆轰波在引爆炸药过程中就会发生相遇,相遇后会产生反射波,由于爆轰波相遇时两波阵面之间角度不同,就会发生爆轰波正反射和斜反射。

炸药从某点起爆以后,如果不加干涉,产生的爆轰波一般为向外扩散的球面波,如果需要产生其他不同形状的爆轰波,如平面波、半球面波等,就应该采用技术手段对爆轰波的波阵面进行干涉和控制。

2.1　爆轰波的反射

两爆轰波迎面传播时,将发生爆轰波正反射,反射点处压力急剧提高,并同时形成两道冲击波分别向两边爆轰产物中传播。两爆轰波成一定角度传播时,将发生爆轰波斜反射,反射点处压力也会提高,并且也形成两道冲击波以一定角度向两边爆轰产物中传播回去。斜反射时,由于反射的角度不同,所出现的现象也不同,当两爆轰波波阵面间夹角较小时,通过爆轰波产物流动折转角与通过反射冲击波流动折转的角度相一致,在反射点处产生反射冲击波,称为正规反射;随着两爆轰波波阵面间夹角的增加,通过爆轰波产物流动折转角与通过反射冲击波流动折转角都在增加,当两爆轰波波阵面间夹角达到某一角度时,二折转角不一致,将迫使反射冲击波上移至距反射点一定距离,称为非正规斜反射,又称为Mach反射。图2-1列出了爆轰波不同反射类型,A_1、A_2为爆轰波波源,两爆轰波在A点发生正反射,在B点发生斜反射,在C点发生非正规斜反射。以下将分别对这三种反射进行分析,并对Mach反射波的整形作用进行介绍。

图2-2为在斜冲击波不动的相对坐标系内波前、后介质流动情况,(1)区的流动速度为u_1,(2)区的流动速度为u_2,其中u_{1n}、u_{2n}和$u_{1\tau}$、$u_{2\tau}$分别为按斜冲击波波阵面方向所分解的法向和切向速度,ρ_1、p_1、e_1为(1)区介质的密度、压力和内能,ρ_2、p_2、e_2为(2)区介质的密度、压力和内能。按照流动守恒关系

质量守恒:

$$\rho_1 u_{1n} = \rho_2 u_{2n}$$

动量守恒：

$$p_2 - p_1 = \rho_1 u_{1n}^2 - \rho_2 u_{2n}^2$$

即

$$\rho_1 u_{1n} u_{1\tau} = \rho_2 u_{2n} u_{2\tau}$$

能量守恒：

$$e_1 + \frac{1}{2}\rho_1 u_1^2 + \frac{p_1}{\rho_1} = e_2 + \frac{1}{2}\rho_2 u_2^2 + \frac{p_2}{\rho_2}$$

由斜冲击波切线方向上可以得出

$$u_{1\tau} = u_{2\tau}$$

而在斜冲击波法线方向上的守恒关系，恰好就是正冲击波的守恒关系。上述关系表明，斜冲击波可以视为正冲击波和一个均匀切向流动的叠加；同样，斜爆轰波也可以视作正爆轰波和一个均匀切向流动的叠加。虽然切向流动不变，但是法向流动通过冲击波（或爆轰波）有突跃变化，因而斜冲击波（或斜爆轰波）前、后流动方向也不一致。

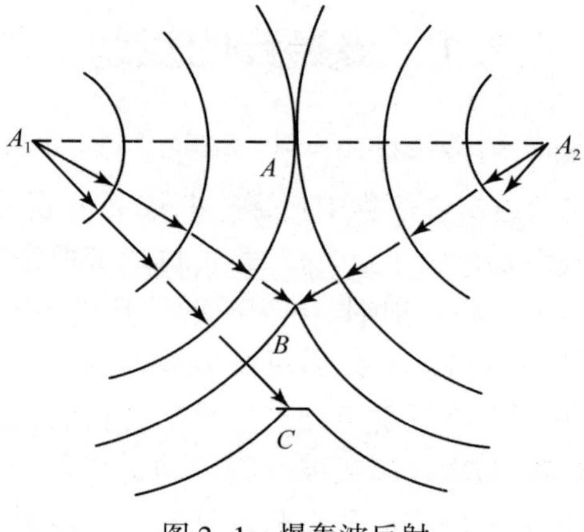

图 2-1　爆轰波反射

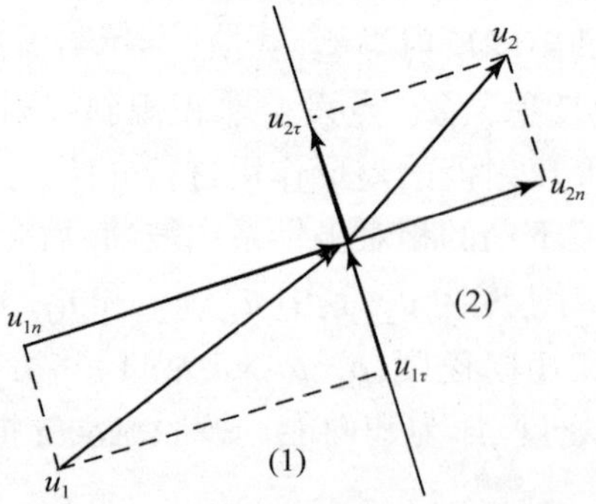

图 2-2　波前、波后介质的流动

2.1.1　爆轰波正反射

两强度相等的爆轰波进行正反射，可视为其中一个爆轰波对刚性壁的正反射。图 2-3 表示爆轰波正反射过程中状态的变化，爆轰波通过后，介质由炸药初始状态(0)区变成了高压爆轰产物状态(1)区；爆轰波在刚性壁面发生反射后，介质由爆轰产物状态(1)区变成了反射冲击波后的状态(2)区。

在极短的时间间隔内，不考虑高压爆轰产物的膨胀，(1)状态为 CJ 状态，且采用理论公式，(1)区参数区为

$$\begin{cases} p_H = \dfrac{1}{k+1}\rho_0 D^2,\ v_H = \dfrac{k}{k+1}v_0 \\ u_H = \dfrac{1}{k+1}D,\ c_H = \dfrac{k}{k+1}D \end{cases} \tag{2-1}$$

式中：k 为炸药的绝热指数。

(2) 区是反射冲击波后的区域。反射冲击波以速度 D_2 向左传播，反射冲击波前的质点以 u_H 的速度向右传播，反射冲击波波后的质点速度为零。为了研究问题方便，在整个流场中叠加一个速度为 D_2、方向向右的流动，使反射冲击波成为不动的状态(图 2-4)。在冲击波不动的相对坐标中，按照质量、动量和能量守恒关系可以得到

$$\begin{cases} D_2 + u_H = v_H\sqrt{\dfrac{p_2 - p_H}{v_H - v_2}} \\ u_H = (v_H - v_2)\sqrt{\dfrac{p_2 - p_H}{v_H - v_2}} \\ e_2 - e_H = \dfrac{1}{2}(p_H + p_2)(v_H - v_2) \end{cases} \tag{2-2}$$

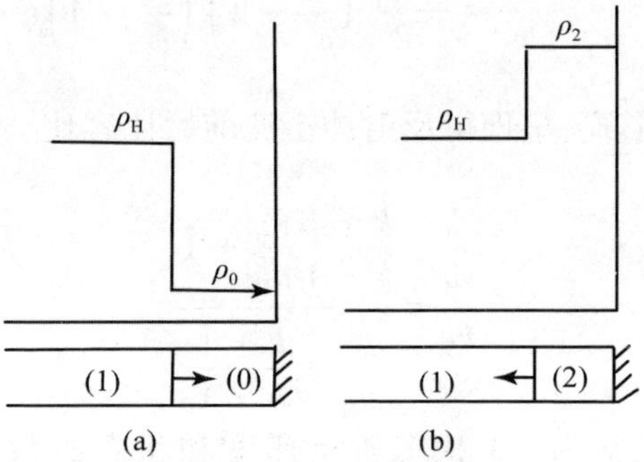

图 2-3　爆轰波正反射

(a) 反射前；(b) 反射后。

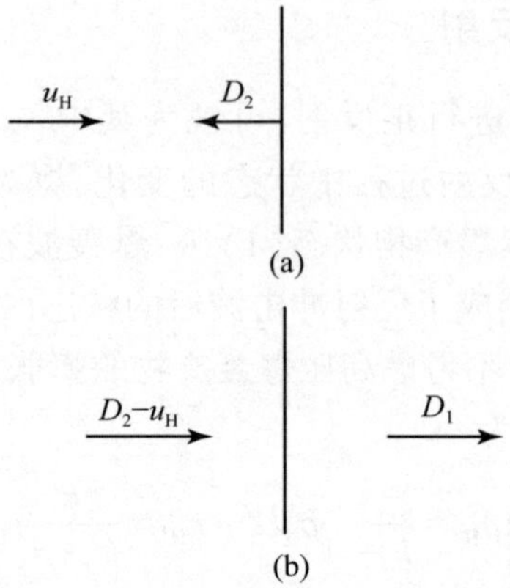

图 2-4　反射冲击波前后介质流动
（a）地面坐标中的流动；（b）相对坐标中的流动。

同样，在极短时间间隔内不考虑高压爆轰产物的膨胀，对于(2)区仍然采用只考虑分子排斥作用的凝聚体状态方程

$$\begin{cases} p_2 = \dfrac{A}{v_2^k} \\ e_2 = \dfrac{A}{(k-1)v_2^{k-1}} \end{cases} \tag{2-3}$$

由式(2-3)得 $e_2=\dfrac{p_2v_2}{k-1}$和 CJ 状态内能 $e_H=\dfrac{p_Hv_H}{k-1}$一起代入式(2-2)中第三式得

$$\frac{p_2v_2}{k-1}-\frac{p_Hv_H}{k-1}=\frac{1}{2}(p_2+p_H)(v_H-v_2)$$

方程两端同乘以$\dfrac{k-1}{p_Hv_2}$，得

$$\frac{p_2}{p_H}-\frac{v_H}{v_2}=\frac{k-1}{2}\left(\frac{p_2}{p_H}+1\right)\left(\frac{v_H}{v_2}-1\right)$$

按照$\dfrac{v_H}{v_2}=f\left(\dfrac{p_2}{p_H}\right)$的形式，整理得反射冲击波前后比容比

$$\frac{v_H}{v_2}=\frac{\dfrac{k+1}{k-1}\dfrac{p_2}{p_H}+1}{\dfrac{p_2}{p_H}+\dfrac{k+1}{k-1}} \tag{2-4}$$

由式(2-2)中第二式和 CJ 状态质点速度和状态参数的关系 $u_H=(v_0-v_H)\sqrt{\dfrac{p_H}{v_0-v_H}}$，得

$$(v_H - v_2)\sqrt{\frac{p_2 - p_H}{v_H - v_2}} = (v_0 - v_H)\sqrt{\frac{p_H}{v_0 - v_H}}$$

方程两边平方，并同除以 $p_H v_H$，得

$$\left(\frac{p_2}{p_H} - 1\right)\left(1 - \frac{v_2}{v_H}\right) = \frac{v_0}{v_H} - 1$$

从式(2-1)解出$\frac{v_0}{v_H}$，从式(2-4)解出$\frac{v_2}{v_H}$，并分别代入上式，可得

$$\left(\frac{p_2}{p_H} - 1\right)\left(1 - \frac{\frac{p_2}{p_H} + \frac{k+1}{k-1}}{\frac{k+1}{k-1}\frac{p_2}{p_H} + 1}\right) = \frac{k+1}{k} - 1$$

整理得到关于$\frac{p_2}{p_H}$的二次方程

$$\left(\frac{p_2}{p_H}\right)^2 - \frac{5k+1}{2k}\frac{p_2}{p_H} + \frac{k+1}{2k} = 0$$

解此方程，并考虑到$\frac{p_2}{p_H}>1$，得反射冲击波前后压力比

$$\frac{p_2}{p_H} = \frac{5k + 1 + \sqrt{17k^2 + 2k + 1}}{4k} \tag{2-5}$$

将式(2-5)代入式(2-4)，得反射冲击波前后密度比

$$\frac{\rho_2}{\rho_H} = \frac{4k^2 + k + 1 + \sqrt{17k^2 + 2k + 1}}{2(2k^2 + k - 1)} \tag{2-6}$$

由式(2-2)中第一式

$$D_2 = v_H\sqrt{\frac{p_2 - p_H}{v_H - v_2}} - u_H = \sqrt{\frac{p_H v_H\left(\frac{p_2}{p_H} - 1\right)}{1 - \frac{v_2}{v_H}}} - u_H$$

从式(2-1)代入 u_H，从式(2-5)代入$\frac{p_2}{p_H}$，从式(2-6)代入$\frac{\rho_2}{\rho_H}$，且注意到 $p_H v_H = \frac{k}{(k+1)}D$，整理得反射冲击波速度

$$D_2 = \frac{D}{4(k+1)}\left(k - 3 + \sqrt{17k^2 + 2k + 1}\right) \tag{2-7}$$

式(2-5)、式(2-6)、式(2-7)给出了爆轰波在刚性壁面反射时反射波前后状

态参数的关系以及反射冲击波的速度。由于同强度爆轰波反射相当于爆轰波在刚性壁面上的反射，因而上述公式也即是同强度爆轰波正面反射后所表达的状态参数，以及反射冲击波往回传播的速度。若绝热指数 k 取为 3，由上述公式可得：

$$p_2 = 2.39p_H, \rho_2 = 1.32\rho_H, D_2 = 0.79D$$

从计算中看出，同强度爆轰波正面反射后，使高压爆轰产物进一步受到压缩，其压力增加到 CJ 状态爆轰压力的 2.39 倍，其密度增加到 CJ 状态产物密度的 1.32 倍。

2.1.2 爆轰波正规反射

如图 2-5 所示，在距离固壁为 h 处发出球面散心爆轰波，当波面半径为 h 时，波面开始与固壁的 B 点相切，且波阵面与固壁(即 x 轴)的夹角为 0，此时球面爆轰波在固壁上发生正反射；此后，随着球面爆轰波的继续传播，波阵面(对球面波而言，指相交处波阵面的切平面)与固壁的夹角 ψ 逐渐增大，当夹角不超过临界角时，波阵面将在固壁上发生反射冲击波 R。所以入射波阵面 I 和 R 相交于固壁上，这种形式的反射称为正规反射。

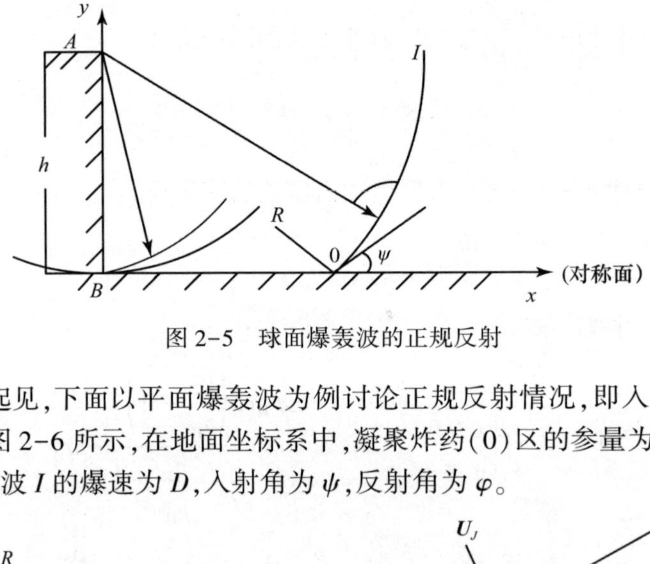

图 2-5　球面爆轰波的正规反射

为简单起见，下面以平面爆轰波为例讨论正规反射情况，即入射爆轰波阵面是平面。如图 2-6 所示，在地面坐标系中，凝聚炸药(0)区的参量为 $\rho_0, p_0 = 0, u_0 = 0$。平面爆轰波 I 的爆速为 D，入射角为 ψ，反射角为 φ。

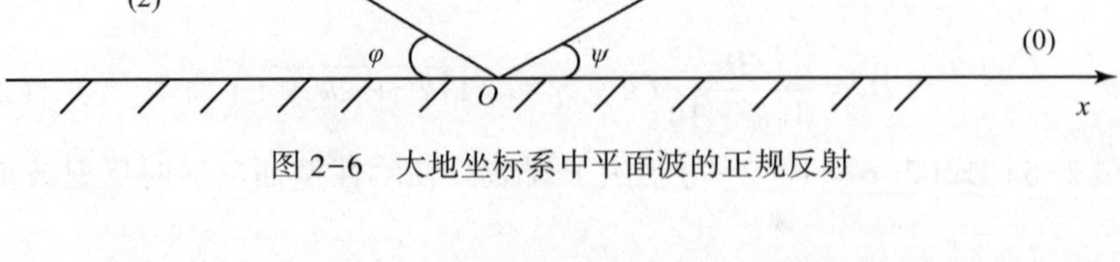

图 2-6　大地坐标系中平面波的正规反射

则入射波 I 后的(1)区中各参量为

$$p_{\mathrm{H}} = \frac{\rho_0 D^2}{k+1}$$

$$u_{\mathrm{H}} = \frac{D}{k+1}$$

$$\rho_{\mathrm{H}} = \frac{k+1}{k}\rho_0$$

显然,I、R 交点 O 沿 x 轴运动的速度为

$$V_{IR} = \frac{D}{\sin\psi}$$

为了较方便计算出(2)区的参量,取一运动坐标系,坐标系的坐标原点取在 I、R 的交点 O 上,如图 2-7 所示。

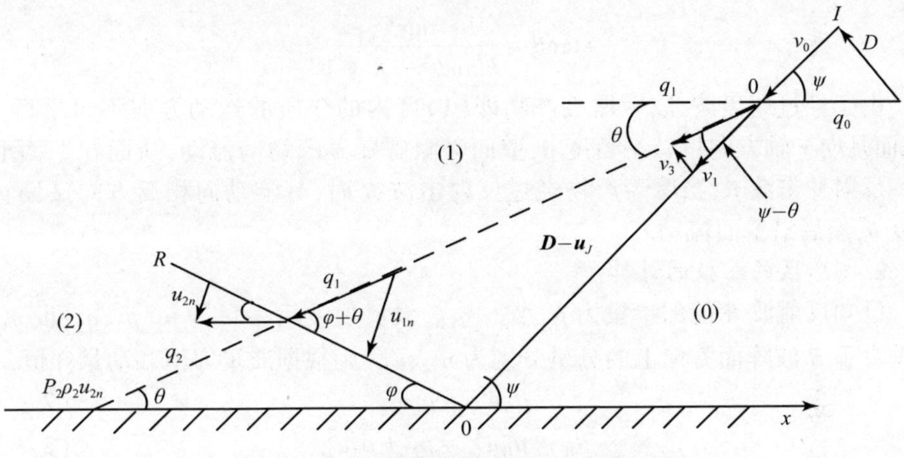

图 2-7　运动坐标系中平面波的正规反射

观察者随 O 点一起运动,在他看来,爆轰波和反射冲击波是不动的波,因此,(0)区介质在垂直于波阵面 I 的方向具有速度 D,其在水平方向的速度 q_0 为

$$q_0 = \frac{D}{\sin\psi} \tag{2-8}$$

1. (1)区参数的计算

(1) 区介质在垂直于波阵 I 的方向上的速度 v_3 为

$$v_3 = D - u_{\mathrm{H}}$$

(2) 区介质在平行于波阵面 I 的方向上的速度分量 v_1 为

$$v_1 = v_0 = D\cot\psi$$

故(1)区质点速度 q_1 为

$$q_1 = \sqrt{v_1^2 + v_3^2} = \sqrt{(D - u_{\mathrm{H}})^2 + D^2\cot^2\psi} = D\sqrt{\left(\frac{k}{k+1}\right)^2 + \cot^2\psi} \tag{2-9}$$

q_1 与 x 轴夹角为 θ。

由图 2-7 中几何关系可得

$$\frac{\tan(\psi - \theta)}{\tan\psi} = \frac{(D - u_{\mathrm{H}})/v_1}{D/v_0} = \frac{D - u_{\mathrm{H}}}{D} = \frac{k}{k+1}$$

即

$$\frac{\tan\psi - \tan\theta}{1 + \tan\psi\tan\theta} = \frac{k}{k+1}\tan\psi$$

解之得

$$\tan\theta = \frac{\tan\psi}{k\tan\psi^2 + k + 1} \tag{2-10}$$

由于经过爆轰波,波后爆轰产物即(1)区内的介质的运动方向不再平行于 x 轴,而是向 x 轴方向偏转了角度 θ,壁面必阻碍爆轰产物的流动,从而在壁面上产生一反射冲击波 R,当爆轰产物经过反射击波 R 时,其流动向相反方向又偏转一角度 θ,然后沿壁面流动。

2. (2)区的参数的计算

已知反射波 R 前的参量为 p_{H}、ρ_{H}、q_1。设反射波后参量为 p_2、ρ_2、q_2;设 q_1、q_2 在垂直于 R 波阵面方向上的分量分别为 u_{1n}、u_{2n},则根据质量守恒和动量守恒,有

$$\rho_{\mathrm{H}} u_{1n} = \rho_2 u_{2n} \tag{2-11}$$

$$p_{\mathrm{H}} + \rho_{\mathrm{H}} u_{1n}^2 = p_2 + \rho_2 u_{2n}^2 \tag{2-12}$$

设爆轰产物的状态方程为 $p = A\rho^k$,则有

$$\frac{\rho_{\mathrm{H}}}{\rho_2} = \frac{(k+1)p_{\mathrm{H}} + (k-1)p_2}{(k+1)p_2 + (k-1)p_{\mathrm{H}}} \tag{2-13}$$

由图 2-7 中几何关系,得

$$u_{1n} = q_1\sin(\varphi + \theta) \tag{2-14}$$

$$\frac{\tan(\varphi + \theta)}{\tan\varphi} = \frac{u_{1n}}{u_{2n}} = \frac{\rho_2}{\rho_{\mathrm{H}}} \tag{2-15}$$

在上述五个方程中有五个未知量:u_{1n}、u_{2n}、p_2、r_2、j,可联立方程组求解。具体求解过程如下:

由式(2-11),式(2-12)两式得

$$p_2 - p_J = r_J u_{1n}^2\left(1 - \frac{r_J}{r_2}\right) \tag{2-16}$$

由式(2-13)

$$1-\frac{\rho_{\mathrm{H}}}{\rho_2}=\frac{\dfrac{2}{k-1}\left(\dfrac{p_2}{p_{\mathrm{H}}}-1\right)}{\dfrac{k+1}{k-1}\dfrac{p_2}{p_{\mathrm{H}}}+1} \tag{2-17}$$

将式(2-17)代入式(2-16)得

$$p_2-p_{\mathrm{H}}=\frac{\rho_{\mathrm{H}}u_{1n}^2\dfrac{2}{k-1}\left(\dfrac{p_2}{p_{\mathrm{H}}}-1\right)}{\dfrac{k+1}{k-1}\dfrac{p_2}{p_{\mathrm{H}}}+1}$$

整理得

$$p_2+\frac{k-1}{k+1}p_{\mathrm{H}}=\frac{2}{k+1}\rho_{\mathrm{H}}u_{1n}^2$$

将式(2-14)代入上式得

$$p_2+\frac{k-1}{k+1}p_{\mathrm{H}}=\frac{2}{k+1}\rho_{\mathrm{H}}q_1^2\sin^2(\varphi+\theta) \tag{2-18}$$

由式(2-13)、式(2-15)两式得

$$\frac{\tan(\varphi+\theta)}{\tan\varphi}=\frac{(k+1)p_2+(k-1)p_{\mathrm{H}}}{(k+1)p_{\mathrm{H}}+(k-1)p_2} \tag{2-19}$$

在式(2-18)、式(2-19)两式中,只有未知量 φ、p_2。进一步求解如下:

由式(2-18)可得

$$(k+1)p_2+(k-1)p_{\mathrm{H}}=2\rho_{\mathrm{H}}q_1^2\sin^2(\varphi+\theta)$$

和

$$(k+1)p_{\mathrm{H}}+(k-1)p_2=\frac{2(k-1)}{k+1}\rho_{\mathrm{H}}q_1^2\sin^2(\varphi+\theta)+\frac{4k}{k+1}p_{\mathrm{H}}$$

将上两式代入式(2-19)得

$$\frac{\tan\varphi}{\tan(\varphi+\theta)}=\frac{\dfrac{2(k-1)}{k+1}\rho_{\mathrm{H}}q_1^2\sin^2(\varphi+\theta)+\dfrac{4k}{k+1}p_{\mathrm{H}}}{2\rho_{\mathrm{H}}q_1^2\sin^2(\varphi+\theta)}$$

整理得

$$\frac{\tan\varphi}{\tan(\varphi+\theta)}=\frac{k-1}{k+1}+\frac{2k}{k+1}\frac{p_{\mathrm{H}}}{\rho_{\mathrm{H}}q_1^2\sin^2(\varphi+\theta)} \tag{2-20}$$

由于

$$p_{\mathrm{H}}=\frac{\rho_0D^2}{k+1}=\frac{k}{(k+1)^2}\rho_{\mathrm{H}}D^2$$

$$q_1^2 = D^2\left[\left(\frac{k}{k+1}\right)^2 + \cot^2\psi\right]$$

$$\theta = \arctan\left(\frac{\tan\psi}{k\tan^2\psi + k + 1}\right)$$

故将上三式均代入式(2-20),并整理得

$$\frac{\tan\varphi}{\tan\left[\varphi + \arctan\left(\frac{\tan\psi}{k\tan^2\psi + k + 1}\right)\right]} = \frac{k-1}{k+1} + \frac{2k^2}{k+1}\frac{1}{[k^2 + (k+1)^2\cot^2\psi]\sin^2\left[\varphi + \arctan\left(\frac{\tan\psi}{k\tan^2\psi + k + 1}\right)\right]} \tag{2-21}$$

该方程建立了入射角 ψ 和反射角 φ 之间的函数关系。在已知 k 的情况下,只要给出入射角 ψ,采用数值迭代法求解式(2-21),即可求出反射角 φ。进而求出(2)区的其他参量 p_2、ρ_2、q_2。

2.1.3 平面爆轰波的马赫反射

由方程式(2-21)的分析中可知,当入射角 ψ 大于某一临界角 ψ_c 时(若 $k=3$, $\psi_c \approx 44.8°$),就得不到 φ 的实数解,从物理上讲,反射角 φ 不存在,那是没有意义的。从斜冲击波反射理论可知,这时反射波从固壁上脱离。实验证明,这时在固壁附近出现第三个波,即马赫杆波,简称马赫波。由于这种反射现象是气体动力学家马赫最早发现和描述的,所以称之为马赫反射。

实验观测到的波系结构如图 2-8 所示:OI 为入射爆轰波,OR 为反射冲击波,OT 为马赫杆波,即马赫爆轰波。这三个波的交点 O 称为三波点,O 点后面的爆轰产物都是来自波前(0)区的,然而一部分跨过马赫杆波,是经过一道马赫爆轰波的,而另一部分则先穿过入射爆轰波 OI,然后再穿过反射冲击波 OR,是经过两道波的。因此,一般来说,这两部分爆轰产物的熵是不相等的,所以,它们之间存在一个切向间断 OS,这样,三个波 OI、OR 和 OT 以由一个熵的切向间断面 OS 把 O 点附近的流场划分为四个区域,即原始炸药区(0),入射爆轰波后区(1),反射冲击波后区(2)和马赫反射波系下的波区(3)。

根据气体动力学知识,这些区域都可以求解。然而,我们关心的是马赫反射波系下的波的整形问题,因此,下面仅对马赫爆轰波的特性作一些简单讨论。

实验证明,马赫爆轰波是一个近似垂直于固壁的爆轰波,按图 2-8 所示的速度矢量关系,马赫爆轰波的爆速 D_3 为

$$D_3 = D/\sin\psi \tag{2-22}$$

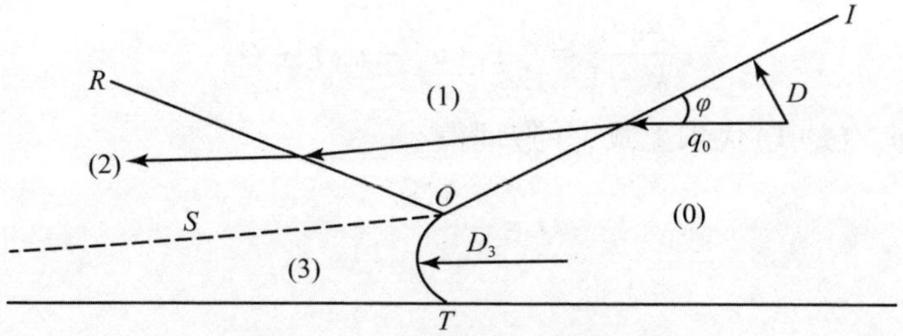

图 2-8　平面爆轰波的马赫反射

由此可见，马赫爆轰波的爆速 D_3 大于 CJ 爆轰的爆速 D，故马赫波是一个超压爆轰波，下面我们来讨论马赫爆轰波的波后压强。

对超压爆轰波来说，质量守恒、动量守恒和能量守恒关系仍然适用

$$\rho_0 D_3 = \rho_3 (D_3 - u_3) \tag{2-23}$$

$$p_3 = \rho_0 D_3 u_3 = \rho_0 D_3^2 \frac{u_3}{D_3} \tag{2-24}$$

$$\frac{p_3 v_3}{k-1} = \frac{1}{2} p_3 (v_0 - v_3) + Q_3 \tag{2-25}$$

式中：Q_3 为马赫爆轰波中反应释放出来的化学能。

由于马赫爆轰波是超压爆轰波，爆轰反应化学能 Q_3 与 CJ 爆轰时的反应化学能 Q 不相等，即

$$\frac{Q_3}{Q} = \varepsilon > 1$$

超压爆轰与 CJ 爆轰的另一个重要差别是，对超压爆轰来说，CJ 条件不适用。这是因为在超压爆轰条件下 Rayleigh 线与炸药的 Hugoniot 曲线不相切。

在已知 D_3 和 e(即 Q_3)的条件下，在式(2-23)~式(2-25)三式中有三个未知量 p_3、ρ_3、u_3，可解之。具体求解步骤如下：

首先求解马赫波后压强 p_3。由式(2-23)得

$$\frac{u_3}{D_3} = 1 - \frac{\rho_0}{\rho_3}$$

将上式代入式(2-24)，并引用

$$p_H = \frac{1}{k+1} \rho_0 D^2$$

得

$$\frac{p_3}{p_H} = (k+1) \left(1 - \frac{\rho_0}{\rho_3}\right) \left(\frac{D_3}{D}\right)^2 \tag{2-26}$$

CJ 爆轰式的能量方程为

$$\frac{p_{\mathrm{H}}u_{\mathrm{H}}}{k-1}=\frac{1}{2}p_{\mathrm{H}}(u_0-u_{\mathrm{H}})+Q$$

将 $v_{\mathrm{H}}=kv_0/(k+1)$ 代入上式,并整理得

$$Q=\frac{p_{\mathrm{H}}v_0}{2(k-1)}$$

故

$$Q_3=\frac{\varepsilon p_{\mathrm{H}}v_0}{2(k-1)}$$

将上式代入式(2-25),得

$$\frac{p_3v_3}{(k-1)}=\frac{1}{2}p_3(v_0-v_3)+\frac{\varepsilon p_J v_0}{2(k-1)}$$

解之,得

$$\frac{v_3}{v_0}=\frac{k-1}{k+1}+\frac{\varepsilon}{k+1}\frac{p_{\mathrm{H}}}{p_3}$$

将上式代入式(2-26)并整理得

$$\left(\frac{p_3}{p_{\mathrm{H}}}\right)^2=2\left(\frac{p_3}{p_{\mathrm{H}}}-\varepsilon\right)\left(\frac{D_3}{D}\right)^2$$

解之,得

$$\frac{p_3}{p_{\mathrm{H}}}=\left(\frac{D_3}{D}\right)^2+\frac{D_3}{D}\left[\left(\frac{D_3}{D}\right)^2-\varepsilon\right]^{\frac{1}{2}} \tag{2-27}$$

根据物理意义有 $p_3>p_{\mathrm{H}}$,故在上式中根号前只取正号。

将式(2-22)代入式(2-27),得

$$\frac{p_3}{p_{\mathrm{H}}}=\frac{1}{\sin^2\psi}+\frac{1}{\sin\psi}\left(\frac{1}{\sin^2\psi}-\varepsilon\right)^{\frac{1}{2}}$$

假若超压爆轰释放出的能量 Q_3 与 CJ 爆轰释放的能量 Q 相等,即 $e=1$,则有

$$\frac{p_3}{p_{\mathrm{H}}}=\frac{1}{\sin^2\psi}+\frac{1}{\sin\psi}\left(\frac{1}{\sin^2\psi}-1\right)^{\frac{1}{2}}=\frac{1}{1-\cos\psi} \tag{2-28}$$

图 2-9 画出了由式(2-28)描述的 p_3/p_{H} 与 ψ 曲线。当 $k\approx3$ 时,平面爆轰波产生马赫反射的临界角 $\psi_c\approx44.8°$。对于 $\psi\approx44.8°$,由图 2-9 可知 $p_3=3.45p_{\mathrm{H}}$。也就是说,在图 2-9 所示的马赫反射波系中,当入射角 $\psi\approx44.8°$时,马赫波后压强 $p_3=3.45p_{\mathrm{H}}$,这一压强远远超过平面爆轰波在固壁正反射后的压强(正反射后的压强为 $2.39p_{\mathrm{H}}$)。所以,爆轰波的马赫反射,可以使用大量能量汇聚在较小局部内,从而产生很高的压强。

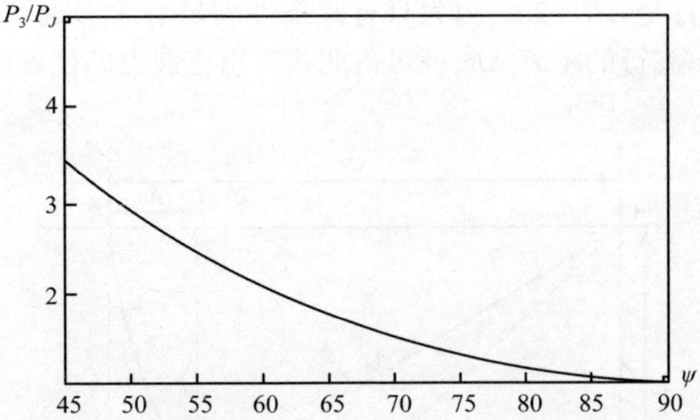

图 2-9　马赫爆轰波后压强与入射角的关系($\varepsilon=1$)

2.1.4　马赫反射波的整形作用

马赫反射波系的结构不仅取决于入射爆轰波的强度和入射角,还与传播过程有关。三波点的位置和马赫杆波的高度随时间而变化。

对于一定爆速的平面爆轰波,其三波点的运动轨迹是直线,随着时间的增加,马赫杆波的高度也不断增加。

当入射波的强度和入射角随时间变化时,马赫杆波的增长速度是变化的,相应的三波点的轨迹是一条曲线,马赫杆波也是曲线。这种情况的理论分析和计算相当复杂,因为马赫波是变强度的。在不影响分析和结论的前提下,为了便于处理,在以下的讨论中,将三波点的运动轨迹近似认为是直线。

1. 马赫反射波的整形

在马赫反射中,随着波的向前推进,三波点向前上方运动。设三波点运动轨迹与固壁的夹角为 a_0,通过实验可以测出 a_0 的大小。

1) 三波点位置坐标(x,y)的计算

如图 2-10 所示。设凝聚炸药的 $k=3$,$O'x$ 轴为固壁面,在 $t=0$ 时,A 点发出一散心球爆轰波。在坐标系$(xO'x)$中,设三波点的坐标为(x,y)。根据图 2-10 所示的几何关系,可得

$$\begin{cases}\dfrac{x-h}{y}=\cot\alpha_0\equiv b\\ x^2+(h-y)^2=\Delta R^2\end{cases}$$

解二元方程组,并只取正根,得

$$\begin{cases}x=\dfrac{bh(b-1)}{1+b^2}\left[\sqrt{1+\dfrac{(1+b^2)}{(b-1)^2}\left(\dfrac{\Delta R^2}{h^2}-2\right)}-1\right]+h\\ y=\dfrac{h(b-1)}{1+b^2}\left[\sqrt{1+\dfrac{(1+b^2)}{(b-1)^2}\left(\dfrac{\Delta R^2}{h^2}-2\right)}-1\right]\end{cases}$$

这个解的条件是 $\Delta R^2>2h^2$，因为只有此条件满足后才出现马赫反射。当 h,b 给定后，只要给出波行的距离 ΔR，就可由此式算出三波点的位置 (x,y)。

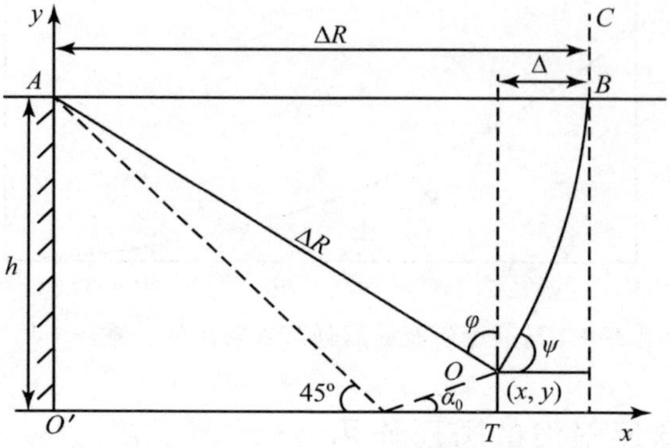

图 2-10　三波点轨迹与波形差

2）波形差

设 A 点发出球面爆轰波的同时，也发出一列平面爆轰波，并沿 x 轴方向推进，二者爆速相同。在某一时刻，球面波阵面推到 ΔR 位置并形成马赫波 OT；与此同时，平面爆轰波推进到位置 BC。则，马赫波 OT 与平面波 BC 之间存在距离 Δ，即波形差 Δ。

由图 2-10 中的几何关系，可清楚地看出

$$
\begin{aligned}
\Delta &= \Delta R - x \\
&= \Delta R - h - \frac{bh(b-1)}{1+b^2}\left[\sqrt{1+\frac{1+b^2}{h^2(b-1)^2}(\Delta R^2-2h^2)}-1\right]
\end{aligned}
$$

3）马赫波的波速和波后压强

由前边讨论知

$$
\begin{cases}
D_3 = \dfrac{D}{\sin\psi} \\[2ex]
p_3 = \dfrac{p_{\mathrm{H}}}{1-\cos\psi}(\varepsilon = 1)
\end{cases}
$$

当入射波是球面爆轰波时，其入射角 ψ（球面波阵面在三波点处的切平面与固壁的夹角）是随时间变化的，所以 p_3、D_3 是时间的函数。

由图 2-10 几何关系，得

$$
\begin{aligned}
\cos\psi &= \frac{h-\psi}{\Delta R} \\
&= \frac{h}{\Delta R}\left\{1-\frac{(b-1)}{1+b^2}\left[\sqrt{1+\frac{1+b^2}{h^2(b-1)^2}(\Delta R^2-2h^2)}-1\right]\right\}
\end{aligned}
$$

故只要给出了 $\Delta R(t)$，即可求得相应的 p_3、D_3。

2.2　爆轰波形状的控制

大量实验研究结果表明，爆轰波的传播与光波的传播相类似，它们都遵循几何光学的惠更斯—菲涅尔原理：波动传到的点，不论在同一波阵面或不同波阵面上，都可看作是发射子波的波源；在下一时刻，这些子波的包迹就是新的波阵面。

爆轰波的传播也服从这一规律，于是，爆轰波的传播可以应用几何光学的这一原理来进行波形研究。例如，设在无限大的匀质球形炸药中心 O 进行点引爆，爆轰波将以爆速 D 向周围传播。已知 t 时刻波阵面是半径为 R_1 的球面 S_1，现在要用惠更斯-菲涅尔原理确定 $t+D\Delta t$ 时刻的波阵面 S_2，如图 2-11 所示。先以 S_1 面上各点为中心（即作为子波波源），以 $r=D\Delta t$ 为半径，画许多半球面形的子波，再作正切于各子波的包迹面，就得到 $t+\Delta t$ 时刻的波阵面 S_2。其实，S_2 就是以 O 为中心，以 $R_2=R_1+D\Delta t$ 为半径的球面。显然，这与波形实验结果完全一致。

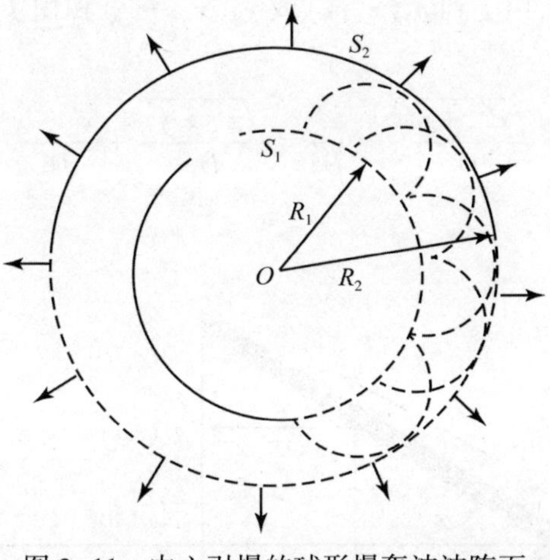

图 2-11　中心引爆的球形爆轰波波阵面

通常遇到的实际情况，多半是圆柱形装药，对于均质圆柱形装药来说，人们做过大量的波形测试实验，实验发现，在药柱端面点引爆后，最初爆轰波阵面的曲率半径 R 随着药柱长度 l 的增加线性也增大，但是，当药柱长度大于某一极限长度 l_m 时，波形的曲率半径 R 趋于一个恒值 R_m，如图 2-12 所示。实验还发现，对大多数凝聚炸药来说，爆轰波的最大曲率半径 R_m 一般约为直径 d 的 2~3.5 倍。之所以如此，是由于药柱边沿受到边侧稀疏波影响的结果。

在战斗部威力设计中，往往需要调整或控制爆炸装药的爆轰波形，以提高战斗部的爆炸作用效果。在爆炸力学、高压物理的学科领域中，为某一特殊目的需要建立特定波形发生器。如直线波形发生器、平面波发生器、内爆式球形或收敛

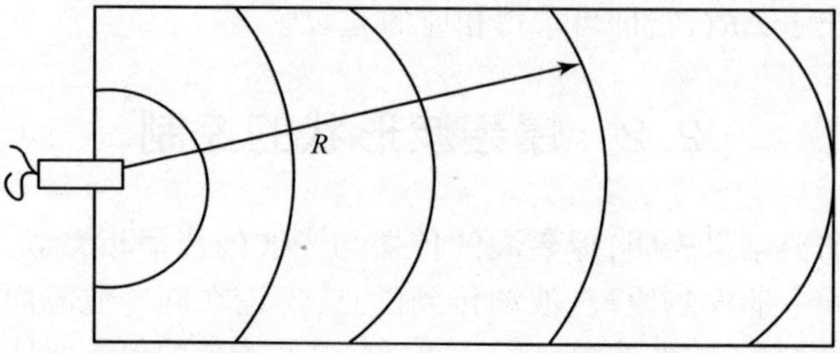

图 2-12　圆柱形药柱中波形扩展规律

波发生器等。调整或控制波形的主要手段是利用多点引爆,或高低速炸药组合的方法,或在装药中设置惰性块等。

2.2.1　直线波发生器

最简单的直线波发生器如图 2-13 所示。它是由高爆速炸药和低爆速炸药组合而成。两种炸药平铺在同一平面上。为了得到直线爆轰波,必须使由引爆点 I 经 $p(x,y)$ 到 $p_3(x',y)$,由 I 到 $p_1(x',y)$ 或 $p_2(x',-y')$ 和由 I 到 $p_0(x',0)$ 三者的经历的时间相等,即

$$\frac{\sqrt{x'^2+y'^2}}{D_1}=\frac{x'}{D_2}=\frac{\sqrt{x^2+y^2}}{D_1}+\frac{x'-x}{D_2}$$

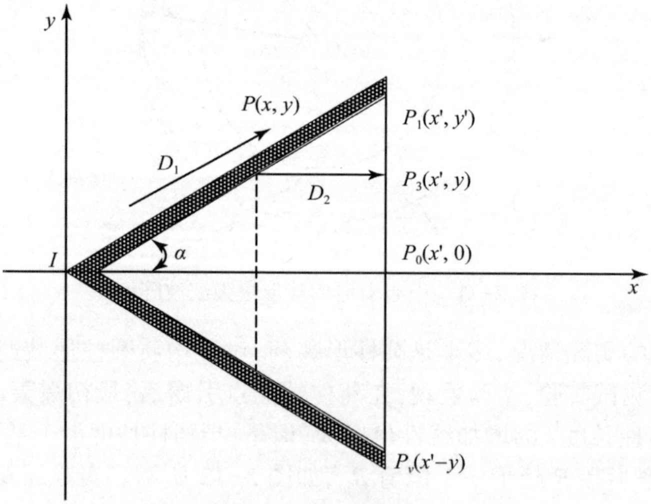

图 2-13　直线波发生器 1

由此,高低爆速之间的关系应满足以下条件

$$\frac{D_2}{D_1}=\frac{x'}{\sqrt{x'^2+y'^2}}=\cos\alpha$$

另一种直线爆轰波发生器如图 2-14 所示。该直线爆轰波发生器也是由高爆速与低爆速两种炸药组成，I 点进行引爆。根据时间 t 相等的原则，炸药 1 和炸药 2 之间分界线 C 应满足如下方程

$$\frac{\sqrt{x^2+y^2}}{D_1}+\frac{x'-x}{D_2}=\frac{x_0}{D_1}+\frac{x'-x_0}{D_2}$$

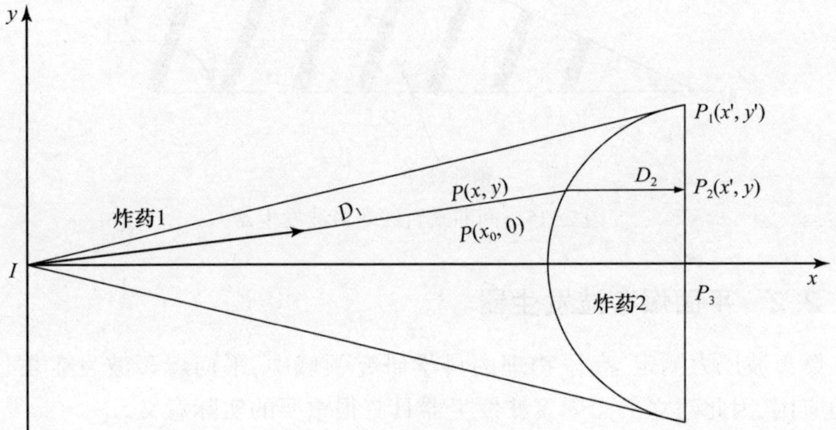

图 2-14　直线爆轰波发生器 2

D_1—高爆速炸药 1 的爆速；D_2—低爆速炸药 2 的爆速。

整理上式得

$$y^2=\left[\frac{D_1}{D_2}x-x_0\left(\frac{D_1}{D_2}-1\right)\right]^2-x^2$$

由于 $D_1>D_2$，故上式所代表的曲线 C 为以 $p_0(x_0,0)$ 为顶点的对称于 y 轴的双曲线。当 p_1 点距轴线的距离 y' 及 $\overline{p_1p_2}$ 线距引爆点 I 的距离 x' 为已知条件时，利用 $\frac{x_0}{D_1}+\frac{x'-x_0}{D_2}=\frac{\sqrt{x'^2+y'^2}}{D_1}$ 很容易就可以确定 $P_0(x_0,0)$ 的位置，并进而确定高低速炸药分界线的形状和位置。

图 2-15 描述的是间断式直线爆轰波发生器。它由一条高爆速(D_1)炸药筋和多条相互平行的低爆速(D_2)炸药筋组成。从 I 点引爆之后，爆轰波分别沿炸药筋 1 和 2 传播并同时到达 $\overline{M_1N_n}$ 线，因此得到的间断式直线爆轰波面的条件为

$$\frac{\overline{IM_i}}{D_1}+\frac{\overline{M_iN_i}}{D_2}=\frac{\overline{IM_1}}{D_1}+\frac{\overline{IN_n}}{D_2}$$

利用三角学中的正弦定律，很容易得到 $F_1=0$ 与 $x=(u+c)t$ 的关系为

$$\frac{D_1}{D_2}=\frac{\sin\beta}{\sin\alpha}$$

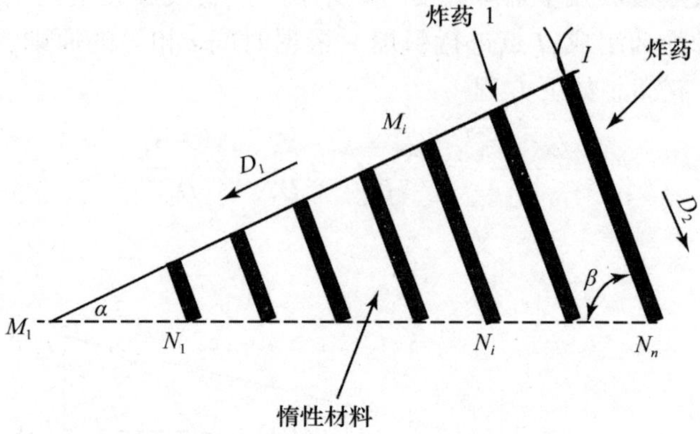

图 2-15　间断式直线爆轰波发生器

2.2.2　平面爆轰波发生器

在爆轰波压力测定、高压物理的科学研究领域中，平面爆轰波发生器已获得广泛的应用，因此建立平面爆轰波发生器具有很重要的实际意义。

常见的平面爆轰波发生器如图 2-16 所示。它是由高低爆速两种炸药组成，高爆速炸药与低爆速炸药共同起着调整爆轰波形的作用。引爆后，爆轰波同时到达平面 AB 时需满足如下条件，即

$$\frac{h}{D_2}=\frac{h/\sin\alpha}{D_1}$$

因此得到

$$\sin\alpha=\frac{D_2}{D_1}$$

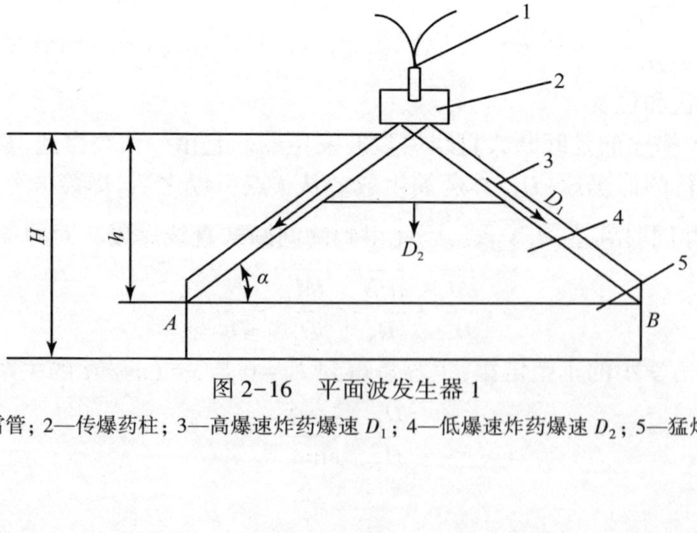

图 2-16　平面波发生器 1

1—雷管；2—传爆药柱；3—高爆速炸药爆速 D_1；4—低爆速炸药爆速 D_2；5—猛炸药。

图 2-17 所示为 Φ100mm 的平面爆轰波发生器，其作用原理为：当雷管引爆后，爆轰波由 $I \to C_0 \to A_0 \to B_0$ 所经历的时间与 $I \to C_1 \to A_1 \to B_1$ 及由 $I \to C_2 \to B_2$ 所经历的时间相等，即

$$t = \frac{\overline{IC_0}}{D_3} + \frac{\overline{C_0A_0}}{D_1} + \frac{\overline{A_0B_0}}{D_2} = \frac{\overline{IC_1}}{D_3} + \frac{\overline{C_1A_1}}{D_1} + \frac{\overline{A_1B_1}}{D_2} = \frac{\overline{IC_2}}{D_3} + \frac{\overline{C_2B_2}}{D_1}$$

设计这种平面波发生器的关键是确定低爆速炸药与高速炸药之间分界面的具体形状和尺寸。

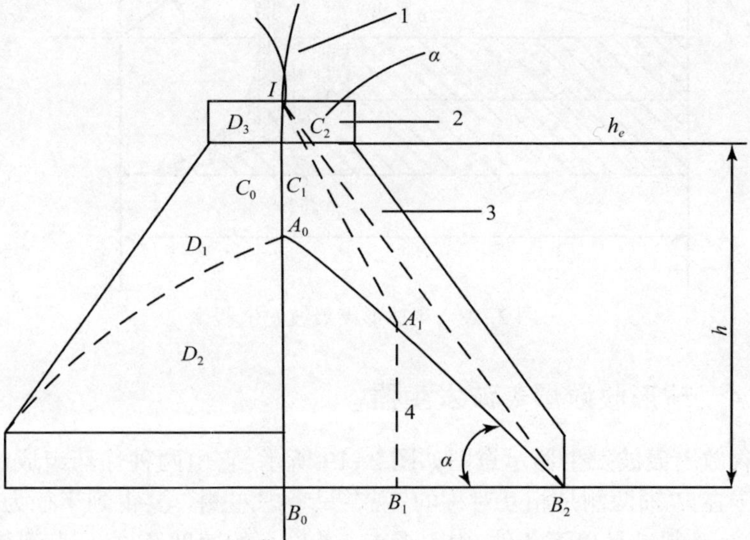

图 2-17　平面爆轰波发生器

1—雷管；2—传爆药柱；3—高爆速炸药；4—低爆速炸药。

2.2.3　半球波形发生器

半球（或半圆）形爆轰波发生器的原理示意图如图 2-18 所示。由图可知，为获得半径为 r 的半球形波，应满足如下条件：由引爆点 I 经 $p(x,y)$ 到 M 点所经历的时间与由 I 经 $p_0(x_0,0)$ 到 M_0 所经历的时间相等。数学表达式为

$$\frac{\sqrt{l^2 + r^2}}{D_1} = \frac{\sqrt{x^2 + y^2}}{D_1} + \frac{l - x - r\cos\varphi}{D_2} = \frac{x_0}{D_1} + \frac{l - x_0 - r}{D_2}$$

式中：l 为整个药柱的总长度；x_0 为 p_0 到引爆点 I 的距离。

将上式稍加整理得到

$$\begin{aligned} y^2 = & (K^2-1)x^2 - [2K(K-1)x_0 - 2K^2r(1-\cos\varphi)]x \\ & + [K^2r^2(1-\cos\varphi)^2 + (1-K)^2x_0^2] + 2kx_0r(1-\cos\varphi)(k-1) \end{aligned}$$

式中：$K=D_1/D_2$。在 $D_1/D_2>1$ 时，炸药 1 和炸药 2 的分界线为以 $p_0(x_0,0)$ 为顶点的双曲线。

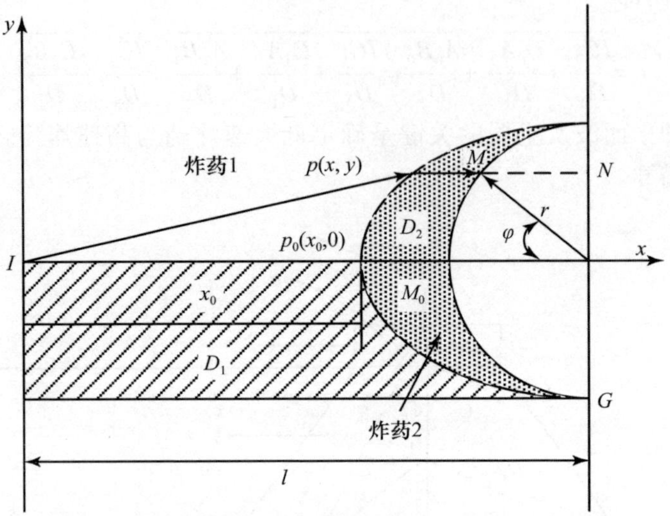

图 2-18　半球形爆轰波发生器

2.2.4　球形收敛爆轰波发生器

球形收敛爆轰波发生器示意图如图 2-19 所示，它由两种炸药组成，两端同时引爆。由于在 II' 轴两侧是相互对称的，现在只考虑左侧。要得到半径为 r_0 的半球收敛爆轰波，必须满足以下条件：由引爆点 I_1 以 D_2 的速度经过 p_0 点到 M_0 与由 I_1 以 D_1 的速度到 p 而后以 D_2 的速度到 M 所经历的时间相等，也与由以 D_1 的速度到 A_1 而后由 A_1 以 D_2 速度到 M_1 所经历的时间相等。据此，写出如下公式：

$$t=-\frac{1}{D_1}\int_{\pi}^{0}\sqrt{r^2+\left(\frac{\mathrm{d}r}{\mathrm{d}\theta}\right)}\,\mathrm{d}\theta+\frac{r-r_0}{D_2}=\frac{\frac{l}{2}-r_0}{D_2}=\mathrm{const}$$

由于$\frac{\mathrm{d}t}{\mathrm{d}\theta}=0$，将上式两边对 θ 取导数得到

$$\sqrt{x^2+\left(\frac{\mathrm{d}r}{\mathrm{d}\theta}\right)^2}=\frac{D_1}{D_2}\left(\frac{\mathrm{d}r}{\mathrm{d}\theta}\right)$$

两边平方后整理得

$$\frac{\mathrm{d}r}{r}=\frac{\mathrm{d}\theta}{\sqrt{k^2-1}}$$

其中：$k=\frac{D_1}{D_2}$

$$\int_{r_0}^{r} \mathrm{d}\ln r = \int_0^{\theta} \frac{\mathrm{d}\theta}{\sqrt{k^2 - 1}}$$

故得到

$$r = r_0 \mathrm{e}^{\frac{\theta}{\sqrt{k^2-1}}} \tag{2-29}$$

用上述方法实现球形收敛波的缺点有二,其一为结构庞大;其二,由于内层为低速炸药,爆轰波聚合时所形成的压力较低。优点是能够实现波形的良好对称性。

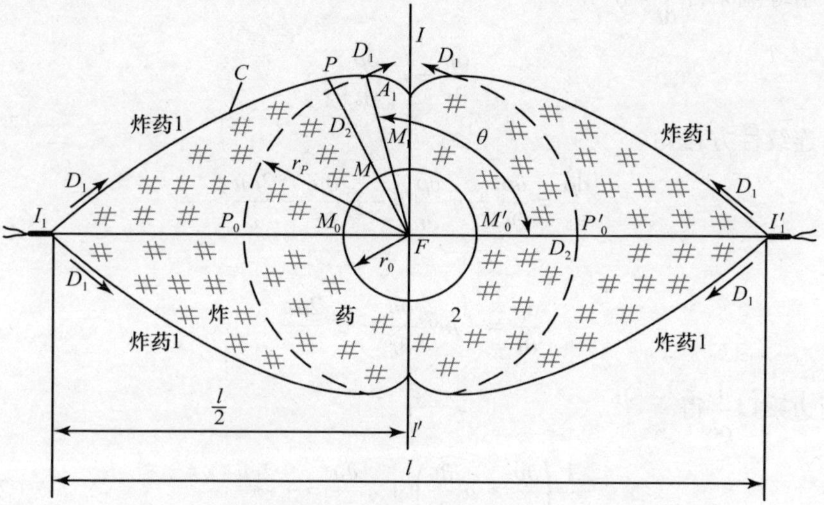

图 2-19　球形收敛爆轰波发生器

2.3　球面爆轰波后流场的特征线方程

球面收聚爆轰波波阵面是一个强间断,这个强间断是不稳定的,它要受到波后爆轰产物向心运动的影响,而不断增强。然而,对波阵面后爆轰产物而言,爆轰产物是连续的等熵流,由于收聚爆轰波是变强度的爆轰波,严格地说,波后熵增是不均匀的。但是对各个产物质点而言,通过爆轰波阵面后得到的熵增量,在波后的膨胀中熵值不再改变,所以爆轰产物的流动是等熵流。对一维球对称等熵来说,其运动方程为

$$\begin{cases} \dfrac{\partial \rho}{\partial t} + u\dfrac{\partial \rho}{\partial r} + \rho\dfrac{\partial u}{\partial r} + \dfrac{2\rho u}{r} = 0 \\ \dfrac{\partial u}{\partial t} + u\dfrac{\partial u}{\partial r} + \dfrac{1}{\rho}\dfrac{\partial p}{\partial r} = 0 \\ \dfrac{\mathrm{d}s}{\mathrm{d}t} = \dfrac{\partial s}{\partial t} + u\dfrac{\partial s}{\partial r} = 0 \\ p = p(\rho, s) \end{cases}$$

上列方程组有四个方程,含四个未知数,所以这个方程组完全可以求解。下面我们来求解此方程组,先按下述方法消去 ρ 的导数,由于 $p=p(\rho,s)$,故

$$\mathrm{d}p=\left(\frac{\partial p}{\partial \rho}\right)_s\mathrm{d}\rho+\left(\frac{\partial p}{\partial s}\right)_\rho\mathrm{d}s=c^2+\left(\frac{\partial p}{\partial s}\right)_\rho\mathrm{d}s$$

$$\frac{\mathrm{d}p}{\mathrm{d}t}=c^2\frac{\mathrm{d}\rho}{\mathrm{d}t}+\left(\frac{\partial \rho}{\partial s}\right)_\rho\frac{\mathrm{d}s}{\mathrm{d}t}$$

引用等熵条件 $\frac{\mathrm{d}s}{\mathrm{d}t}=0$,得

$$\frac{\mathrm{d}p}{\mathrm{d}t}=c^2\frac{\mathrm{d}\rho}{\mathrm{d}t}$$

由连续性方程知

$$\frac{\mathrm{d}\rho}{\mathrm{d}t}=\frac{\partial \rho}{\partial t}+u\frac{\partial \rho}{\partial r}=-\rho\frac{\partial u}{\partial r}-\frac{2\rho u}{r}$$

故

$$\frac{\mathrm{d}p}{\mathrm{d}t}=-\rho c^2\frac{\partial u}{\partial r}-c^2\frac{2\rho u}{r}$$

两边乘以 $\frac{1}{\rho c}$ 得

$$\frac{1}{\rho c}\left(\frac{\partial p}{\partial t}+u\frac{\partial p}{\partial r}\right)+c\frac{\partial u}{\partial r}=-\frac{2cu}{r} \tag{2-30}$$

动量方程可写成

$$\frac{\partial u}{\partial t}+u\frac{\partial u}{\partial t}+\frac{1}{\rho c}\left(c\frac{\partial p}{\partial r}\right)=0 \tag{2-31}$$

把式(2−30)和式(2−31)相加相减,得

$$\left.\begin{aligned}\left[\frac{\partial u}{\partial t}+(u+c)\frac{\partial u}{\partial r}\right]+\frac{1}{\rho c}\left[\frac{\partial p}{\partial t}+(u+c)\frac{\partial p}{\partial r}\right]=-\frac{2uc}{r}\\ \left[\frac{\partial u}{\partial t}+(u-c)\frac{\partial u}{\partial r}\right]-\frac{1}{\rho c}\left[\frac{\partial p}{\partial t}+(u-c)\frac{\partial p}{\partial r}\right]=-\frac{2uc}{r}\end{aligned}\right\} \tag{2-32}$$

这就是所要求的特征线方程,此方程可以解释为

沿 $$\frac{\mathrm{d}r}{\mathrm{d}t}=u+c,\quad 有\quad \frac{\mathrm{d}u}{\mathrm{d}t}+\frac{1}{\rho c}\frac{\mathrm{d}p}{\mathrm{d}t}=-\frac{2uc}{r} \tag{2-33}$$

沿 $$\frac{\mathrm{d}r}{\mathrm{d}t}=u-c,\quad 有\quad \frac{\mathrm{d}u}{\mathrm{d}t}-\frac{1}{\rho c}\frac{\mathrm{d}p}{\mathrm{d}t}=\frac{2uc}{r} \tag{2-34}$$

沿 $$\frac{\mathrm{d}r}{\mathrm{d}t}=u,\quad 有\quad \frac{\mathrm{d}s}{\mathrm{d}t}=0 \tag{2-35}$$

或

沿　$\frac{\mathrm{d}r}{\mathrm{d}t}=u+c$，　有　$\mathrm{d}u+\frac{\mathrm{d}p}{\rho c}=-\frac{2uc}{r}\mathrm{d}t$　(2-36)

沿　$\frac{\mathrm{d}r}{\mathrm{d}t}=u-c$，　有　$\mathrm{d}u-\frac{\mathrm{d}p}{\rho c}=-\frac{2uc}{r}\mathrm{d}t$　(2-37)

沿　$\frac{\mathrm{d}r}{\mathrm{d}t}=u$，　有　$\mathrm{d}p-c^2\mathrm{d}\rho=0$　(2-38)

现有三条特征线,同时有三个相应的常微分方程,如果已知初始条件,就可以用特征线数值解法求流场各点的速度 u 和两个热力学状态参量 p 和 ρ,进而通过状态方程可求其他热力学状态参量。

为简单起见,我们假定熵值变化不大,认为收聚爆轰波引起各个质点的熵增均等于 CJ 爆轰波引起的熵增,即认为爆轰产物是均熵流。

$$s \approx s_{\mathrm{H}} = \mathrm{const}$$

由于有均熵假设,那么只有一个独立的热力学变量,如果把 p 选作独立变量,我们就能写出 $\rho=\rho(p)$,$c=c(p)$,从而 $\rho c=f(p)$。于是,我们可定义一个新的热力学函数 ϕ,令

$$\phi=\int_{p_0}^{p}\frac{\mathrm{d}p}{\rho c}$$

式中:$p_m=\rho_{m0}(a+bu_m)u_m$ 是任一确定的参考状态,积分是恒熵下进行,这个函数 f 仅对均熵流才有意义,它的微分形式是

$$\mathrm{d}\phi=\frac{\mathrm{d}p}{\rho c}$$

这样,式(2-34)可以写成

$$\mathrm{d}(\mu+\phi)=-\frac{2\mu c}{r}\mathrm{d}t,\ \frac{\mathrm{d}r}{\mathrm{d}t}=u+c$$

$$\mathrm{d}(\mu-\phi)=\frac{2\mu c}{r}\mathrm{d}t,\ \frac{\mathrm{d}r}{\mathrm{d}t}=u-c$$

再令

$$\alpha=u+f$$

$$\beta=u-f$$

于是特征方程变成

沿　$\frac{\mathrm{d}r}{\mathrm{d}t}=u+c$，　$\frac{\mathrm{d}\alpha}{\mathrm{d}t}=-\frac{2uc}{r}$

沿　$\frac{\mathrm{d}r}{\mathrm{d}t}=u-c$，　$\frac{\mathrm{d}\beta}{\mathrm{d}t}=\frac{2uc}{r}$

通常把斜率为 $u+c$ 的特征线称为 α 特征线,它从爆轰波阵面出发,对应于以 $u+c$ 速度向正向(半径 r 增大的方向)传播的扰动波,把斜率为 $u-c$ 的特征线称为 β

特征线,它从初始爆轰点(或面)发出,对应于以 $u-c$ 速度向负向(r 减小的方向)传播的扰动波。

由上式可以看出,全导数 $d\alpha\neq 0, d\beta\neq 0$,即 $\alpha\neq \text{const}, \beta\neq \text{const}$。所以无论在 (r,t) 平面上,还是在 (u,c) 平面上,α 和 β 特征线均不是直线,只有当 $r\to\infty$ 时,特征线才等同于平面流动(CJ 爆轰波后流场)的特征线。

在均熵流情况下,若给出的状态方的具体形式如下

$$p = A(s)r^k, A(s) = \text{const}$$

则有

$$c^2 = \frac{dp}{d\rho} = A(s)kr^{k-1}$$

$$dp = A(s)k\rho^{k-1}dr = c^2 d\rho$$

$$2cdc = A(s)k(k-1)\rho^{k-2}d\rho$$

$$= \frac{c^2(k-1)}{\rho}d\rho$$

于是

$$\frac{2}{k-1}dc = \frac{c}{\rho}d\rho$$

$$d\phi = \int_{p_0}^{p}\frac{dp}{\rho c} = \int_{c_0}^{c}\frac{2}{k-1}dc = \frac{2}{k-1}(c-c_0)$$

$$\phi = \frac{dp}{\rho c} = \int_{c_0}^{c}\frac{2}{k-1}dc$$

方便起见,把参考状态取成 $c_0=0$,则

$$\phi = \frac{2}{k-1}c$$

特征线方程可进一步化为

沿 α 特征线 $\qquad \dfrac{d\alpha}{dt} = -\dfrac{2uc}{r}, \ \alpha = u + \dfrac{2}{k-1}c$

沿 β 特征线 $\qquad \dfrac{d\beta}{dt} = \dfrac{2uc}{r}, \ \beta = u - \dfrac{2}{k-1}c$

从而,求解球面收聚爆轰波波后产物流动问题,变成求解 α 和 β 的问题。当求得 α 和 β 后,其他流动参量都立即求得

$$\begin{cases} u = \dfrac{1}{2}(\alpha+\beta) \\ \phi = \dfrac{1}{2}(\alpha-\beta) \\ c = c(f) = \dfrac{\alpha-\beta b}{2}\dfrac{k-1}{2} = \dfrac{k-1}{4}(\alpha-\beta) \end{cases} \tag{2-39}$$

用特征线数值方法求得波系图如图 2-20 所示。

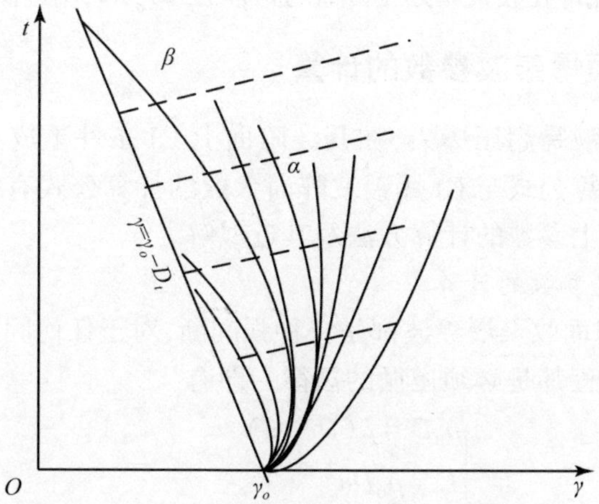

图 2-20　球面收聚爆轰波波后流场中的特征线

2.4　球面爆轰波参数计算

所谓球面收聚爆轰波，是指在某时刻 t_0 时，在半径为 r_0 的球面装置面上同时起爆的爆轰波。这个爆轰波对称地向球心传播，也就是说，向半径减小的方向传播。爆轰波在收聚时，肯定将成为超压爆轰波，这是因为随着爆轰波的传播，爆轰波阵面后爆轰产物向半径减小的方向运动，这一向心运动使产物占据的空间越来越小，因而相互挤压，这种挤压作用必将以压缩波的形式传到爆轰波阵面，使爆轰波阵面压力升高，速度加快，成为超压爆轰波。因此超压爆轰波中的状态既决定于化学能，又决定于爆轰波阵面之后爆轰产物的状态。

由于收聚爆轰波有如此重要的特征，所以对收聚爆轰波参数变化的研究成为十分重要的、引人注目的问题。科学工作者从 20 世纪 40 年代起就认真地开始研究收聚爆轰波问题。他们从分析自模运动常微分方程的奇点出发，得出球面爆轰波趋于球心时爆轰波阵面压强按指数规律上升的结论。并且得出，$k=3$ 时，球面波波阵面压强 $p \sim r^{-1.13}$，这里 r 是球面波半径。

从这一结论可知，当收聚爆轰趋近于中心时，爆轰波阵面上的压强会急剧增长，这时炸药爆轰所放出的化学能与收聚爆轰波的压强所做的功相比，显然可以忽略不计。也就是说，这时化学能对波阵面的影响不大，波阵面的压强和爆速主要依赖于爆轰产物的收聚作用。因此，这时收聚爆轰波实际上变成了收聚冲击波，收聚爆轰问题变成了收聚冲击波问题。

但是，在收聚波形成的初始阶段，波阵面的压强还几乎完全由爆轰时释放出来的化学能决定,这时爆轰波后产物的收聚作用影响不大,球面收聚爆轰波与平面爆轰波区别很小。这就允许在收聚爆轰波传播的路程 $D_t \ll r_0$ 时,用近似的方法对它求解。

2.4.1 球面爆轰波参数的计算

球面收聚爆轰波是超压爆轰,在其波阵面上 CJ 条件不成立。因而球面爆轰波波阵面参数的计算公式与 CJ 爆轰波阵面参数的计算公式有差异。本节首先讨论球面爆轰波阵面上参数的计算方法及其近似解。

1. 球面爆轰波参数的计算

CJ 爆轰波和球面收聚爆轰波都是一种强间断,对于任何间断,质量守恒、动量守恒和能量守恒方程都是必须遵循的规律。即有

$$\begin{cases}\rho_0 D = \rho(D - u) \\ P = \rho_0 D u \\ e - e_0 = \dfrac{1}{2}p(v_0 - v) + Q\end{cases} \tag{2-40}$$

式中:p 为收聚爆轰波压强;D 为收聚爆轰波的波速;u 为收聚爆轰波后产物的运动速度。

式(2-40)对球对称收聚爆轰波仍然成立。应该指出,在能量方程中,我们近似认为收聚爆轰波时放出的化学能与 CJ 爆轰时放出的能量一样。这就是说,收聚爆轰与 CJ 爆轰的终态点落在同一条 Hugoniot 曲线上。

要求解此方程组,必须知道状态方程。如果状态方程 $p=p(sp)$ 以下面形式输出

$$p = A(s)\rho^k \tag{2-41}$$

这样,我们有四个方程,共有六个未知数。下面我们先讨论如何通过状态方程表示内能 e,根据热力学关系式,内能函数为

$$p = -\left(\frac{\partial e}{\partial v}\right)_s$$

在等熵前提下

$$\mathrm{d}e = -p\mathrm{d}v = -A(s)\frac{1}{v^k}\mathrm{d}v$$

积分得

$$e = \frac{pv}{k-1} + f(s) \tag{2-42}$$

式中:$f(s)$ 为积分常数,它是熵的任意函数。于是,能量方程可写成

$$\frac{pv}{k-1} + f(s) - e_0 = \frac{1}{2}p(v_0 - v) + Q \tag{2-43}$$

式(2-42)中第一项包括所有弹性势能和一部分热能,$f(s)$ 代表当压强为零

时,等熵线起点的内能。从图 2-21 可以看出,在 CJ 爆轰点附近的超压爆轰,其等熵线与过 CJ 点的等熵线靠得很近。熵的改变量很小,$\left(\left|\frac{s-s_H}{s_H}\right|<5\%\right)$,经估算,用 $f(s_H)$ 代替 $f(s)$ 所引起的误差小于 1%。因此我们认为 $f(s)=f(s_H)$。于是,我们把收聚爆轰的能量方程式(2-43)与 CJ 爆轰的能量方程

$$\frac{p_H v_H}{k-1}+f(s_H)-e_0=\frac{1}{2}p_H(v_0-v_H)+Q$$

相减得

$$\frac{1}{k-1}(pv-p_H v_H)=\frac{1}{2}p(v_0-v)-\frac{1}{2}p_H(v_0-v_H) \tag{2-44}$$

上述近似实际上等于认为,在任何爆轰方式下,凝聚炸药爆轰产物的状态方程,由统一的等熵线方程式(2-41)描述。

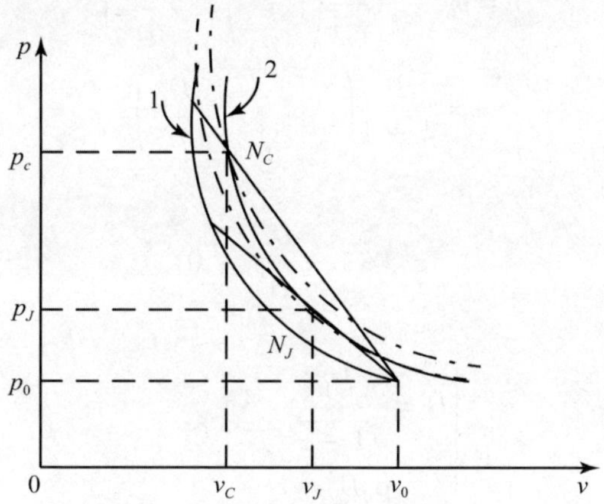

图 2-21　CJ 爆轰与超压爆轰的 p-v 图

1—冲击波的 Hugoniot 曲线; 2—爆轰波的 Hugoniot 曲线。

由式(2-40)中前二式和式(2-44)组成的方程组中共有 p,ρ,u,D 四个未知量,设 D 为已知量,则解上述三式即可得 $p(D)$,$\rho(D)$,$u(D)$。具体解法如下:

由式(2-40)中前二式得

$$v=v_0-v_0^2\frac{p}{D^2} \tag{2-45}$$

将上式代入式(2-44),得

$$\frac{1}{k-1}\left(pv_0-v_0^2\frac{p^2}{D^2}-p_H v_H\right)=\frac{1}{2}v_0^2\frac{p^2}{D^2}-\frac{1}{2}p_H(v_0-v_J)$$

在该式中只含有 p、D 可解出 $p(D)$。将 p_H、v_H 的计算式代入上式,可得出更简明的 $p(D)$ 关系式。

即将

$$v_H = v_0 \frac{k}{k+1}$$

$$p_H = \frac{1}{k+1} \frac{D_H^2}{v_0}$$

代入上式得

$$(k+1)^2 p^2 - 2(k+1)\rho_0 D^2 p + r_0^2 D_H^2 D^2 = 0$$

解之得

$$p = \frac{\rho_0 D^2}{k+1}\left(1 + \sqrt{1 - \frac{D_H^2}{D^2}}\right) \tag{2-46}$$

由于球面爆轰 $p>p_H$,故在上式开方时只取正根。将式(2-46)代入式(2-45)和式(2-40)中第二式,得

$$v = v_0 - \frac{v_0}{k+1}\left(1 + \sqrt{1 - \frac{D_H^2}{D^2}}\right)$$

$$u = \frac{D}{k+1}\left(1 + \sqrt{1 - \frac{D_H^2}{D^2}}\right)$$

引进强爆轰因子 z,令

$$z^2 \equiv 1 - \frac{D_H^2}{D^2} > 0$$

则有

$$\begin{cases} D = \dfrac{D_H}{\sqrt{1-z^2}} \\ p = \dfrac{\rho_0 D^2}{k+1}(1+z) \\ v = v_0 - \dfrac{v_0}{k-1}(1+z) \\ u = \dfrac{D}{k+1}(1+z) \end{cases}$$

或

$$\begin{cases} D = \dfrac{D_H}{\sqrt{1-z^2}} \\ p = p_H \dfrac{1}{1-z} \\ v = v_H\left(1 - \dfrac{z}{k}\right) \\ u = u_H \dfrac{1+z}{\sqrt{1-z^2}} \end{cases} \tag{2-47}$$

上述两组公式即为计算球面收聚爆轰波阵面参数的公式。强爆轰因子由爆轰波波后流场(即爆轰产物)的状态所决定。z 的计算公式为

$$z=\frac{k}{k+1}\left(\frac{R}{r}-1\right) \tag{2-48}$$

式中:R 为球面爆轰波的初始半径;r 为所求时刻的波阵面半径。

2.4.2　球面爆轰波参量的三个近似

为了便于讨论,这里先写出要用到的二项展开式

$$(1+x)^{-1}=1-x+x^2-\cdots,\ |x|<1$$

$$(1+x)^{-\frac{1}{2}}=1-\frac{1}{2}x+\frac{3}{8}x^2-\cdots,\ |x|<1$$

$$(1+x)^{\frac{1}{2}}=1+\frac{1}{2}x-\frac{1}{8}x^2+\cdots,\ |x|<1$$

由式(2-37)可见,球面爆轰波参数均是含有 z 的二项式,由于$|z|<1$,故这些参量均是展开成 z 的幂级数,若略去 z 的三阶小量项,则

$$\begin{cases}\dfrac{D}{D_{\mathrm{H}}}=(1-z^2)^{-\frac{1}{2}}=1+\dfrac{1}{2}z^2+\cdots\\[2mm] \dfrac{p}{p_{\mathrm{H}}}=(1-z)^{-1}=1+z+z^2+\cdots\\[2mm] \dfrac{v}{v_{\mathrm{H}}}=1-\dfrac{z}{k}\\[2mm] \dfrac{u}{u_{\mathrm{H}}}=(1+z)(1-z^2)^{-\frac{1}{2}}=1+z+\dfrac{1}{2}z^2+\cdots\end{cases} \tag{2-49}$$

利用状态方程式(2-41),可求出声速的表达式为

$$c^2=kpv$$

故

$$\begin{aligned}\frac{c}{c_{\mathrm{H}}}&=\left(\frac{pv}{p_{\mathrm{H}}v_{\mathrm{H}}}\right)^{\frac{1}{2}}\\ &\approx\left[(1+z+z^2)\left(1-\frac{z}{k}\right)\right]^{\frac{1}{2}}=\left(1-\frac{k-1}{k}z+\frac{k-1}{k}z^2\right)\frac{1}{2}\\ &=1+\frac{1}{2}\left(\frac{k-1}{k}z+\frac{k-1}{k}z^2\right)-\frac{1}{8}\left(\frac{k-1}{k}z+\frac{k-1}{k}z^2\right)^2\\ &\approx 1+\frac{k-1}{2k}z+\frac{k-1}{2k}z^2-\frac{1}{8}\frac{(k-1)^2}{k^2}z^2\end{aligned} \tag{2-50}$$

利用式(2-49)和式(2-50)中 u 和 c 的表达式,也可以把收聚爆轰波波阵面

上的 α 和 β 量用 z 表示出，应该注意的是，在球面收聚爆轰波中 α 和 β 表达式中 u 和 D 是负数，故可以写成

$$\alpha = -|u| + \frac{2}{k-1}c$$

$$\beta = -|u| - \frac{2}{k-1}c$$

因为

$$\begin{aligned}\alpha_H &= -|u_H| + \frac{2}{k-1}c_H \\ &= -\frac{1}{k+1}|D_H| + \frac{2}{k-1}\frac{k}{k+1}|D_H| \\ &= \frac{1}{k-1}|D_H|\end{aligned} \tag{2-51}$$

$$\begin{aligned}\beta_H &= -|u_H| + \frac{2}{k-1}c_H \\ &= -\frac{1}{k+1}|D_H| - \frac{2}{k-1}\frac{k}{k+1}|D_H| \\ &= \frac{3k-1}{k^2-1}|D_H|\end{aligned} \tag{2-52}$$

所以

$$\frac{\alpha}{\alpha_H} = \frac{-\left(1+z+\frac{1}{2}z^2\right)|u_H|}{\frac{|D_H|}{k-1}} + \frac{2}{k-1}\frac{1+\frac{k-1}{2k}z+\left[\frac{k-1}{2k}-\frac{(k-1)^2}{8k^2}\right]z^2}{\frac{|D_H|}{k-1}} \tag{2-53}$$

将 $u_H = \frac{1}{k+1}D_H, c_H = \frac{k}{k+1}|D_H|$ 代入上式，并整理得

$$\frac{\alpha}{\alpha_H} = 1 + \frac{k-1}{4k}z^2 + \cdots$$

同理

$$\begin{aligned}\frac{\beta}{\beta_H} &= \frac{-\left(1+z+\frac{1}{2}z^2\right)|u_H|}{-\frac{3k-1}{k^2-1}|D_H|} - \frac{2}{k-1}\frac{1+\frac{k-1}{2k}z+\left[\frac{k-1}{2k}-\frac{(k-1)^2}{8k^2}\right]z^2}{-\frac{3k-1}{k^2-1}|D_H|}c_H \\ &= 1 + \frac{2(k-1)}{3k-1}z + \frac{(k-1)(5k+1)}{4k(3k-1)}z^2 + \cdots\end{aligned} \tag{2-54}$$

现在让我们来计算一下收聚爆轰波阵面上的熵变化。利用热力学关系式

$$T\mathrm{d}s = \mathrm{d}e + p\mathrm{d}v$$

由能量守恒方程得

$$\mathrm{d}e = \frac{1}{2}(v_0 - v)\mathrm{d}p + \frac{1}{2}p\mathrm{d}v$$

于是得

$$T\mathrm{d}s = \frac{1}{2}(v_0 - v)\mathrm{d}p + \frac{1}{2}p\mathrm{d}v \tag{2-55}$$

通过对式(2-49)中 p 和 v 的表达式微分得

$$\mathrm{d}p = p_{\mathrm{H}}(1 + 2z + \cdots)\mathrm{d}z$$

$$\mathrm{d}v = -\frac{v_{\mathrm{H}}}{k}\mathrm{d}z$$

将上两式以及式(2-49)中的 p 和 v 表达式代入式(2-55),整理得

$$T\frac{\mathrm{d}s}{\mathrm{d}z} = \frac{D_{\mathrm{H}}^2}{(k+1)^2}\left(z + \frac{1}{2}z^2 + \cdots\right)$$

由此式可以看出

$$T\frac{\mathrm{d}s}{\mathrm{d}z}\bigg|_{z=0} = 0$$

$$T\frac{\mathrm{d}^2 s}{\mathrm{d}z^2}\bigg|_{z=0} = \frac{D_{\mathrm{H}}^2}{(k+1)^2}$$

由于收聚爆轰波阵面上的熵增量是爆轰波强度的函数,而爆轰波的强度可用参量 z 表示,所以可以说爆轰波阵面的熵 s 是 z 的函数,即 $s=s(z)$。当 $z=0$ 时,爆轰波变成 CJ 爆轰波。$s=s(0)=s_{\mathrm{H}}$。于是我们可以把强度为 z 的收聚爆轰波阵面的熵以泰勒级数表示为

$$\begin{aligned} s &= s(0) + s'(0)z + \frac{1}{2}s''(0)z^2 + \cdots \\ &= s_{\mathrm{H}} + \frac{D_J^2}{2(k+1)^2 T_{\mathrm{H}}}z^2 + L \end{aligned} \tag{2-56}$$

从已得到的式(2-49)、式(2-51)和式(2-56)中可看到一个很重要的现象,即爆速 D,参量 α 和熵 s 都不含 z 的一次项。这表明,当收聚爆轰波不是很强时,以至于 z^2 项可以忽略不计时,沿着爆轰波面,我们可以认为

$$\alpha = \alpha_{\mathrm{H}},\ D \approx D_{\mathrm{H}},\ s \approx s_{\mathrm{H}}$$

这就是我们近似处理球面收聚爆轰波时所采用的三个基本近似。

由上面所得公式可以看到,收聚爆轰波波阵面上的参量与 z 有关,而 z 则由波后爆轰产物的运动来确定。通常先利用爆轰产物的运动方程求出 β 与波阵面交

点处的数值来确定波阵面上的 z 值。

习　题

1. 结合马赫反射波知识,说明该穿甲弹金属射流的形成过程。

2. 结合“胖子”原子弹结构特点,说明“胖子”原子弹中使用了哪些波形控制方法。

3. 推导球面收聚爆轰波爆压、爆速、产物密度及质点运动速度的计算公式,说明哪几个参数可以直接用 CJ 爆轰参数代替。

4. 某凝聚体炸药 $k=3$,计算爆轰波入射角从 0°到 90°范围内,间隔 5°~10°,计算不同角度下计算爆轰波入射刚性壁条件下,反射波的波速、压力、质点运动速度为多少,并绘出变化曲线。

第3章　爆轰波与介质的作用

炸药爆炸瞬间,处于原来炸药占据的体积内的高温高压下的爆轰产物必定迅速向周围进行膨胀,使得爆轰瞬间所达到的温度、压力不断下降,产物质点运动的速度也不断变化。炸药爆轰和爆轰产物膨胀,都是炸药和爆轰产物内部的变化。除此之外,爆轰还必然向外部传播,对其相接触的介质进行作用,在其相接触的介质内形成初始冲击波。

3.1　爆轰产物膨胀的规律

爆轰产物的膨胀过程,属于等熵不定型流动。我们这里只研究爆轰产物的一维流动,即一维平面爆轰波后产物在径向不发生膨胀,而只在爆轰波传播方向产生膨胀的运动。

3.1.1　爆轰产物流动基本方程

在一维流动情况下,各点状态参数和质点运动速度是坐标 x 和时间 t 的函数。

在爆轰产物流动过程中,沿着爆轰产物流动方向取单位截面积的微元段(图3-1),流动通过微元段后其介质参数随着坐标和时间的变化而变化。对于这个微元段应用基本守恒方程进行考察。

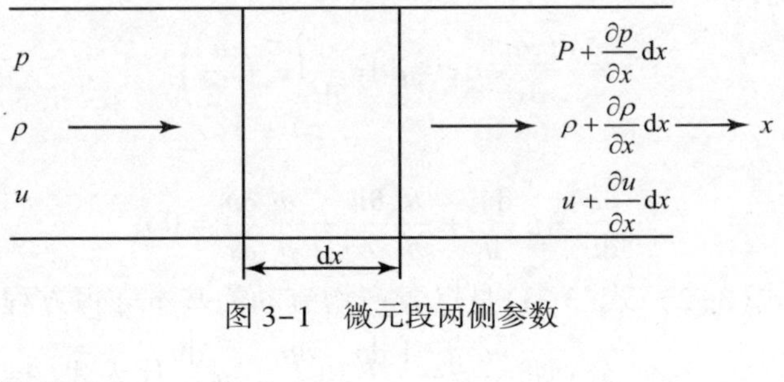

图3-1　微元段两侧参数

1. 质量守恒方程

单位时间进入微元的介质质量为 ρu,从微元流出的介质质量为 $\rho u+\dfrac{\partial}{\partial x}(\rho u)$ $\mathrm{d}x$。按照质量守恒规律,通过微元段介质质量的变化 $-\dfrac{\partial}{\partial x}(\rho u)\mathrm{d}x$,等于单位时间微

元段内介质质量的变化$\frac{\partial \rho}{\partial t}\mathrm{d}t$。即

$$-\frac{\partial}{\partial x}(\rho u)\mathrm{d}x=\frac{\partial \rho}{\partial t}\mathrm{d}x$$

写成

$$\frac{\partial \rho}{\partial t}+u\frac{\partial \rho}{\partial x}+\rho\frac{\partial u}{\partial x}=0 \tag{3-1}$$

2. 动量守恒方程

微元段左侧截面上所受的压力为p,右侧截面上所受压力为$-\left(p+\frac{\partial p}{\partial x}\mathrm{d}x\right)$,二者对微元段所构成的作用力$-\frac{\partial p}{\partial x}\mathrm{d}x$,按照牛顿第二定律等于微元段的质量与其加速度的乘积。即

$$-\frac{\partial p}{\partial x}\mathrm{d}x=\rho\mathrm{d}x\frac{\mathrm{d}u}{\mathrm{d}t}$$

写成

$$\frac{\partial u}{\partial t}+u\frac{\partial u}{\partial x}+\frac{1}{\rho}\frac{\partial p}{\partial x}=0 \tag{3-2}$$

3. 能量守恒方程

流动介质作用于微元段左侧截面上的力所做的功为pu,作用于微元段右侧截面上的力所做的功为$-\left[pu+\frac{\partial(pu)}{\partial x}\mathrm{d}x\right]$,这样作用于微元段上的力所做功之和为$-\frac{\partial(pu)}{\partial x}\mathrm{d}x$。在绝热、不考虑黏性条件下,压力所做的功应等于微元段内介质内能和动能的增加量,即

$$-\frac{\partial(pu)}{\partial x}\mathrm{d}x=\rho\mathrm{d}x\frac{\mathrm{d}}{\mathrm{d}t}\left(e+\frac{u^2}{2}\right)$$

写成

$$\frac{\mathrm{d}e}{\mathrm{d}t}+u\frac{\mathrm{d}u}{\mathrm{d}t}+\frac{p}{\rho}\frac{\partial u}{\partial x}+\frac{u}{\rho}\frac{\partial p}{\partial x}=0 \tag{3-3}$$

式(3-1)、式(3-2)、式(3-3)是爆轰产物流动的基本守恒方程。

由式(3-1)、式(3-2)分别将$\frac{\partial u}{\partial x}=-\frac{1}{\rho}\frac{\mathrm{d}\rho}{\mathrm{d}t}$和$\frac{\partial p}{\partial x}=-\rho\frac{\mathrm{d}u}{\mathrm{d}t}$代入式(3-3),得到

$$\frac{\mathrm{d}e}{\mathrm{d}t}-\frac{p}{\rho^2}\frac{\mathrm{d}\rho}{\mathrm{d}t}=0$$

将密度换成比容,$\mathrm{d}v=\mathrm{d}\left(\frac{1}{\rho}\right)=-\frac{\mathrm{d}\rho}{\rho^2}$,代入上式得

$$de + pdv = 0$$

按照热力学第二定律 $Tds=de+pdv$,从而表明爆轰产物的流动是等熵过程。

$$ds = 0 \tag{3-4}$$

式中:s 为系统的熵。该式说明爆轰产物在膨胀过程中,其熵值是不变的。描述质量、动量、能量守恒的基本方程式(3-1)、式(3-2)、式(3-3)和描述状态变化规律的等熵方程式(3-4)共同构成描述爆轰产物流动规律的方程组。

3.1.2 爆轰产物等熵方程

爆轰产物等熵方程描述爆轰产物膨胀过程中参数之间的关系,是求解爆轰产物流动必不可少的方程。

获得爆轰产物等熵方程的方法,通常可以由状态方程直接求得。具体方法是:首先将状态方程

$$\begin{cases} p = p(v,T,\alpha_k) \\ e = e(v,T,\alpha_k) \end{cases} \tag{3-5}$$

代入等熵条件

$$de = -pdv \tag{3-6}$$

式中:$\alpha_k(k=1,2,\cdots)$ 是状态方程参数。

从而得出一个以温度 T 为函数、比容 v 为自变量的常微分方程,积分此微分方程,得到符合等熵条件的温度 T 与比容 v 的函数关系。再将之代入原状态方程式(3-5),即求得等熵方程

$$\begin{aligned} p_s &= p_s(v,b_k) \\ e_s &= e_s(v,b_k) \end{aligned} \tag{3-7}$$

式中:$b_k(k=1,2,\cdots)$ 是等熵方程参数,该参数包含了原状态方程参数和式(3-6)积分过程中的积分常数。要具体确定等熵方程,还要进一步确定式(3-7)中的常数,由于爆轰产物膨胀是从爆轰终态点(CJ 点)开始的,因而可以运用爆轰终态点的条件确定等熵方程中的常数。一般按照 CJ 条件,CJ 爆压公式和爆轰波 Hugoniot 方程确定等熵方程的参数

$$\frac{\partial p_s(v_H,b_k)}{\partial v} = \frac{p_H}{v_0 - v_H} = \rho_0^2 D^2 \tag{3-8}$$

$$p_s(v_H,b_k) = \frac{\rho_0 D^2}{k_H + 1} \tag{3-9}$$

$$e_s(v_H,b_k) = Q_v + \frac{1}{2}p_H(v_0 - v_H) \tag{3-10}$$

式中:k_H 为等熵线在 CJ 点的斜率。

若等熵方程参数的个数为 3 个,可以由上述三个方程完全确定其值;若等熵

方程参数的个数大于 3 个,可以任取其中三个参数,通过上述三个方程将之确定为其余参数的函数,这时若要完全确定等熵方程的参数还需借助于其他实验数据;若等熵方程参数的个数小于 3 个,则由其中两个(或一个)方程确定其参数值,一般来说这样确定的参数不会满足另外一个(或两个)方程。

获得爆轰产物等熵方程的另一种方法,是直接通过拟合实验数据,处理成为数学表达式,并且确定数学表达式中的参数。

1. 幂函数形式的等熵方程

幂函数形式的等熵方程为

$$\begin{cases} p_s = A\rho^k \\ e_s = \dfrac{A}{k-1}\rho^{k-1} \end{cases} \tag{3-11}$$

式中:A、k 为与炸药性质和装药密度有关的常数。

幂函数形式等熵方程式(3-11)来自对实验数据的拟合,它相当好地描述了爆轰产物膨胀过程的性态,因而在与爆轰有关的流体力学问题中得到了广泛的应用。

等熵方程式(3-11)中含有两个参数,可以通过式(3-8)和式(3-9)进行确定。将式(3-11)代入式(3-8)和式(3-9)为

$$-\frac{\partial(A\rho_{\mathrm{H}}^k)}{\partial v} = Ak\rho_{\mathrm{H}}^{k+1} = \rho_0^2 D^2$$

$$A\rho_{\mathrm{H}}^k = \frac{\rho_0^2 D^2}{k_{\mathrm{H}}+1}$$

二式相除得

$$k\rho_{\mathrm{H}} = (k_{\mathrm{H}}+1)\rho_0$$

再应用 CJ 爆轰密度公式 $\rho_{\mathrm{H}} = \frac{k_{\mathrm{H}}+1}{k_{\mathrm{H}}}\rho_0$,得

$$k = k_{\mathrm{H}}$$

表明等熵方程式(3-11)中的 k 值,与仅考虑分子间排斥作用凝聚体状态方程中的幂指数 k 值相同。对于大多数炸药,当 $\rho_0 \geqslant 1\mathrm{g/cm^3}$ 时 $k \approx 3$。

由确定等熵方程参数的第二式,以及 $\rho_{\mathrm{H}} = \frac{k_{\mathrm{H}}+1}{k_{\mathrm{H}}}\rho_0$ 和 $k = k_{\mathrm{H}}$,可求得等熵方程的另一参数

$$A = \left(\frac{k+1}{k}\rho_0\right)^{-k} \frac{\rho_0 D^2}{k+1}$$

等熵方程式(3-11)不仅与只考虑分子间排斥作用的凝聚体状态方程所对应的等熵方程相一致,并且还与理想气体的等熵方程在形式上非常相似,但是既不

能把膨胀过程中的爆轰产物看作凝聚体,也不能看作理想气体。对于大多数凝聚炸药的爆轰产物,在 CJ 状态其爆轰产物可视作凝聚体,k 值约等于 3;随着爆轰产物的膨胀,k 值不断降低;最终膨胀成为理想气体,k 值约等于 1.3。

等熵方程式(3-11)最大的缺陷在于不能满足爆轰 Hugoniot 方程,因而不能精确描述爆轰产物膨胀的过程。

2. 液体模型(或固体模型)状态方程对应的等熵方程

液体模型状态方程与固体模型状态方程具有相同形式,它们都是由两项组成,第一项为与比容有关的分子间排斥作用,第二项为与温度有关的分子热运动,只不过两种模型对分子的热运动作了不同的解释而已。两种模型的状态方程

$$\begin{cases} p = A\rho^k + n\rho c_v T \\ e = \dfrac{A}{k-1}\rho^{k-1} + c_v T \end{cases} \tag{3-12}$$

按照等熵条件 $de=-pdv$ 计算

$$de = A\rho^{k-2}d\rho + c_V dT$$

$$-pdv = -(A\rho^k + n\rho c_v T)(-\rho^{-2}d\rho) = A\rho^{k-2}d\rho + nc_v T\rho^{-1}d\rho$$

由二式相等得到

$$\frac{dT}{T} = n\frac{d\rho}{\rho}$$

积分得

$$\ln T = n\ln\rho + \ln\beta$$

或写成

$$T = \beta\rho^n \tag{3-13}$$

式中:b 为积分常数。

将式(3-13)代入状态方程式(3-12),并且令 $B=nc_v\beta$,则得到式(3-12)对应的等熵方程

$$\begin{cases} p = A\rho^k + B\rho^{n+1} \\ e = \dfrac{A}{k-1}\rho^{k-1} + \dfrac{B}{n}\rho^n \end{cases} \tag{3-14}$$

式中:A、k、n 是原状态方程的参数,B 是与等熵过程有关的积分常数,在已知 ρ_0、k_H、D 和 Q_v 的条件下,通过式(3-8)~式(3-10)三个方程和有关的实验数据可以确定这四个参数。

3. JWL 等熵方程

JWL 等熵方程是在 JWL 状态方程基础上推导出来的,它能够精确描述爆轰产物的膨胀过程,是一种较为完善的等熵方程。由 JWL 状态方程

$$
\begin{cases}
p = A\mathrm{e}^{-R_1\bar{v}} + B\mathrm{e}^{-R_2\bar{v}} + \dfrac{w\rho_0 c_v}{\bar{v}}T \\
E = \dfrac{A}{R_1}\mathrm{e}^{-R_1\bar{v}} + \dfrac{B}{R_2}\mathrm{e}^{-R_2\bar{v}} + \rho_0 c_v T
\end{cases}
\tag{3-15}
$$

式中：$E=\rho_0 e$、$\bar{v}=\dfrac{v}{v_0}$。按照等熵条件 $\mathrm{d}e=-p\mathrm{d}v$，计算

$$
\begin{aligned}
\mathrm{d}e &= \frac{1}{\rho_0}\left[\frac{A}{R_1}\mathrm{e}^{-R_1\bar{v}}(-R_1\mathrm{d}\bar{v}) + \frac{B}{R_2}\mathrm{e}^{-R_2\bar{v}}(-R_2\mathrm{d}\bar{v}) + \rho_0 c_v \mathrm{d}T\right] \\
&= -A\mathrm{e}^{-R_1\bar{v}}\mathrm{d}\bar{v} - B\mathrm{e}^{-R_2\bar{v}}\mathrm{d}v + c_v\mathrm{d}T - p\mathrm{d}v \\
&= -\left(A\mathrm{e}^{-R_1\bar{v}} + B\mathrm{e}^{-R_2\bar{v}} + \frac{w\rho_0 c_v}{\bar{v}}T\right)\mathrm{d}v
\end{aligned}
$$

由二式相等得到

$$
c_v\mathrm{d}T = -\frac{w\rho_0 c_v}{\bar{v}}T\mathrm{d}v
$$

$$
\frac{\mathrm{d}T}{T} = -w\frac{\mathrm{d}\bar{v}}{\bar{v}}
$$

积分得到

$$
T = \beta\bar{v}^{-w}
\tag{3-16}
$$

式中：β 为积分常数。

将式(3-16)代入状态方程式(3-15)，且令 $C=\beta w\rho_0 c_v$，则得到式(3-15)对应等熵方程

$$
\begin{cases}
p_s = A\mathrm{e}^{-R_1\bar{v}} + B\mathrm{e}^{-r_2\bar{v}} + \dfrac{C}{\bar{v}^{w+1}} \\
E_s = \dfrac{A}{R_1}\mathrm{e}^{-R_1\bar{v}} + \dfrac{B}{R_2}\mathrm{e}^{-R_2\bar{v}} + \dfrac{C}{w\bar{v}^{w}}
\end{cases}
$$

式中：A、B、C、R_1、R_2、w 为 JWL 等熵方程参数。

在已知 ρ_0、k_{H}、D、Q_v 的条件下，通过式(3-8)~式(3-10)三个方程不能确定这六个参数，还要通过一个专门的圆筒实验，测得一系列圆筒膨胀过程数据，与式(3-8)~式(3-10)三个方程相结合，共同确定等熵方程参数。

简化 JWL 状态方程所对应的等熵方程为

$$
\begin{cases}
p_s = A\mathrm{e}^{-kv} + \dfrac{C}{v^{w+1}} \\
E_s = \dfrac{A}{k}\mathrm{e}^{-kv} + \dfrac{C}{w\bar{v}^{w}}
\end{cases}
\tag{3-17}
$$

实践中经常取 $w=0.28$。在已知 ρ_0、k_{H}、D、Q_v 的条件下，通过式(3-8)~式(3-10)

三个方程可以确定简化 JWL 等熵方程的另外三个参数 A、k、C。

3.1.3　爆轰产物等熵流动方程组

前面叙述的式(3-1)~式(3-4)构成爆轰产物等熵流动方程组。为了方便，将等熵方程式(3-4)取成式(3-11)的形式，并且引用声速 c 代换变量 p 和 r，应用声速公式 $c^2=\frac{\mathrm{d}p}{\mathrm{d}\rho}$，根据式(3-11)

$$c^2=\frac{\mathrm{d}(A\rho^k)}{\mathrm{d}\rho}=Ak\rho^{k-1}$$

将等式两端同时微分

$$2c\mathrm{d}c=Ak(k-1)\rho^{k-2}\mathrm{d}\rho$$

变换得

$$\frac{\mathrm{d}\rho}{\rho}=\frac{2}{k-1}\frac{\mathrm{d}c}{c} \tag{3-18}$$

将之代入式(3-1)，质量守恒方程化为

$$\frac{2}{k-1}\frac{\partial c}{\partial t}+\frac{2u}{k-1}\frac{\partial c}{\partial x}+c\frac{\partial u}{\partial x}=0 \tag{3-19}$$

对式(3-11)微分

$$\mathrm{d}p=Ak\rho^{k-1}\mathrm{d}\rho=c^2\mathrm{d}\rho$$

应用式(3-18)，则

$$\frac{\mathrm{d}p}{p}=\frac{2c}{k-1}\mathrm{d}c$$

将之代入式(3-2)，动量守恒方程化为

$$\frac{\partial u}{\partial t}+u\frac{\partial u}{\partial x}+\frac{2c}{k-1}\frac{\partial c}{\partial x}=0 \tag{3-20}$$

将式(3-19)、式(3-20)两式相加和相减，得到等熵不定型流动方程组

$$\begin{cases}\dfrac{\partial}{\partial t}\left(u+\dfrac{2}{k-1}c\right)+(u+c)\dfrac{\partial}{\partial x}\left(u+\dfrac{2}{k-1}c\right)=0\\[2ex]\dfrac{\partial}{\partial t}\left(u-\dfrac{2}{k-1}c\right)+(u-c)\dfrac{\partial}{\partial x}\left(u-\dfrac{2}{k-1}c\right)=0\end{cases}$$

对于大多数炸药的爆轰产物，可以近似取 $k=3$，则上式简化为

$$\begin{cases}\dfrac{\partial}{\partial t}(u+c)+(u+c)\dfrac{\partial}{\partial x}(u+c)=0\\[2ex]\dfrac{\partial}{\partial t}(u-c)+(u-c)\dfrac{\partial}{\partial x}(u-c)=0\end{cases} \tag{3-21}$$

式(3-21)是 u 和 c 为变量描述爆轰产物膨胀过程的等熵不定型方程组。

弱扰动在流动介质中的传播速度是介质流动速度和当地声速的叠加值,即

$$\frac{\mathrm{d}x}{\mathrm{d}t}=u\pm c$$

当扰动相对于介质右传时,取正号;当弱扰动相对于介质左传时,取负号。将式(3-21)中微分号外的 $u\pm c$ 换成$\frac{\mathrm{d}x}{\mathrm{d}t}$,式(3-21)成为

$$\frac{\partial}{\partial t}(u\pm c)+\frac{\mathrm{d}x}{\mathrm{d}t}\frac{\partial}{\partial t}(u\pm c)=0$$

该式表明,在$\frac{\mathrm{d}x}{\mathrm{d}t}=u\pm c$ 的条件下,状态量 $u\pm c$ 对于 t 的全导数等于零,即

$$\frac{\mathrm{d}}{\mathrm{d}t}(u\pm c)=0 \tag{3-22}$$

式(3-22)表明,方程组式(3-21)描述了两个状态量的推进规律。当扰动以速度$\frac{\mathrm{d}x}{\mathrm{d}t}=u+c$ 相对于介质向右传播时,状态量 $u+c$ 保持不变;当扰动以速度$\frac{\mathrm{d}x}{\mathrm{d}t}=u-c$ 相对于介质向左传播时,状态量 $u-c$ 保持不变。故称$\frac{\mathrm{d}x}{\mathrm{d}t}=u\pm c$ 为方程组式(3-21)的特征线,该特征线在 $x-t$ 平面上是向左、向右传播的两族直线。

在式(3-22)条件下,对$\frac{\mathrm{d}x}{\mathrm{d}t}=u+c$ 进行积分,得到方程组式(3-21)的一般解,即两族扰动都存在的流场变化规律

$$\begin{cases}x=(u+c)t+F_1(u+c)\\x=(u-c)t+F_2(u-c)\end{cases} \tag{3-23}$$

式中:$F_1(u+c)$、$F_2(u-c)$为积分常数,分别由右、左传扰动波的初始条件确定。应用式(3-23)可以求出两个方向扰动都存在条件下,爆轰产物流场内各点的参数。

对于单向传播的简单波,仅涉及方程组式(3-21)中的一个方程,为了求解流场内的参数变化,另一个方程采用由动量守恒所确定的波前、后状态关系。当研究右传简单波时,扰动规律为方程组式(3-21)中第一式,其解是式(3-23)中第一式,扰动波前、后状态如图 3-2 所示,动量守恒关系为

$$(p+\mathrm{d}p)-p=\rho c[c-(c-\mathrm{d}u)]$$

即

$$\mathrm{d}p=\rho c\mathrm{d}u$$

代入$\frac{\mathrm{d}p}{\rho}=c\mathrm{d}c$,上式成为

$$\mathrm{d}(u-c)=0$$

因而,右传简单波的流场由下列方程组确定

$$\begin{cases} x = (u + c)t + F_1(u) \\ u - c = \text{const} \end{cases}$$

式中：$F_1(u)$为积分常数，按初始条件确定。

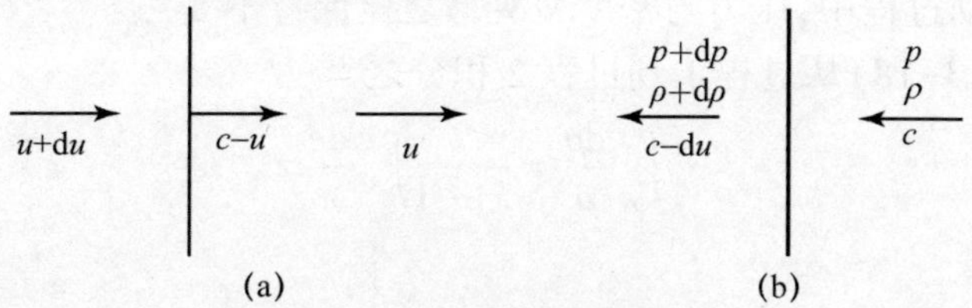

图 3-2　右传波流动状态

(a) 真实流场；(b) 相对流场。

当研究左传简单波时，扰动传播规律为方程组式(3-21)中第二式，其解为式(3-23)中第二式，扰动波前、后状态如图 3-3 所示，动量守恒关系为

$$(p + dp) - p = \rho c[c - (c + du)]$$

即

$$dp = -\rho c du$$

代入$\dfrac{dp}{\rho} = c dc$，上式成为

$$d(u + c) = 0$$

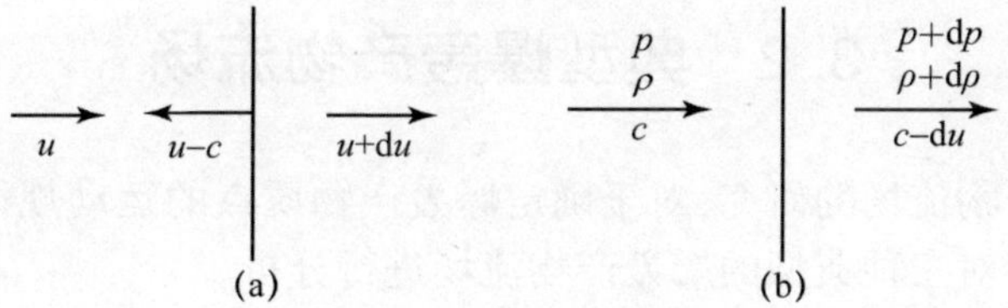

图 3-3　左传波流动状态

(a) 真实流场；(b) 相对流场。

因而，左传简单波的流场由下列方程组确定

$$\begin{cases} x = (u - c)t + F_2(u) \\ u + c = \text{const} \end{cases} \tag{3-24}$$

式中：$F_2(u)$为积分常数，按初始条件确定。

3.1.4　爆轰产物流动中状态参数间关系

爆轰产物流动是等熵过程，设爆轰产物流动从过程 1 变化到过程 2，按照等熵方程式(3-11)

$$p_1 = A\rho_1^k$$
$$p_2 = A\rho_2^k$$

二式相除,得

$$\frac{p_1}{p_2}=\left(\frac{\rho_1}{\rho_2}\right)^k$$

即爆轰产物流动过程中,压力与密度 k 次幂之比保持不变。

将方程式(3-18)从过程 1 到过程 2 积分之

$$\int_{\rho_1}^{\rho_2}\frac{\mathrm{d}\rho}{\rho}=\frac{2}{k-1}\int_{c_1}^{c_2}\frac{\mathrm{d}c}{c}$$

积分得

$$\ln\frac{\rho_1}{\rho_2}=\frac{2}{k-1}\ln\frac{c_1}{c_2}$$

或写成

$$\frac{\rho_2}{\rho_1}=\left(\frac{c_2}{c_1}\right)^{\frac{2}{k-1}} \tag{3-25}$$

即爆轰产物流动过程中,密度与声速的$\frac{2}{k-1}$次幂之比保持不变。

若取 $k=3$,则爆轰产物流动过程中状态参数间关系为

$$\frac{p_2}{p_1}=\left(\frac{\rho_2}{\rho_1}\right)^3=\left(\frac{c_2}{c_1}\right)^3 \tag{3-26}$$

3.2 典型爆轰产物流场

炸药爆轰产物流场的研究,对于确定爆轰产物质点的运动规律及声速是十分必要的。下面针对三种典型的爆轰产物流场进行分析。

3.2.1 一端引爆半无限长装药

设处于刚性管内的炸药为半无限长装药,装药密度为 r_0,炸药爆速为 D,引爆面左侧是真空状态,引爆后某时刻流场特征线图如图 3-4 所示。

爆轰波波阵面上的参数按理论公式给出,若取绝热指数 $k\approx3$,则

$$p_{\mathrm{H}}=\frac{1}{k+1}\rho_0D^2=\frac{1}{4}\rho_0D^2$$

$$\rho_{\mathrm{H}}=\frac{k+1}{k}\rho_0=\frac{4}{3}\rho_0$$

$$u_{\mathrm{H}}=\frac{1}{k+1}D=\frac{1}{4}D$$

$$c_{\mathrm{H}}=\frac{k}{k+1}D=\frac{3}{4}D$$

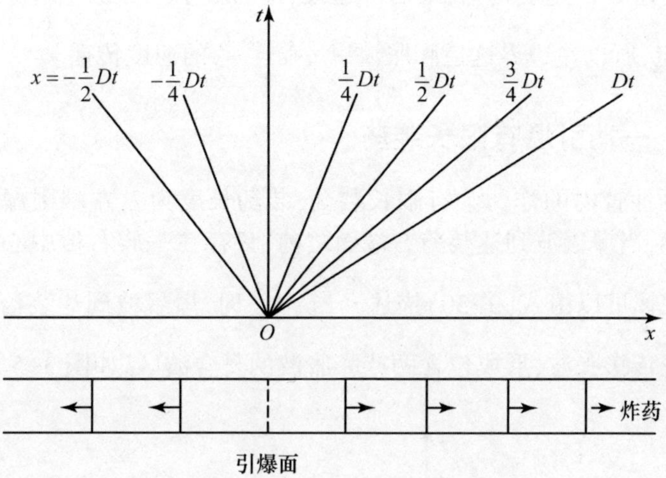

图 3-4　一端引爆半无限长装药的流场

式中:下标"H"指爆轰波波阵面。

当从半无限长炸药左端面引爆后,爆轰波以爆速 D 由引爆面沿炸药向右传播。同时,爆轰波波阵面后的高压爆轰产物迅速向左膨胀,即有一系列膨胀波紧随在爆轰波波阵面之后向右传播。由于膨胀波传入的区域是爆轰波稳定流动区,因而该爆轰波为一族右传简单波,并且是以 $t=0,x=0$ 为始点发出的中心膨胀波。爆轰产物流场

$$\begin{cases} x=(u+c)t+F_1(u) \\ u-c=\text{const} \end{cases} \tag{3-27}$$

按初始条件 $t_0=0,x=0$,得 $F_1(u)=0$。式(3-27)中第一式化简为

$$x=(u+c)t \tag{3-28}$$

按边界条件,即爆轰波波阵面状态 $u=u_H=\frac{1}{4}D,c=c_H=\frac{3}{4}D$,从而可以确定式(3-27)中第二式的常数。式(3-27)中第二式为

$$u-c=-\frac{1}{2}D \tag{3-29}$$

联立式(3-28)和式(3-29),解得爆轰产物流场参数

$$\begin{cases} u=\dfrac{1}{2}\left(\dfrac{x}{t}-\dfrac{D}{2}\right) \\ c=\dfrac{1}{2}\left(\dfrac{x}{t}+\dfrac{D}{2}\right) \end{cases} \tag{3-30}$$

该流场的特征线图如图 3-4 所示。从图中看出,紧跟爆轰波波阵面后的第一

道膨胀波以爆速 D 的速度传播;最后一道波,即与真空相邻的左边界,可以按真空条件 $c=0$ 确定,所以左边界这道膨胀波以 $u+c=-\frac{D}{2}$的速度传播。

3.2.2 一端引爆有限长装药

设处于刚性管内的炸药为有限长装药,装药长度为 l,左端引爆,装药两侧皆为真空。显然,当爆轰波到达装药右端面之前,只存在一族右传中心膨胀波,该右传膨胀波的规律可以由式(3-30)描述。当 $t=\frac{l}{D}$时,爆轰波到达装药右端面,这时将产生一族左传膨胀波,形成包含两族膨胀波的复合波区,如图 3-5 所示。

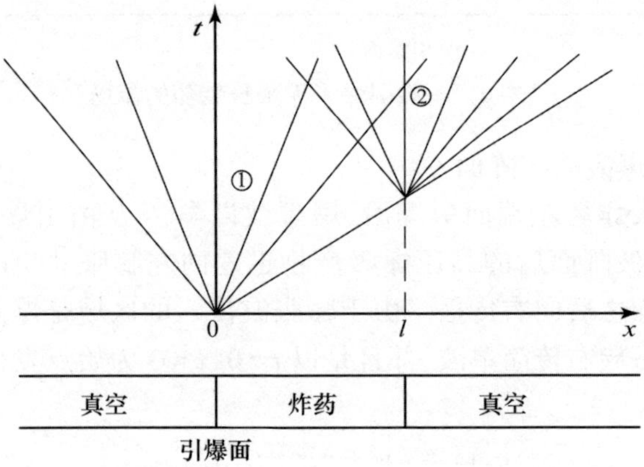

图 3-5 一端引爆有限装药的流场

由两族膨胀波相交形成的复合波区,其参数变化由一般解确定

$$\begin{cases} x = (u + c)t + F_1 \\ x = (u - c)t + F_2 \end{cases}$$

右传波初始条件仍然为 $t=0,x=0$,所以 $F_1=0$。左传波初始条件为 $t=\frac{l}{D}$时,$x=l$,则有

$$F_2 = l - (u - c)\frac{l}{D}$$

因而,复合波区参数变化规律为

$$x = (u + c)t$$

$$x = l + (u - c)\left(t - \frac{1}{D}\right)$$

解得复合区参数

$$\begin{cases} u = \dfrac{1}{2}\left(\dfrac{x}{t} + \dfrac{x-l}{t-\dfrac{l}{D}}\right) \\ c = \dfrac{1}{2}\left(\dfrac{x}{t} - \dfrac{x-l}{t-\dfrac{l}{D}}\right) \end{cases} \tag{3-31}$$

对于一端引爆有限长装药所形成的流场，任一断面参数的变化分两种情况，当左传膨胀波到达之前由式(3-30)描述，当左传膨胀波到达之后由式(3-31)描述。左传膨胀波到达某一断面 x 处的时间 t，应等于装药爆轰时间 $\dfrac{l}{D}$ 与第一道左传膨胀波由装药右端面传到 x 断面所用时间之和。左传膨胀波的第一道波是在右传膨胀波扰动过后的区域内传播的，而右传膨胀波过后流场到处满足 $u-c=-\dfrac{D}{2}$，可见第一道左传膨胀波的传播速度为 $-\dfrac{D}{2}$。因此，第一道左传膨胀波到达 x 断面的时间

$$t = \frac{l}{D} + \frac{l-x}{\dfrac{D}{2}} = \frac{3l-2x}{D}$$

爆轰产物流动中任一断面 x 处参数变化可以这样描述，当 $\dfrac{x}{D} \leqslant t < \dfrac{3l-2x}{D}$ 时

$$u = \frac{1}{2}\left(\frac{x}{t} - \frac{D}{2}\right)$$

$$c = \frac{1}{2}\left(\frac{x}{t} + \frac{D}{2}\right)$$

当 $t \geqslant \dfrac{3l-2x}{D}$ 时

$$u = \frac{1}{2}\left[\frac{x}{t} + \frac{x-l}{t-\dfrac{l}{D}}\right]$$

$$c = \frac{1}{2}\left[\frac{x}{t} - \frac{x-l}{t-\dfrac{l}{D}}\right]$$

这种描述适用于 $x \leqslant l$ 的范围。若 $x>l$，则全部是复合波作用的区域。

3.2.3　中间引爆有限长装药

研究引爆面在有限长度装药内某个位置的情况。设引爆面距装药右端面为 a，距装药左端面为 b，炸药引爆后爆轰由引爆面沿炸药向左、右传播，并且跟随左、

右爆轰波之后分别产生左、右两族中心膨胀波,在两族中心膨胀波之间是使两侧达到平衡的静止区。当两个方向传播的爆轰波到达其装药端面时,又分别产生两族左、右传播中心膨胀波。整个流场由这四族中心膨胀波决定,如图 3-6 所示。

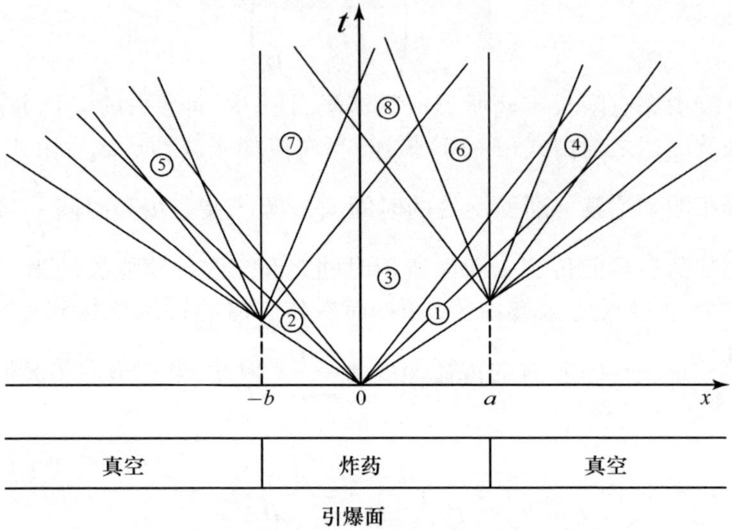

图 3-6　中间引爆有限长装药流场

四族中心膨胀波的波线方程分别为:

(1) 由原点(引爆面)发出的右传中心膨胀波

$$x = (u + c)t + F_1$$

按照初始条件 $t=0, x=0$,得 $F_1=0$。则原点发出的右传中心膨胀波波线方程为

$$x = (u + c)t$$

(2) 由原点发出的左传中心膨胀波

$$x = (u - c)t + F_2$$

按照初始条件 $t=0, x=0$,得 $F_2=0$。则原点发出的左传中心膨胀波波线方程为

$$x = (u - c)t$$

(3) 由装药右端面发出的左传中心膨胀波

$$x = (u - c)t + F_3$$

按照初始条件 $t=\frac{a}{D}, x=a$,得 $F_3=a-(u-c)\frac{a}{D}$。则右端面发出的左传中心膨胀波波线方程为

$$x = a + (u - c)\left(t - \frac{a}{D}\right)$$

(4) 由装药左端面发出的右传中心膨胀波

$$x = (u + c)t + F_4$$

按照初始条件 $t = \frac{b}{D}, x = -b$ 得 $F_4 = -b-(u+c)\frac{b}{D}$。则左端面发出的右传中心膨胀波波线方程为

$$x = -b + (u + c)\left(t - \frac{b}{D}\right)$$

四族中心膨胀波将整个流场分成八个区域。

① 区是右传简单波区,该区参数遵循规律

$$x = (u + c)t$$
$$u - c = \text{const}$$

右传简单波区的波头紧随在右传爆轰波波阵面之后,按照这个边界条件可以确定出第二式的常数

$$\text{const} = \frac{1}{4}D - \frac{3}{4}D = -\frac{D}{2}$$

因而该区流场为

$$x = (u + c)t$$
$$u - c = -\frac{D}{2}$$

解得流场参数 u 和 c 分别为

$$\begin{cases} u = \dfrac{1}{2}\left(\dfrac{x}{t} - \dfrac{D}{2}\right) \\ c = \dfrac{1}{2}\left(\dfrac{x}{t} + \dfrac{D}{2}\right) \end{cases}$$

② 区是左传简单波区,该区参数遵循规律

$$x = (u - c)t$$
$$u + c = \text{const}$$

左传简单波区的波头紧随在左传爆轰波波阵面之后,按照这个边界条件可以确定出第二式的常数

$$\text{const} = -\frac{1}{4}D + \frac{3}{4}D = \frac{D}{2}$$

因而该区流场为

$$x = (u - c)t$$
$$u + c = \frac{D}{2}$$

解得流场参数 u 和 c 分别为

$$\begin{cases} u = \dfrac{x}{2t} + \dfrac{D}{4} \\ c = -\dfrac{x}{2t} + \dfrac{D}{4} \end{cases}$$

③ 区是静止区,该区条件为 $u=0$。该区夹在①、②区之间,按照相邻①区或相邻②区的边界条件 $u-c=\dfrac{D}{2}$ 或 $u+c=\dfrac{D}{2}$ 代入 $u=0$,得 $c=\dfrac{D}{2}$。因此,该区流场参数

$$\begin{cases} u = 0 \\ c = \dfrac{D}{2} \end{cases}$$

按照③区条件,还可以求出由原点发出的左、右中心膨胀波波尾的波线方程。右传中心膨胀波波尾的波线方程

$$x = (u + c)t = \left(0 + \frac{D}{2}\right)t = \frac{1}{2}Dt$$

左传中心膨胀波波尾的波线方程

$$x = (u - c)t = \left(0 - \frac{D}{2}\right)t = -\frac{1}{2}Dt$$

④ 区为由原点发出的右传中心膨胀波和装药右端面发出的左传中心膨胀波所构成的复合波区,该区流场为

$$x = (u + c)t$$

$$x = a + (u - c)\left(t - \frac{a}{D}\right)$$

解得流场参数 u 和 c 分别为

$$\begin{cases} u = \dfrac{1}{2}\left(\dfrac{x}{t} + \dfrac{x - a}{t - \dfrac{a}{D}}\right) \\ c = \dfrac{1}{2}\left(\dfrac{x}{t} - \dfrac{x - a}{t - \dfrac{a}{D}}\right) \end{cases}$$

装药右端面发出的左传中心膨胀波波头的波线方程

$$x = a + (u + c)\left(t - \frac{a}{D}\right) = a + \left(\frac{D}{4} - \frac{3D}{4}\right)\left(t - \frac{a}{D}\right) = -\frac{1}{2}Dt + \frac{3}{2}a$$

⑤ 区为由原点发出的左传中心膨胀波和装药左端面发出的右传中心膨胀波所构成的复合波区,该区流场为

$$x = (u - c)t$$

$$x = -b + (u + c)\left(t - \frac{b}{D}\right)$$

解得流场参数 u 和 c 分别为

$$\begin{cases} u = \dfrac{1}{2}\left(\dfrac{x}{t} + \dfrac{x+b}{t-\dfrac{b}{D}}\right) \\ c = \dfrac{1}{2}\left(-\dfrac{x}{t} + \dfrac{x+b}{t-\dfrac{b}{D}}\right) \end{cases}$$

装药左端面发出的右传中心膨胀波波头的波线方程

$$x = -b + (u+c)\left(t - \frac{b}{D}\right) = -b + \left(-\frac{D}{4} + \frac{3}{4}D\right)\left(t - \frac{b}{D}\right) = \frac{1}{2}Dt - \frac{3}{2}D$$

⑥ 区为左传简单波区,该区参数遵循规律

$$x = a + (u+c)\left(t - \frac{a}{D}\right)$$

$$u + c = \text{const}$$

该左传简单波区的波头在③区内传播,按照这个边界条件可以确定出第二式的常数

$$\text{const} = 0 + \frac{D}{2} = \frac{D}{2}$$

因而该区流场为

$$x = a + (u-c)\left(t - \frac{a}{D}\right)$$

$$u + c = \frac{D}{2}$$

解得流场参数 u 和 c 分别为

$$\begin{cases} u = \dfrac{1}{2}\left(\dfrac{x-a}{t-\dfrac{a}{D}} + \dfrac{D}{2}\right) \\ c = \dfrac{1}{2}\left(-\dfrac{x-a}{t-\dfrac{a}{D}} + \dfrac{D}{2}\right) \end{cases}$$

⑦ 区为右传简单波区,该区参数遵循规律

$$x = -b + (u+c)\left(t - \frac{b}{D}\right)$$

$$u - c = \text{const}$$

该右传简单波区的波头在③区内传播,按照这个边界条件可以确定出第二式的常数

$$\text{const} = 0 - \frac{D}{2} = -\frac{D}{2}$$

因而该区流场为

$$x = -b + (u + c)\left(t - \frac{b}{D}\right)$$

$$u - c = -\frac{D}{2}$$

解得流场参数 u 和 c 分别为

$$\begin{cases} u = \dfrac{1}{2}\left(\dfrac{x + b}{t - \dfrac{b}{D}} - \dfrac{D}{2}\right) \\ c = \dfrac{1}{2}\left(-\dfrac{x + b}{t - \dfrac{b}{D}} + \dfrac{D}{2}\right) \end{cases}$$

⑧ 区是由装药右端面发出的左传中心膨胀波和由装药左端面发出的右传中心膨胀波所构成的复合波区，该区参数由下面两式联立求解

$$\begin{cases} x = a + (u - c)\left(t - \dfrac{a}{D}\right) \\ x = -b + (u + c)\left(t - \dfrac{b}{D}\right) \end{cases}$$

解得流场参数 u 和 c 分别为

$$\begin{cases} u = \dfrac{1}{2}\left(\dfrac{x + b}{t - \dfrac{b}{D}} + \dfrac{x - a}{t - \dfrac{a}{D}}\right) \\ c = \dfrac{1}{2}\left(\dfrac{x + b}{t - \dfrac{b}{D}} - \dfrac{x - a}{t - \dfrac{a}{D}}\right) \end{cases}$$

对于中间引爆有限长装药，当引爆点位于装药中点 $a=b$ 时，爆轰产物在两个方向上传播的情况相对于引爆面是对称的，这相当于在装药中点截面上置入刚壁，由刚壁处引爆装药的爆轰产物流场(图 3-7)。

图 3-7 中爆轰产物流动区采用了与图 3-6 相同的标号，在上述公式中代入 $a=b=l$，可以得到图 3-7 各区流动参数如下：

②区

$$\begin{cases} u = \dfrac{1}{2}\left(\dfrac{x}{t} + \dfrac{D}{2}\right) \\ c = \dfrac{1}{2}\left(-\dfrac{x}{t} + \dfrac{D}{2}\right) \end{cases}$$

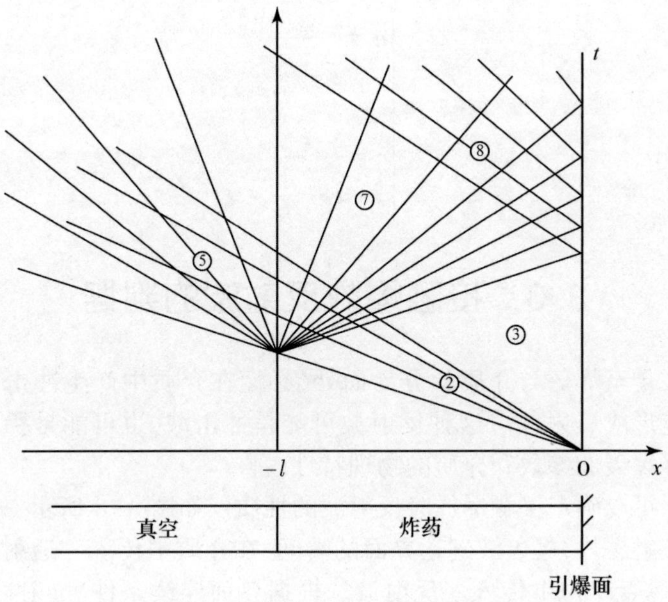

图 3-7　刚壁处引爆有限装药流场

③区

$$\begin{cases} u = 0 \\ c = \dfrac{D}{2} \end{cases}$$

⑤区

$$\begin{cases} u = \dfrac{1}{2}\left(\dfrac{x}{t} + \dfrac{x + l}{t - \dfrac{l}{D}}\right) \\ c = \dfrac{1}{2}\left(-\dfrac{x}{t} + \dfrac{x + l}{t - \dfrac{l}{D}}\right) \end{cases}$$

⑦区

$$\begin{cases} u = \dfrac{1}{2}\left(\dfrac{x + l}{t - \dfrac{l}{D}} + \dfrac{D}{2}\right) \\ c = \dfrac{1}{2}\left(\dfrac{x + l}{t - \dfrac{l}{D}} + \dfrac{D}{2}\right) \end{cases}$$

⑧区

$$\begin{cases} u = \dfrac{x}{t - \dfrac{l}{D}} \\ c = \dfrac{l}{t - \dfrac{l}{D}} \end{cases}$$

3.3 接触爆炸反射波的判据

当爆轰波传至炸药与介质的分界面处,必然在介质中产生冲击波,同时在爆轰产物中可能形成反射波。这种反射波可能是冲击波,也可能是稀疏波,反射波的性质取决于爆轰波参数和介质的物理特性。

从理论上可以确定接触爆炸时反射波的性质。如图 3-8 所示,一药柱与右端可压缩介质接触爆炸,爆轰波到达界面的瞬间,在介质中传入一透射冲击波,同时向 CJ 状态的爆轰产物中传入一反射波。根据界面连续条件,透射冲击波后的介质与反射波后的爆轰产物之间分界面两侧其压力和质点速度应满足:

$$p_x = p_m, u_x = u_m$$

式中:p_x、u_x 是分界面处反射波后产物的压力和质点速度;p_m、u_m 是分界面处透射冲击波后介质的压力和质点速度。显然,对于反射冲击波和反射稀疏波分别有

$$u_x = u_{\mathrm{H}} - u_T, u_x = u_{\mathrm{H}} + u_T$$

式中:u_T 为界面处反射波后产物质点获得的速度增量;u_{H} 为 CJ 爆轰波后产物质点速度。界面处,介质中冲击波动量守恒方程为

$$p_x = p_m = \rho_{m0} D_m u_m \tag{3-32}$$

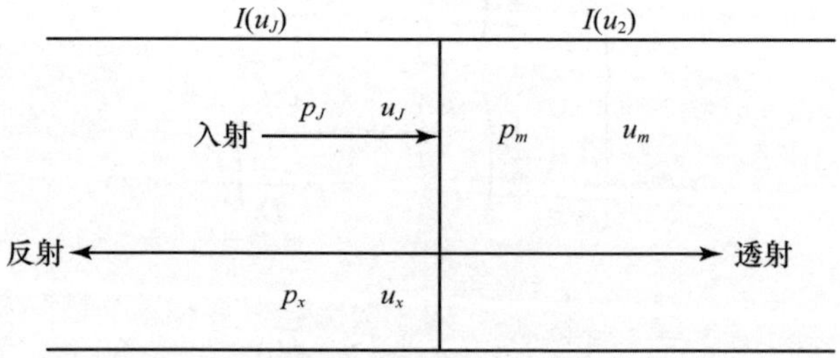

图 3-8 接触爆炸冲击波的透射与反射

爆轰波动量守恒方程为

$$p_{\mathrm{H}} = \rho_0 D_{\mathrm{H}} u_{\mathrm{H}} \tag{3-33}$$

由式(3-32)和式(3-33)可得

$$\frac{\rho_{m0}D_m}{\rho_0 D_{\mathrm{H}}} = \frac{p_m u_{\mathrm{H}}}{p_{\mathrm{H}} u_m} \tag{3-34}$$

式中：ρ_0、ρ_{m0} 分别为炸药和介质的原始密度；D_m 为介质中爆炸透射冲击波的初始速度。

如果爆轰产物中反射冲击波，则有 $p_x > p_{\mathrm{H}}$，即 $p_m > p_{\mathrm{H}}$；$u_x = u_{\mathrm{H}} - u_T$。因此 $u_m < u_{\mathrm{H}}$，$p_m u_{\mathrm{H}} > p_{\mathrm{H}} u_m$。

由式(3-34)，则有 $\frac{\rho_{m0}D_m}{\rho_0 D_{\mathrm{H}}} > 1$，即

$$\rho_{m0}D_m > \rho_0 D_{\mathrm{H}} \tag{3-35}$$

式中：$\rho_{m0}D_m$、$\rho_0 D_{\mathrm{H}}$ 分别为介质和炸药的冲击阻抗。式(3-35)表明，炸药与介质接触爆炸时，若介质的冲击阻抗大于炸药的冲击阻抗，则在产物中反射冲击波。

如果爆轰产物中反射稀疏波，则有 $p_x < p_{\mathrm{H}}$，即 $p_m < p_{\mathrm{H}}$；$u_x = u_{\mathrm{H}} + u_T$。因此 $u_m > u_{\mathrm{H}}$，$p_m u_{\mathrm{H}} < p_{\mathrm{H}} u_m$。

由式(3-34)，则有

$$\rho_{m0}D_m < \rho_0 D_{\mathrm{H}} \tag{3-36}$$

该式表明，若介质的冲击阻抗小于炸药的冲击阻抗时，则在产物中反射稀疏波。

如果爆轰产物中没有反射波时，则有 $p_x = p_m = p_{\mathrm{H}}$，$u_m = u_{\mathrm{H}}$。因此

$$p_m u_{\mathrm{H}} = p_{\mathrm{H}} u_T$$

由式(3-34)，则有

$$\rho_{m0}D_m = \rho_0 D_{\mathrm{H}} \tag{3-37}$$

这表明当介质的冲击阻抗等于炸药的冲击阻抗时不产生反射波。

但是，用冲击阻抗来判断反射波的性质，需要知道爆轰波与介质作用时，介质中冲击波初始速度 D_m。而人们常常需要在遇到一种介质时，就可以判断当炸药与其接触爆炸时将反射什么波，以便确定介质中的冲击波初始参数。一般情况下可以这样判断：如果介质的密度大大超过爆轰波 CJ 产物的密度时，则在爆轰产物中反射冲击波；反之，则反射稀疏波。例如，炸药与钢、铜、铝等金属以及其他高密度的固体材料接触爆炸时，产物中反射冲击波；与空气、水以及其他低密度介质作用时，则反射稀疏波。

当确定反射波的性质之后，利用透射冲击波和反射波的基本关系式，以及爆轰产物与介质界面的连续条件，便可以求解介质中爆炸冲击波的初始参数。

3.4　爆轰波垂直入射时介质参数计算

3.4.1　爆轰波垂直入射的两种类型

1. 爆轰产物中反射冲击波的情况

爆轰波垂直入射到与炸药相邻的介质时，若界面处压力高于炸药爆轰压力，

则介质中形成冲击波,爆轰产物中也反射回冲击波,该情况下波系和分界面前、后压力的分布如图 3-9 所示。图中(0)区、(m_0)区分别为未爆炸药和相接触介质,(1)区为爆轰波后爆轰产物区,(x)区为反射冲击波后爆轰产物区,(m)区为介质中冲击波后的区域,(x)区和(m)区之间存在着分隔爆轰产物和介质的运动界面。

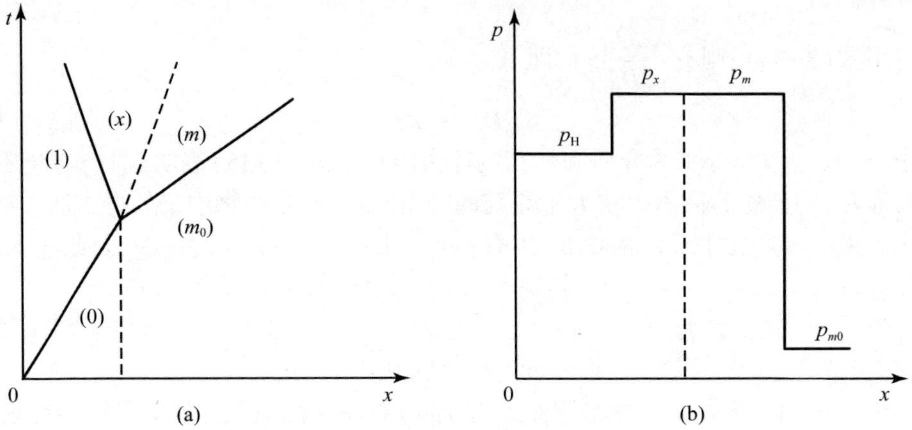

图 3-9　爆轰波向介质的垂直入射

(a) 波的传播;(b) 压力传播。

由于爆轰产物中反射冲击波的传播方向与波前质点速度 u_H 的方向相反,并且波后质点速度 u_x 以正向表示,即波后质点速度 u_x 也与反射冲击波传播方向相反。按照冲击波前、后参数表达式,考虑到质点运动方向,波前、后质点速度增加量

$$(-u_x)-(-u_H)=\sqrt{(p_x-p_H)(v_H-v_x)} \tag{3-38}$$

式中:v_H、v_x 为反射冲击波前、后爆轰产物比容。反射冲击波前、后的压力和比容的关系通过冲击波 Hugoniot 方程以及状态方程求得,并且反射冲击波前、后爆轰产物皆处于剧烈的压缩状态。采用凝聚体状态方程,冲击波 Hugoniot 方程和状态方程分别为

$$e_x-e_H=\frac{1}{2}(p_x+p_H)(v_H-v_x) \tag{3-39}$$

$$p=\frac{A}{v^k}$$

$$e=\frac{A}{(k-1)v^{k-1}} \tag{3-40}$$

由式(3-40)得出内能与压力和比容的关系 $e=\frac{pv}{k-1}$,将之代入式(3-39)

$$\frac{p_xv_x}{k-1}-\frac{p_Hv_H}{k-1}=\frac{1}{2}(p_x+p_H)(v_H-v_x)$$

该式两端同乘以$\dfrac{k-1}{p_H v_H}$,得

$$\frac{p_x v_x}{p_H v_H} - 1 = \frac{k-1}{2}\left(\frac{p_x}{p_H} + 1\right)\left(1 - \frac{v_x}{v_H}\right)$$

以$\dfrac{v_x}{v_H}$为参量进行组合,整理出$\dfrac{v_x}{v_H}$的表达式

$$\frac{v_x}{v_H} = \frac{(k-1)\dfrac{p_x}{p_H} + k + 1}{(k+1)\dfrac{p_x}{p_H} + k - 1} \tag{3-41}$$

将式(3-41)代入式(3-38),得到

$$u_x = u_H - \left\{p_H v_H\left(\frac{p_x}{p_H} - 1\right)\left[1 - \frac{(k-1)\dfrac{p_x}{p_H} + k + 1}{(k+1)\dfrac{p_x}{p_H} + k - 1}\right]\right\}^{\frac{1}{2}}$$

代入 $u_H = \dfrac{D}{k+1}$,$p_H v_H = \dfrac{1}{k+1}\rho_0 D^2 \dfrac{k}{k+1} v_0 = \dfrac{k}{(k+1)^2} D^2$,上式整理为

$$u_x = \frac{D}{k+1}\left[1 - \frac{\dfrac{p_x}{p_H} - 1}{\left(\dfrac{k+1}{2k}\dfrac{p_x}{p_H} + \dfrac{k-1}{2k}\right)^{\frac{1}{2}}}\right] \tag{3-42}$$

此方程从爆轰产物方面描述了 u_x 和 p_x 的关系。

另一方面,对于传入冲击波的介质,用 p_{m0},v_{m0} 表示冲击波前介质的压力和比容,用 p_m,v_m 表示冲击波后介质的压力和比容,u_m 表示冲击波后介质的质点速度。按照波后质点速度公式,且取 $p_{m0} = 0$,则有

$$u_m = \sqrt{p_m(v_0 - v_m)} \tag{3-43}$$

若已知介质高压状态方程 $p_m = f(v_m)$,则就能够从介质方面描述 u_m 和 p_m 的关系。

按照界面连续条件

$$p_x = p_m, u_x = u_m$$

通过式(3-42)和式(3-43)两式(包括介质的高压状态方程),则可以确定介质冲击波后的压力和质点速度。

介质中冲击波的传播速度 D_s,按冲击波公式求出

$$D_s = v_{m0}\sqrt{\frac{p_m}{v_{m0} - v_m}} \tag{3-44}$$

爆轰产物中反射冲击波的速度 D_2，由下式求出

$$D_2 = u_H - v_H\sqrt{\frac{p_x - p_H}{v_H - v_x}} = u_H - \sqrt{\frac{p_H v_H\left(\frac{p_x}{p_H} - 1\right)}{1 - \frac{v_x}{v_H}}}$$

代入 $u_x = u_H = \frac{D}{k+1}$，$p_H v_H = \frac{k}{k+1}D^2$ 以及式(3-41)，得

$$D_2 = \frac{D}{k+1}\left\{1 + \sqrt{\frac{k}{2}\left[(k+1)\frac{p_x}{p_H} + k + 1\right]}\right\} \tag{3-45}$$

2. 爆轰产物中反射膨胀波的情况

爆轰波垂直入射到与炸药相邻的介质时，若界面处压力低于炸药爆轰压力，则介质中形成冲击波，爆轰产物中反射回膨胀波，该情况下的波系和分界面前、后压力的分布如图 3-10 所示。图 3-10 中(0)、(1)、(m_0)、(m)各区的含义与图 3-9 中对应各区相同；图 3-10 中爆轰产物传入反射膨胀波的区域是左传简单波区，该区波头与(1)区相接，该区波尾是爆轰产物和介质的分界面。

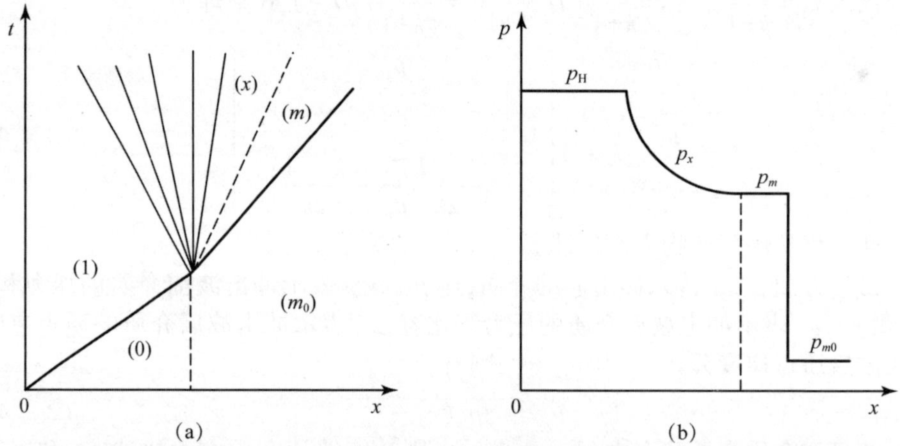

图 3-10　爆轰产物中反射冲击波

(a) 波的传播；(b) 压力的传播。

膨胀波区的参数是不断变化的，按照左传膨胀波传播过程的动量守恒方程

$$dp = -\rho c du$$

用 $u_x = u_x$ 表示分界面处爆轰产物的速度，p_x 表示分界面处爆轰产物的压力，通过整个膨胀波区速度的变化量

$$u_x - u_H = -\int_{p_H}^{p_x}\frac{dp}{\rho c} \tag{3-46}$$

膨胀波区内参数变化符合等熵关系,即

$$\frac{\rho}{\rho_{\mathrm{H}}}=\left(\frac{p}{p_{\mathrm{H}}}\right)^{\frac{1}{k}},\frac{c}{c_{\mathrm{H}}}=\left(\frac{p}{p_{\mathrm{H}}}\right)^{\frac{k-1}{2k}}$$

且代入 $\rho_{\mathrm{H}}=\dfrac{k+1}{k}\rho_0, c_{\mathrm{H}}=\dfrac{k}{k+1}D$,得

$$\rho c=\rho_0 D\left(\frac{p}{p_{\mathrm{H}}}\right)^{\frac{k+1}{2k}}$$

将之代入式(3-46)进行积分

$$u_x=u_{\mathrm{H}}=-\frac{1}{\rho_0 D}\int_{p_{\mathrm{H}}}^{p_x}\left(\frac{p}{p_{\mathrm{H}}}\right)^{-\frac{k+1}{2k}}\mathrm{d}p=u_{\mathrm{H}}-\frac{2kD}{k^2-1}\left[1-\left(\frac{p_x}{p_{\mathrm{H}}}\right)^{\frac{k-1}{2k}}\right]$$

代入 $u_{\mathrm{H}}=\dfrac{D}{k+1}$,得到

$$u_x=\frac{D}{k+1}\left\{1+\frac{2k}{k-1}\left[1-\left(\frac{p_x}{p_{\mathrm{H}}}\right)^{\frac{k-1}{2k}}\right]\right\} \tag{3-47}$$

此方程从爆轰产物方面描述了 u_x 和 p_x 的关系。

另一方面,对于传入冲击波的介质,波后质点速度

$$u_m=\sqrt{p_m(v_{m0}-v_m)} \tag{3-48}$$

同样若已知高压状态方程 $p_m=f(v_m)$,则能够从介质方面描述 u_m 和 p_m 的关系。按照界面连续条件 $p_x=p_m, u_x=u_m$,通过式(3-47)、式(3-48)以及介质高压状态方程,可以确定介质冲击波后的压力和质点速度。介质中冲击波传播速度 D_s,同样由式(3-44)求出。

3.4.2 几种介质中爆炸冲击波计算

对于爆轰波垂直入射到相邻介质问题的计算,必须判别属于哪种类型。当然,爆轰产物中反射波性质是比较界面处压力和炸药爆轰压力的大小,或者比较炸药与介质冲击阻抗的大小,然而计算前界面处压力和介质中冲击波速度都是未知的,无法进行比较。较为粗糙的方法是比较炸药和介质的密度,不过这只有在二者密度相差较大的情况下才适宜,如果介质密度比炸药密度大的很多,这时介质的冲击阻抗远大于炸药的冲击阻抗,在爆轰产物中将反射回冲击波,大部分金属属于这种情况;如果介质密度比炸药密度小的很多,这时介质的冲击阻抗远小于炸药的冲击阻抗,在爆轰产物中将反射回膨胀波,例如水和空气就属于这种情况。对于二者密度相差不大的情况,只能通过反复计算确定。

1. 金属介质

爆轰波垂直入射的相邻介质是金属材料时,多属于爆轰产物反射冲击波的情

况，问题用式(3-42)、式(3-43)以及介质的状态方程联合求解。

固体材料在冲击波作用之后处于高压状态，固体在高压条件下的状态方程与常压状态方程完全不同，此处仅采用较为简单的经验性方程（具体固体高压状态方程见本书第四章）。对于金属材料，经常采用经验状态方程

$$p_m = A\left[\left(\frac{\rho_m}{\rho_{m0}}\right)^n - 1\right] \tag{3-49}$$

式中：A、n 是通过实验确定的材料经验常数，几种材料的 A、n 值如表 3-1 所列。将方程式(3-49)代入方程式(3-43)，得到从介质方面描述冲击波后质点速度和压力之间关系的表达式

$$u_m = \left\{\frac{p_m}{\rho_{m0}}\left[1 - \left(\frac{p_m}{A} + 1\right)^{-\frac{1}{n}}\right]\right\}^{\frac{1}{2}} \tag{3-50}$$

利用 $p_x = p_m$，$u_x = u_m$，联立式(3-42)、式(3-50)两个方程，即可解出介质冲击波后的压力和质点速度。

表 3-1 几种材料的 A、n 值

材料	$\rho_{m0}/(\mathrm{g\cdot cm^{-3}})$	A/GPa	n	适用范围
铍	1.85	36.77	3.2	$p \leqslant 35$GPa
硬铝	2.78	19.32	4.2	$p \leqslant 70$GPa
铁	7.84	21.08	5.5	$p = (25 \sim 100)$GPa
铜	8.90	29.60	4.8	$p \leqslant 70$GPa
铝	11.34	8.43	5.3	$p \leqslant 50$GPa
金	19.30	30.98	5.7	$p \leqslant 70$GPa
铂	21.37	52.85	5.3	$p \leqslant 50$GPa

对于金属材料，还经常采用冲击波速度 D_s 和质点速度 u_m 之间呈线性关系的经验式

$$D_s = a + bu_m \tag{3-51}$$

式中：a、b 是材料冲击压缩经验常数。

将该经验关系代入冲击波动量守恒方程 $p_m = \rho_{m0} D_s u_m$ 中，得到

$$p_m = \rho_{m0}(a + bu_m)u_m \tag{3-52}$$

该式是 p-v 形式的冲击波 Huoniot 方程，它描述了通过冲击波压缩之后介质压力和质点速度的关系，用这个方程可以代替式(3-43)和介质 p—ρ 形式状态方程两个方程式。因而联立式(3-42)和式(3-52)两个方程，同样可以求出介质冲击波后压力和质点速度。

2. 水介质

炸药在水中爆轰时，由于水的冲击阻抗小于炸药的冲击阻抗，因而炸药爆炸

后在水中产生冲击波,在爆轰产物中反射回膨胀波。问题用式(3-47)、式(3-48)以及水的状态方程联合求解。

水介质也经常采用式(3-49)形式的经验状态方程和式(3-51)形式的冲击压缩经验方程。若采用式(3-49)形式的经验状态方程,水中冲击波后质点速度与压力之间的关系仍为

$$u_m = \left\{\frac{p_m}{\rho_{m0}}\left[1 - \left(\frac{p_m}{A} + 1\right)^{-\frac{1}{n}}\right]\right\}^{\frac{1}{2}} \tag{3-53}$$

式中:$A = 0.229\text{GPa}$,$n = 7.15$。利用 $p_x = p_m$,$u_x = u_m$,联立式(3-47)、式(3-53)两个方程,求解水中冲击波所达到的压力和波后质点速度。

3. 空气介质

炸药爆炸对于空气更是属于介质冲击阻抗低于炸药冲击阻抗的情况。不同之处在于,空气的密度很低,爆轰产物达到与空气相接触的界面需要剧烈膨胀,以至在整个膨胀过程中不能再将膨胀指数视为常数,也就是说爆轰产物从爆轰波界面压力 p_H 膨胀到空气冲击波初始压力 p_x 的过程不是等熵过程,精确计算爆炸在空气中形成的冲击波比较困难。

为了实际计算爆炸在空气中所形成的冲击波,经常采用近似的方法,近似方法将爆轰产物膨胀过程分成两个阶段:

第一阶段,爆轰产物压力由 p_H 膨胀至所谓临界压力 p_r,在此阶段中膨胀指数 k 保持不变,产物膨胀遵循规律

$$p_H v_H^k = p_\gamma v_\gamma^k \tag{3-54}$$

第二阶段,爆轰产物压力由 p_γ 膨胀至空气冲击波初始压力 p_x,在此阶段中膨胀指数 γ 保持不变,产物膨胀遵循规律

$$p_r v_r^\gamma = p_x v_x^\gamma \tag{3-55}$$

式中:通常取 $k=3$,$\gamma = 1.2 \sim 1.4$。

爆轰产物临界压力 p_r 和比容 v_r 可以按下列方法确定。由爆轰波 Hugoniot 方程

$$\frac{p_H v_H}{k-1} - \frac{p_r v_r}{k-1} + \Delta Q = \frac{1}{2} p_H (v_0 - v_H) + Q_v$$

式中:ΔQ 为爆轰产物由 p_H、v_H 状态膨胀至 p_r、v_r 状态的剩余能量;Q_v 为炸药的定容爆热。

计算表明$\frac{p_r v_r}{k-1}$与$\frac{p_H v_H}{k-1}$相比,可以略去。且代入

$$p_H = \frac{\rho_0}{k+1} D^2, v_H = \frac{v_0}{k+1}$$

得

$$\Delta Q = Q_v - \frac{D^2}{2(k^2 - 1)}$$

在临界压力 p_r 之下，将爆轰产物作为理想气体处理

$$p_r v_r = RT_r$$

且 $T_r = \frac{\Delta Q}{c_v}$，又 $c_v = \frac{R}{\gamma - 1}$，代入上式得

$$p_r v_r = (\gamma - 1)\left[Q_v - \frac{D^2}{2(k^2 - 1)}\right] \tag{3-56}$$

联立式(3-54)、式(3-56)二式，解得

$$p_r = \left\{\frac{(\gamma - 1)^k\left[Q_v - \frac{D^2}{2(k-1)}\right]^k}{p_{\mathrm{H}} v_{\mathrm{H}}^k}\right\}^{\frac{1}{k-1}}$$

$$v_r = \left\{\frac{p_{\mathrm{H}} v_{\mathrm{H}}^k}{(\gamma - 1)\left[Q_v - \frac{D^2}{2(k^2 - 1)}\right]}\right\}^{\frac{1}{k-1}}$$

代入 p_{H}、v_{H} 后整理为

$$p_r = \rho_0 D^2 (k+1)^{\frac{k+1}{k-1}}\left\{\frac{\gamma - 1}{k}\left[\frac{Q_v}{D^2} - \frac{1}{2(k^2 - 1)}\right]\right\}^{\frac{k}{k-1}} \tag{3-57}$$

$$v^r = \frac{1}{\rho_0}\left[\frac{k^k}{(k+1)^{(k+1)}}\right]^{\frac{k}{k-1}}\left[\frac{Q_v}{D^2} - \frac{1}{2(k^2 - 1)}\right]^{\frac{1}{k-1}} \tag{3-58}$$

当求得 p_r, v_r 后，可以采用分段积分的方法处理膨胀区内产物的变化。按照左传膨胀波区内质点速度与状态参数之间关系

$$\int_{u_{\mathrm{H}}}^{u_x} \mathrm{d}u = -\left(\int_{c_{\mathrm{H}}}^{c_r} \frac{2}{k-1}\mathrm{d}c + \int_{c_r}^{c_x} \frac{2}{\gamma - 1}\mathrm{d}c\right)$$

式中：k、γ 在对应区间范围内是常数，故

$$u_x = u_{\mathrm{H}} + \frac{2c_{\mathrm{H}}}{k-1}\left(1 - \frac{c_r}{c_{\mathrm{H}}}\right) + \frac{2c_r}{\gamma - 1}\left(1 - \frac{c_x}{c_r}\right)$$

代入 $u_{\mathrm{H}} = \frac{D}{k+1}$，$c_{\mathrm{H}} = \frac{k}{k+1}D$，以及 $\frac{c_r}{c_{\mathrm{H}}} = \left(\frac{p_r}{p_{\mathrm{H}}}\right)^{\frac{k-1}{2k}}$，$\frac{c_x}{c_r} = \left(\frac{p_x}{p_r}\right)^{\frac{\gamma-1}{2\gamma}}$，整理得

$$u_x = \frac{D}{k+1}\left\{1 + \frac{2k}{k-1}\left[1 - \left(\frac{p_r}{p_{\mathrm{H}}}\right)^{\frac{k-1}{2k}}\right]\right\} + \frac{2c_r}{\gamma - 1}\left[1 - \left(\frac{p_x}{p_r}\right)^{\frac{\gamma-1}{2\gamma}}\right] \tag{3-59}$$

式中：临界声速 $c_r = c_{\mathrm{H}}\left(\frac{p_r}{p_{\mathrm{H}}}\right)^{\frac{k-1}{2k}}$。

对于爆炸产生的空气冲击波,采用强冲击波公式

$$u_m = \sqrt{\frac{2}{\gamma_m + 1}\frac{p_m}{\rho_{m0}}} \tag{3-60}$$

式中:γ_m 为空气的等熵指数,可取 $\gamma_m = 1.2$;ρ_{m0} 为未扰动空气的密度。

按照界面连续条件 $p_x = p_m, u_x = u_m$,通过式(3-59)和式(3-60)二式可以确定空气冲击波波后压力和质点速度。空气冲击波速度

$$D_s = \frac{\gamma_m + 1}{2}u_m \tag{3-61}$$

3.5　爆轰波斜入射介质中冲击波参数计算

当爆轰波波阵面与介质表面成一定角度向介质传播时,将发生爆轰波对介质的斜冲击现象。诸如,较粗圆筒的装药,由端面一点引爆时对圆筒筒壁的冲击;铺在平板上的炸药,当由侧面某点引爆时对平板的冲击,实际上都属于此类问题。斜爆轰波传播到与炸药相接触的介质表面,向介质中传入一个斜冲击波,同时也向爆轰产物反射回来一个斜反射波,斜反射波可能是冲击波,也可能是膨胀波,其性质不仅与炸药、介质的物理特性有关,并且还与斜爆轰波的入射角度有关。另外,即使在爆轰产物内反射回斜冲击波,还有正规斜反射和非正规斜反射之分,其情况比爆轰波对介质垂直入射以及爆轰波对刚性壁面的斜反射问题都要复杂得多。下面分正规斜反射、非正规斜反射和反射膨胀波三种情况进行讨论。

3.5.1　爆轰波正规斜反射

为研究问题方便,把坐标原点取在爆轰波与介质界面相接触的点上,其流动过程如图 3-11 所示。OI 为斜爆轰波波阵面,OI 与相接触介质界面夹角为 φ_0;OR 为返回爆轰产物中斜反射冲击波的波阵面,OR 与介质初始界面的夹角 φ_2;OT 为传入介质中的斜透射冲击波波阵面,OT 与介质初始界面的夹角为 φ_3;介质在爆轰产物作用下发生变形,介质移动后的界面与介质初始界面之间的夹角为 δ。这样,斜爆轰波、斜反射冲击波、斜透射冲击波和界面把整个图形分成五个区域:(0)区为未爆炸药;(1)区为斜爆轰波后爆轰产物区;(2)区为反射冲击波后爆轰产物区;(m_0)区为初始介质;(m)区为透射冲击波后介质受到扰动的区域。

(1)区和(0)区之间由斜爆轰波相联系,通过爆轰波关系和切向速度不变条件,可以确定(1)区参数,(2)区通过斜冲击波关系可以利用(1)区参数和 φ_2 表示,(m)区通过斜冲击波关系可以利用(m_0)区和 φ_3 表示,(2)区和(m)区之间存在界面连续条件,从而确定(2)区和(m)区的参数。

1. (1)区参数

(1)区是斜爆轰波后的区域。斜爆轰波可以视作与斜爆轰波法向速度相同的

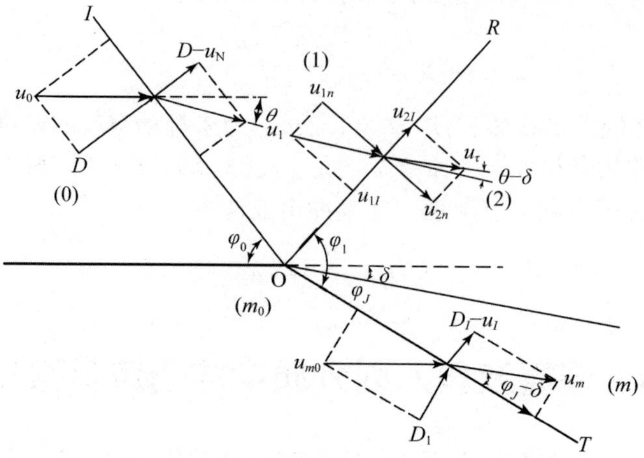

图 3-11 爆轰波的正规斜反射

正爆轰波和与斜爆轰波切向速度相同的均匀流动叠加而成,斜爆轰波后区域的状态参数与正爆轰波后区域的状态参数相同,斜爆轰波后的区域质点速度的大小和方向与斜爆轰波波阵面的角度有关。(1)区状态参数为爆轰波参数

$$p_1 = p_H = \frac{1}{k+1}\rho_0 D^2$$

$$\rho_1 = \rho_H = \frac{k+1}{k}\rho_0$$

$$c_1 = c_H = \frac{k}{k+1}D$$

(1)区流动速度为斜爆轰波后法向质点速度 $D-u_H=\dfrac{k}{k+1}D$ 和斜爆轰波切向速度$\dfrac{D}{\tan\varphi_0}$的合成,(1)区流动速度和流动折转角分别为

$$q_1 = D\sqrt{\left(\frac{k}{k+1}\right)^2 + \cot^2\varphi_0}$$

$$\tan\theta = \frac{\tan\varphi_0}{1 + k(1 + \tan^2\varphi_0)}$$

流动速度用无量纲参数表示,(1)区 Mach 数

$$M_1 = \frac{q_1}{c_1} = \sqrt{1 + \frac{k+1}{k}\cot^2\varphi_0}$$

当给定炸药装药密度、爆速和绝热指数后,对于确定入射角的斜爆轰波,可以通过以上各式计算出斜爆轰波后区域参数。

2. (2)区参数

(2)区是斜反射冲击波后的区域,斜冲击波也可以视作正冲击波和均匀切向流动的叠加。(1)区流动方向与斜冲击波波阵面的夹角为 $\varphi_2+\theta$;(2)区流动满足平行于介质界面的条件,其流动方向与斜冲击波波阵面的夹角为 $\varphi_2+\delta$。

对于斜反射冲击波的法向流动,采用基本守恒方程

$$\rho_1 u_{1n} = \rho_2 u_{2n}$$

$$p_2 - p_1 = \rho_1 u_{1n}(u_{1n} - u_{2n})$$

$$e_2 - e_1 = \frac{1}{2}(p_2 + p_1)(v_1 - v_2)$$

以及状态方程

$$p = Av^{-k}$$

$$e = \frac{A}{k-1}v^{-k+1}$$

式中:u_{1n}、u_{2n} 为 u_1、u_2 相对于斜反射冲击波波阵面的法向速度分量。仍然取(2)区的 k 值与(1)区 k 值相同,且运用 $u_{1n}=q_1\sin(\varphi_2+\theta)$ 以及 $p_1=p_H$,$\rho_1=\rho_H$,$c_1=c_H$,$e_1=e_H$,$M_1=\frac{q_1}{c_H}$由上述方程可以得到

$$u_{2n} = \frac{\rho_H}{\rho_2}q_1\sin(\varphi_2 + \theta) \tag{3-62}$$

$$\frac{p_2}{p_H} = \frac{2k}{k+1}M_1^2\sin^2(\varphi_2 + \theta) - \frac{k-1}{k+1} \tag{3-63}$$

$$\frac{\rho_2}{\rho_H} = \frac{(k+1)M_1^2\sin^2(\varphi_2 + \theta)}{(k-1)M_1^2\sin^2(\varphi_2 + \theta) + 2} \tag{3-64}$$

对于(2)区流动速度,相对于斜反射冲击波波阵面的切向分量 $u_{2\tau}=u_{1\tau}=q_1\cos(\varphi_2+\theta)$,该式与式(3-62)合并 ,得到

$$q_2 = u_{1\tau}^2 + u_{2\tau}^2 = q_1\sqrt{1 - \left[1 - \left(\frac{\rho_H}{\rho_2}\right)^2\right]\sin^2(\varphi_2 + \theta)}$$

将式(3-64)代入,整理得

$$q_2 = q_1\sqrt{1 - \frac{4[kM_1^2\sin^2(\varphi_2 + \theta) + 1][M_1^2\sin^2(\varphi_2 + \theta) - 1]}{(k+1)^2M_1^4\sin^2(\varphi_2 + \theta)}}$$

按照斜反射波前、后切向速度相等的条件,以及质量守恒关系,有

$$\tan(\varphi_2 + \delta) = \frac{\rho_H}{\rho_2}\tan(\varphi_2 + \theta) \tag{3-65}$$

运用三角函数公式

$$\tan(\varphi_2+\theta)=\frac{\tan\varphi_2+\tan\delta}{1-\tan\varphi_2\tan\delta}$$

代入式(3-65),且应用式(3-64),得出界面折转角 δ 的表达式

$$\tan\delta=\frac{(k-1)\sin(\varphi_2+\theta)-(k+1)\cos(\varphi_2+\theta)\tan\varphi_2+\dfrac{2}{M_1^2\sin^2(\varphi_2+\theta)}}{(k-1)\sin(\varphi_2+\theta)\tan\varphi_2+(k+1)\cos(\varphi_2+\theta)+\dfrac{2\tan\varphi_2}{M_1^2\sin^2(\varphi_2+\theta)}} \tag{3-66}$$

变换三角函数

$$\tan(\varphi_2+\delta)=\tan[(\varphi_2+\theta)-(\theta-\delta)]=\frac{\tan(\varphi_2+\theta)-\tan(\theta-\delta)}{1-\tan(\varphi_2+\theta)\tan(\theta-\delta)}$$

代入式(3-65),且应用式(3-64),得出斜反射波后流动折转角($\theta-\delta$)的表达式

$$\tan(\theta-\delta)=\frac{[M_1^2\sin^2(\varphi_2+\theta)-1]\cot(\varphi_2+\theta)}{M_1^2\left[\dfrac{k+1}{2}-\sin^2(\varphi_2+\theta)\right]+1} \tag{3-67}$$

从式(3-67)可以看出,(2)区参数以及界面折转角 δ 皆是(1)区参数和斜反射冲击波倾斜角 φ_2 的函数。由于(1)区参数已经求出,因而求解(2)区参数的关键在于确定 φ_2。

3. (m)区参数

(m)区是介质中斜透射冲击波后的区域,斜透射冲击波与介质初始界面的夹角为 φ_3。在碰撞点不动的坐标系中,斜透射冲击波前、后的状态可以视作(m_0)区介质平行于初始界面以速度 u_{m_0} 向斜透射冲击波运动,(m)区介质平行于移动后的界面以速度 q_m 进行运动,(m_0)区流动方向与斜透射冲击波的夹角 φ_3,(m)区流动方向与斜透射冲击波的夹角为($\varphi_3-\delta$)。由于整个流动是定型流动,$q_{m_0}=q_0=\dfrac{D}{\sin\varphi_0}$。斜透射冲击波的法向速度

$$D_s=q_{m0}\sin\varphi_3=\frac{D\sin\varphi_3}{\sin\varphi_0} \tag{3-68}$$

对于透射冲击波波阵面法向流动,采用质量守恒、动量守恒和冲击压缩经验关系式

$$\rho_{m0}D_s=\rho_m(D_s-u_s)$$
$$p_m=\rho_{m0}D_su_s$$
$$D_s=a+bu_s$$

式中:a、b 是材料冲击压缩经验常数;u_s 是斜透射冲击波前、后法向速度变化量,当

冲击波在静止介质中传播时,波后质点速度的法向分量 u_s。

由质量守恒和冲击压缩关系

$$\frac{\rho_{m0}}{\rho_m}=1-\frac{u_s}{D_s}=1-\frac{1}{b}\left(1-\frac{a}{D_s}\right)$$

代入式(3-68)得

$$\frac{\rho_{m0}}{\rho_m}=1-\frac{1}{b}\left(1-\frac{a\sin\varphi_0}{D\sin\varphi_3}\right) \tag{3-69}$$

由动量守恒和冲击压缩关系

$$p_m=\frac{\rho_{m0}D_s}{b}(D_s-a)$$

代入式(3-68)得

$$p_m=\frac{\rho_{m0}D^2\sin\varphi_3}{b\sin\varphi}\left(\frac{\sin\varphi_3}{\sin\varphi_0}-\frac{a}{D}\right) \tag{3-70}$$

对于斜透射冲击波波阵面法向流动,符合切向速度不变的条件。按照切向速度 $D_s\tan\varphi_3$ 和法向速度 D_s-u_s 的合成,(m)区流动速度

$$q_m=\sqrt{(D_s-u_s)^2+D_s\cot^2\varphi_3}$$

代入质量守恒关系

$$q_m=D_s\sqrt{\left(\frac{\rho_{m0}}{\rho_m}\right)^2+\cot^2\varphi_3}$$

再代入式(3-68)、式(3-69),得

$$q_m=\frac{D\sin\varphi_3}{b\sin\varphi_0}\left[\left(b-1+\frac{a\sin\varphi_0}{D\sin\varphi_3}\right)^2+b^2\cot^2\varphi_3\right]^{\frac{1}{2}}$$

按照斜透射冲击波前、后速度几何关系

$$\frac{D_s}{\tan\varphi_3}=\frac{D_s-u_s}{\tan(\varphi_3-\delta)}$$

代入质量守恒关系

$$\tan(\varphi_3-\delta)=\frac{\rho_{m0}}{\rho_m}\tan\varphi_3$$

运用三角函数变换,且代入式(3-69),得(m)区界面折转角

$$\tan\delta=\frac{\left(1-\dfrac{a\sin\varphi_0}{D\sin\varphi_3}\right)\tan\varphi_3}{b+\left(b-1+\dfrac{a\sin\varphi_0}{D\sin\varphi_3}\right)\tan^2\varphi_3} \tag{3-71}$$

从以上各式看出,(m)区参数以及界面折转角 d 皆是炸药、介质初始参数和斜

透射冲击波与初始界面夹角 φ_3 的函数,因而求解(m)区参数的关键在于确定 φ_3。

4. (2)区和(m)区求解

斜反射冲击波后的(2)区和斜透射冲击波后的(m)区,在分界面上满足压力相等、流动方向一致的条件。按照式(3-63)和式(3-70)

$$\frac{p_{\mathrm{H}}}{k+1}[2kM_1^2\sin^2(\varphi_2+\theta)-k+1]=\frac{\rho_{m0}D^2\sin\varphi_3}{b\sin\varphi_0}\left(\frac{\sin\varphi_3}{\sin\varphi_0}-\frac{a}{D}\right)$$

代入 $p_{\mathrm{H}}=\frac{1}{k+1}\rho_0D^2$,该式整理为

$$\sin^2(\varphi_2+\theta)=\frac{1}{2kM_1^2}\left[\frac{\rho_{m0}(k+1)^2\sin\varphi_3}{\rho_0 b\sin\varphi_0}\left(\frac{\sin\varphi_3}{\sin\varphi_0}-\frac{a}{D}\right)+k-1\right]\quad(3-72)$$

按照式(3-66)和式(3-71)

$$\frac{(k-1)\sin(\varphi_2+\theta)-(k+1)\cos(\varphi_2+\theta)\tan\varphi_2+\dfrac{2}{M_1^2\sin(\varphi_2+\theta)}}{(k-1)\sin(\varphi_2+\theta)\tan\varphi_2+(k+1)\cos(\varphi_2+\theta)+\dfrac{2\tan\varphi_2}{M_1^2\sin(\varphi_2+\theta)}}$$

$$=\frac{\left(1-\dfrac{a\sin\varphi_0}{D\sin\varphi_3}\right)\tan\varphi_3}{b+\left(b-1+\dfrac{a\sin\varphi_0}{D\sin\varphi_3}\right)\tan^2\varphi_3}\quad(3-73)$$

方程式(3-72)、式(3-73)二式,只含有 φ_2、φ_3 两个未知数,可以联立求解。由于方程比较复杂,具体计算时采用试探解法:先假设一个 φ_3,代入式(3-72)计算出 φ_2,然后将 φ_2 代入式(3-73)左端,将 φ_3 代入式(3-73)右端,分别进行计算,看两端计算结果是否相等,若相等则 φ_2、φ_3 为所求,若不相等则必须重复上述计算,直至式(3-73)两端计算结果相等(或在允许误差范围之内)为止。求出 φ_2、φ_3 后,代入以上各式可以求出爆轰波正规斜反射时介质中冲击波的初始参数。

3.5.2 爆轰波非正规斜反射

仍然把坐标原点取在爆轰波与介质界面相接触的点上,其流动过程如图 3-12 所示。

OI 斜爆轰波波阵面,OI 与相接触介质界面夹角为 φ_0;$O'R$ 为斜反射冲击波波阵面,$O'R$ 与介质初始界面的夹角为 φ_2;OO'为马赫杆,马赫杆是弯曲面,在三波点 O'处与爆轰波波阵面相一致,在碰撞点 O 处垂直于介质初始界面;OT 为斜透射冲击波波阵面,OT 与介质初始界面的夹角为 φ_3;介质在爆轰产物作用下发生变形,介质移动后的界面与介质初始界面之间的夹角为 δ,在三波点 O'后存在一道旋涡面,旋涡面的方向与斜反射冲击波后的流动方向一致,但是与介质移动后的界面

方向不一致。这样,斜爆轰波、斜反射冲击波、马赫杆、斜透射冲击波以及界面和旋涡面把整个图形分成六个区域:(0)区为未爆炸药;(1)区为斜爆轰波后爆轰产物区;(2)区为斜反射冲击波后爆轰产物区;(3)区为马赫杆后过度压缩爆轰产物区;(m_0)区为初始介质;(m)区为斜透射冲击波后介质扰动的区域。

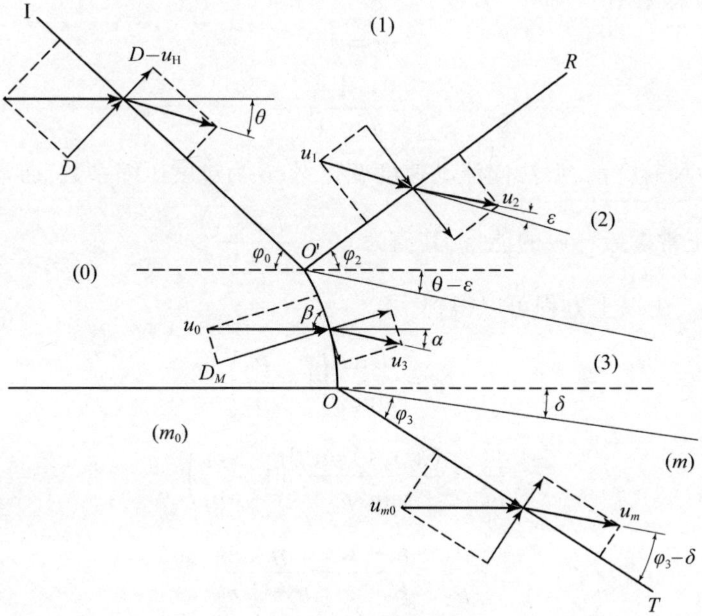

图 3-12　爆轰波的非正规反射

(1)区参数和(1)区流动折转角,可以通过斜爆轰波用爆轰波参数和 φ_0 进行确定;(2)区参数和(2)区流动折转角,通过斜反射冲击波用(1)区参数和 φ_2 表示;(m)区参数和(m)区流动折转角,通过斜反射冲击波用(m_0)区参数和 φ_3 表示;这些规律皆与爆轰波正规斜反射时相同。(2)区流动方向和(m)区的流动方向不再相同,必须用马赫杆后过度压缩的(3)区把(2)区和(m)区联系起来,才能求解。

马赫杆 $O'O$ 是弯曲面,它与介质初始界面方向间夹角为 β,β 角是变化的,在马赫杆不同位置上 β 角不相同。通过马赫杆后,(3)区爆轰产物流动方向相对波前流动折转 α 角,α 角也是变化的,在与(2)区相邻的旋涡面上,α 等于(2)区流动方向与介质初始界面方向的夹角,该夹角在爆轰波非正规反射条件下大于 δ;在与(m)区相邻的分界面上,α 等于界面折转角 δ。对于马赫杆法向的流动,波前法向速度

$$D_M = q_0 \sin\beta = \frac{D\sin\beta}{\sin\varphi_0}$$

基本方程

$$\rho_0 D_M = \rho_3 (D_M - u_M)$$

$$p_3 - p_0 = \rho_0 D_M u_M$$

$$e_3 - e_0 = \frac{1}{2}(p_3 + p_0)(v_0 - v_3) + \eta Q_v$$

状态方程采用

$$p = Av^{-k}$$

$$e = \frac{A}{k-1} v^{-k+1}$$

式中：u_M 为马赫杆前、后法向流动速度变化量；η 为过度压缩系数，通常取 $\eta=1.1\sim1.2$；Q_v 为正常爆轰释放的能量，其值为 $Q_v = \frac{p_H v_0}{2(k-1)}$。

略去 p_0，由以上方程可以得到

$$u_M = \frac{D\sin\beta}{\sin\varphi_0}\left(1 - \frac{\rho_0}{\rho_3}\right)$$

$$\frac{p_3}{p_H} = \frac{(k+1)\sin^2\beta}{\sin^2\varphi_0}\left(1 - \frac{\rho_0}{\rho_3}\right) \tag{3-74}$$

$$\frac{\rho_0}{\rho_3} = \frac{k-1}{k+1} + \frac{\eta}{k+1}\frac{p_H}{p_3} \tag{3-75}$$

联立式(3-74)、式(3-75)，得到用流动参数表示的压力比和密度比

$$\frac{p_3}{p_H} = \frac{\sin^2\beta}{\sin^2\varphi_0}\left(1 + \sqrt{1 - \frac{\eta\sin^2\varphi_0}{\sin^2\beta}}\right) \tag{3-76}$$

$$\frac{\rho_0}{\rho_3} = \frac{1}{k+1}\left(k - \sqrt{1 - \frac{\eta\sin^2\varphi_0}{\sin^2\beta}}\right) \tag{3-77}$$

(3)区流动速度，按照法向流动速度 $D_M - u_M$ 和切向流动速度 $D_M\cot$ 进行合成

$$u_3 = \sqrt{(D_M - u_M)^2 + D_M\cot^2\beta}$$

$$= \frac{D\sin\beta}{\sin\varphi_0}\left\{\left[\frac{1}{k+1}\left(k - \sqrt{1 - \frac{\eta\sin^2\varphi_0}{\sin^2\beta}}\right)\right] + \cot^2\beta\right\}^{\frac{1}{2}}$$

波后流动方向，按照切向速度相等条件以及质量守恒关系

$$\tan(\beta - \alpha) = \frac{\rho_0}{\rho_3}\tan\beta$$

代入式(3-77)，且进行三角函数变换，得到(3)区流动折转角 α 的表达式

$$\tan\alpha = \frac{\left(1 + \sqrt{1 - \frac{\eta\sin^2\varphi_0}{\sin^2\beta}}\right)\tan\beta}{1 + k + \left(k - \sqrt{1 - \frac{\eta\sin^2\varphi_0}{\sin^2\beta}}\right)\tan^2\beta} \tag{3-78}$$

从式(3-76)~式(3-78)四式可以看出,当k、φ_0以及η给出后,(3)区参数和(3)区流动折转角α皆是β的函数。在马赫杆不同位置,按照马赫杆倾斜角β可以确定(3)区相应位置的p_3,ρ_3,u_3和流动折转角α。

通过(3)区和(2)区以及(3)区和(m)区之间的界面条件,可以确定相应位置处的β角。在(3)区和(2)区之间的旋涡面上,(3)区压力和(2)区压力相等。(3)区流动方向和(2)区流动方向一致;在(3)区和(m)区之间的分界面上,(3)区压力和(m)区压力相等,(3)区流动方向和(m)区流动方向一致。由于爆轰波入射问题主要在于研究介质中冲击波的初始参数,因而只研究(3)区和(m)区相邻界面上的情况,按照式(3-70)和式(3-76)

$$\frac{\rho_{m_0}D^2\sin\varphi_3}{b\sin\varphi_0}\left(\frac{\sin\varphi_3}{\sin\varphi_0} - \frac{a}{D}\right) = \frac{p_{\mathrm{H}}\sin^2\beta}{\sin^2\varphi_0}\left(1 + \sqrt{1 - \frac{\eta\sin^2\varphi_0}{\sin^2\beta}}\right)$$

代入$p_{\mathrm{H}} = \frac{1}{k+1}\rho_0 D^2$,整理为

$$\sin^2\varphi_3\left(1 - \frac{a\sin\varphi_0}{D\sin\varphi_3}\right) = \frac{b\rho_0\sin^2\beta}{(k+1)\rho_{m_0}}\left(1 + \sqrt{1 - \frac{\eta\sin^2\varphi_0}{\sin^2\beta}}\right) \tag{3-79}$$

按照$\alpha=\delta$,由式(3-71)和式(3-78)

$$\frac{\left(1 - \frac{a\sin\varphi_0}{D\sin\varphi_3}\right)\tan\varphi_3}{b + \left(b - 1 + \frac{a\sin\varphi_0}{D\sin\varphi_3}\right)\tan^2\varphi_3} = \frac{\left(1 + \sqrt{1 - \frac{\eta\sin^2\varphi_0}{\sin^2\beta}}\right)\tan\beta}{1 + k\left(k - \sqrt{1 - \frac{\eta\sin^2\varphi_0}{\sin^2\beta}}\right)\tan^2\beta} \tag{3-80}$$

方程式(3-79)和式(3-80)中,只含有φ_3、β两个未知数,可以联立求解。具体解时,先假设一个β,代入式(3-79)求出φ_3,然后将φ_3代入式(3-80)左端,将β代入式(3-80)右端,分别进行计算,看两端计算结果是否相等,若相等则β、φ_3为所求,若不相等则重复上述计算,直至式(3-80)两端计算结果相等(或在容许误差范围之内)为止。计算出φ_3,β后,可以通过已有公式求出爆轰波非正规斜反射时介质中冲击波的初始参数。

3.5.3 爆轰产物中反射为膨胀波的情况

仍然把坐标原点取在爆轰波与介质界面相接触的点上,其流动图像如图3-13所示。OI为斜爆轰波波阵面,OI与相接触界面的夹角为φ_0;OT为传入介质中的

斜透射冲击波波阵面，OT 与介质界面的夹角为 φ_3；在爆轰产物中反射回的波是一簇斜膨胀波，该膨胀波区又称为 Prandtl-Meyer 流动；介质在爆轰产物作用下发生变形，介质移动后的界面与介质初始界面的夹角为 δ。这样，斜爆轰波、斜反射膨胀波、斜透射冲击波和界面把整个图形分成六个区域：(0) 区为未爆炸药；(1) 区为斜爆轰波后爆轰产物区；(2) 区为爆轰产物膨胀区；(3) 区为膨胀后爆轰产物区；(m_0) 区为初始介质；(m) 区为斜透射冲击波后介质扰动的区域。

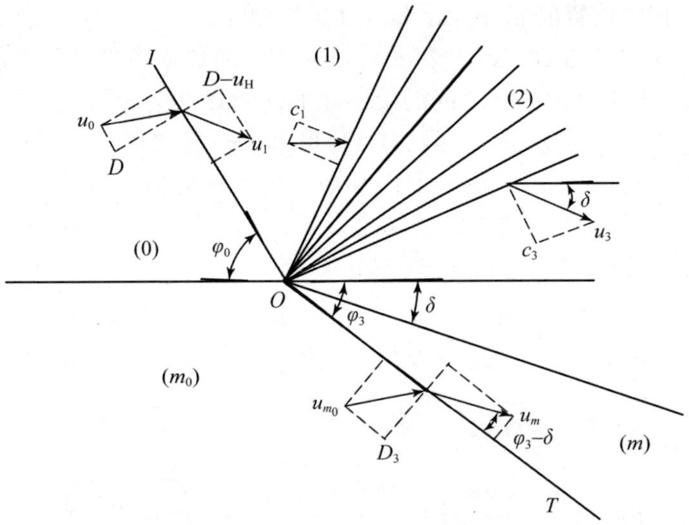

图 3-13　爆轰产物中反射膨胀波

将图 3-13 与图 3-11、图 3-12 进行比较，可以看出：在图 3-11 和图 3-12 中，通过斜爆轰波后的流动折转角 θ 大于介质界面折转角 δ，介质对爆轰产物造成压缩而产生斜反射冲击波，若斜反射冲击波后流动方向与移动后界面方向一致，则为正规斜反射；若斜反射冲击波后流动方向与介质初始界面夹角仍然大于 δ，则爆轰产物必定再度受到压缩而为非正规斜反射。在图 3-13 中，通过斜爆轰波后的流动折转角 θ 小于介质界面折转角 δ，介质的快速移动使爆轰产物压力降低而形成斜反射膨胀区，折转角为 θ 的流动在膨胀波区不断发生折转，通过膨胀波区后达到与移动后界面方向相一致。

首先研究通过一道斜膨胀波的流动（图 3-14），设波前流动速度为 u，流动方向与膨胀波的夹角为 μ；波后流动速度为 $u+\mathrm{d}u$，流动折转角为 $\mathrm{d}\theta$。用 p、ρ、e 表示波前介质的压力、密度和内能；$p+\mathrm{d}p$，$\rho+\mathrm{d}\rho$，$e+\mathrm{d}e$ 表示波后介质的压力、密度和内能。按照质量守恒关系

$$\rho u \sin\mu = (\rho + \mathrm{d}\rho)(u + \mathrm{d}u)\sin(\mu + \mathrm{d}\theta)$$

以及切向动量守恒关系

$$\rho u \sin\mu \cdot u\cos\mu - (\rho + \mathrm{d}\rho)(u + \mathrm{d}u)\sin(\mu + \mathrm{d}\theta)(u + \mathrm{d}u)\cos(\mu + \mathrm{d}\theta) = 0$$

可以得到

$$u\cos\mu = (u + \mathrm{d}u)\cos(\mu + \mathrm{d}\theta)$$

即膨胀波前、后切向流动速度不变。代入 $\cos(\mu+\mathrm{d}\theta)=\cos\mu\cos\mathrm{d}\theta-\sin\mu\sin\mathrm{d}\theta$，由于 $\mathrm{d}u$，$\mathrm{d}\theta$ 是微量，取 $\cos\mathrm{d}\theta=1$，$\sin\mathrm{d}\theta=\mathrm{d}\theta$，且略去高阶小量，则

$$\mathrm{d}u\cos\mu - u\mathrm{d}\theta\sin\mu = 0 \tag{3-81}$$

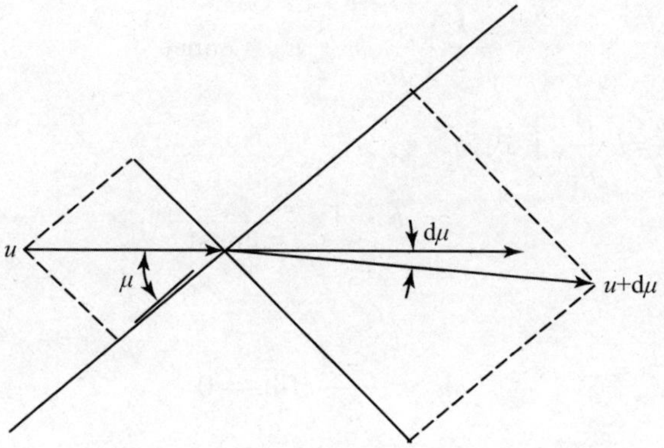

图 3-14　斜膨胀波的运动

正膨胀波的传播速度为当地声速，故斜膨胀波的法向流动速度应等于当地声速。按照 $u\sin\mu=c$，可以写出斜膨胀波流动 Mach 数

$$M = \frac{u}{c} = \frac{u}{u\sin\mu} = \frac{1}{\sin\mu} \tag{3-82}$$

将式(3-82)代入式(3-81)，整理得斜膨胀波后流动折转角

$$\mathrm{d}\theta = \sqrt{M^2 - 1}\,\frac{\mathrm{d}u}{u} \tag{3-83}$$

按照法向动量守恒关系

$$\mathrm{d}p = \rho u\sin\mu[u\sin\mu - (u + \mathrm{d}u)\sin(\mu + \mathrm{d}\theta)]$$

代入 $\sin(\mu+\mathrm{d}\theta)=\sin\mu\cos\mathrm{d}\theta+\sin\mathrm{d}\theta\cos\mu$，以及 $\cos\mathrm{d}\theta=1$，$\sin\mathrm{d}\theta=\mathrm{d}\theta$ 略去高阶小量，为

$$\mathrm{d}p = -\rho u^2\mathrm{d}\theta\sin\mu\cos\mu - \rho u\mathrm{d}u\sin^2\mu$$

再代入式(3-81)关系，得

$$\mathrm{d}p = -\rho u\mathrm{d}u$$

该式的积分表达式为

$$\int\frac{\mathrm{d}p}{\rho} + \frac{1}{2}u^2 = \mathrm{const} \tag{3-84}$$

爆轰产物膨胀过程采用等熵方程

$$p = A\rho^k$$

代入 $\rho=\left(\dfrac{p}{A}\right)^{\frac{1}{k}}$，进行积分

$$\int\frac{\mathrm{d}p}{\rho}=A^{\frac{1}{k}}\int\frac{\mathrm{d}p}{p^{\frac{1}{k}}}=\frac{k}{k-1}A^{\frac{1}{k}}p^{1-\frac{1}{k}}=\frac{k}{k-1}\frac{p}{\rho} \tag{3-85}$$

将式(3-85)代入式(3-84)，得

$$\frac{k}{k-1}\frac{p}{\rho}+\frac{1}{2}u^2=\mathrm{const}$$

再代入 $c^2=\dfrac{\mathrm{d}p}{\mathrm{d}\rho}=k\dfrac{p}{\rho}$，上式为

$$c^2+\frac{k-1}{2}u^2=\mathrm{const} \tag{3-86}$$

该式微分，得

$$\mathrm{d}c=\frac{k-1}{2}M\mathrm{d}u=0$$

为联系 u、c 和 M 之间的关系，对 $c=\dfrac{u}{M}$ 两端微分

$$\mathrm{d}c=\frac{M\mathrm{d}u-u\mathrm{d}M}{M^2}$$

将之代入上式，整理得

$$\frac{\mathrm{d}u}{u}=\frac{1}{1+\frac{k-1}{2}M^2}\frac{\mathrm{d}M}{M} \tag{3-87}$$

将式(3-87)代入式(3-83)，斜膨胀波后流动折转角为

$$\mathrm{d}\theta=\frac{\sqrt{M^2-1}}{1+\frac{k-1}{2}M^2}\frac{\mathrm{d}M}{M} \tag{3-88}$$

再研究通过整个斜膨胀波区的流动（图 3-13），第一道膨胀波前流动速度为 u_1，Mach 数 $M_1=\dfrac{u_1}{c_1}$，流动方向与介质初始界面的夹角为 θ；最末一道膨胀波后流动速度为 u_3，Mach 数 $M_3=\dfrac{u_3}{c_3}$，流动方向与介质初始界面的夹角为 δ。对式(3-88)进行积分

$$\int_{\theta}^{\delta}\mathrm{d}\theta=\int_{M_1}^{M_3}\frac{\sqrt{M^2-1}}{1+\frac{k-1}{2}M^2}\frac{\mathrm{d}M}{M}$$

为积分上式,变换变量,令 $M^2-1=z^2$,则 $dM=\dfrac{zdz}{M}$

$$\frac{\sqrt{M^2-1}}{1+\dfrac{k-1}{2}M^2}\frac{dM}{M}=\frac{z}{1+\dfrac{k-1}{2}(z^2+1)}\frac{zdz}{z^2+1}$$

$$=\frac{2z^2dz}{(z^2+1)[(k-1)z^2+k+1]}=\frac{(k+1)dz}{(k-1)z^2+k+1}-\frac{dz}{z^2+1}$$

积分

$$\int_\theta^\delta d\theta=\frac{k+1}{k-1}\int_{z_1}^{z_3}\frac{dz}{z^2+\dfrac{k+1}{k-1}}-\int_{z_1}^{z_3}\frac{dz}{z^2+1}$$

$$=\sqrt{\frac{k+1}{k-1}}\arctan\left(\sqrt{\frac{k+1}{k-1}}z\right)\Bigg|_{z_1}^{z_3}-\operatorname{arccot}z\Big|_{z_1}^{z_3}$$

代入 $z=\sqrt{M^2-1}$,得到

$$\delta-\theta=\left[\sqrt{\frac{k+1}{k-1}}\arctan\sqrt{\frac{k+1}{k-1}(M_3^2-1)}-\arctan\sqrt{(M_3^2-1)}\right]$$
$$-\left[\sqrt{\frac{k+1}{k-1}}\arctan\sqrt{\frac{k+1}{k-1}(M_1^2-1)}-\arctan\sqrt{(M_1^2-1)}\right]$$
(3 - 89)

称 $\sqrt{\dfrac{k+1}{k-1}}\arctan\sqrt{\dfrac{k+1}{k-1}(M^2-1)}-\arctan\sqrt{(M^2-1)}$ 为 Prandtl-Meyer 函数,其量纲为角度单位。

式(3-89)是通过整个膨胀波区,流动方向折转的角度。由于 θ 和 M_1 是(1)区已知参数,因而该式建立了界面折转角 δ 与(3)区 Mach 数 M_3 间的关系。

按照式(3-86),对于膨胀波区两侧的(1)区和(3)区

$$c_H^2\left(1+\frac{k-1}{2}M_1^2\right)=c_3^2+\frac{k-1}{2}u_3^2$$

代入 $u_1=M_1c_H$,$u_3=M_3c_3$,得

$$c_H^2\left(1+\frac{k-1}{2}M_1^2\right)=c_3^2\left(1+\frac{k-1}{2}M_3^2\right)$$

即膨胀波区两侧声速比

$$\frac{c_3}{c_H}=\left(\frac{1+\dfrac{k-1}{2}M_1^2}{1+\dfrac{k-1}{2}M_3^2}\right)^{\frac{1}{2}}\tag{3 - 90}$$

按照等熵关系$\frac{p_3}{p_H}=\left(\frac{c_3}{c_H}\right)^{\frac{2k}{k-1}}$,得压力比

$$\frac{p_3}{p_H}=\left(\frac{1+\frac{k-1}{2}M_1^2}{1+\frac{k-1}{2}M_3^2}\right)^{\frac{k}{k-1}} \tag{3-91}$$

按照等熵关系$\frac{\rho_3}{\rho_H}=\left(\frac{c_3}{c_1}\right)^{\frac{2}{k-1}}$,得密度比

$$\frac{\rho_3}{\rho_H}=\left(\frac{1+\frac{k-1}{2}M_1^2}{1+\frac{k-1}{2}M_3^2}\right)^{\frac{1}{k-1}} \tag{3-92}$$

从式(3-89)~式(3-92)四式看出,当(1)区参数确定后,(3)区参数和界面折转角δ皆是M_3的函数,因而求解(3)区参数的关键在于确定M_3。

介质中斜透射冲击波后的(m)区和初始介质(m_0)区参数之间的关系,前面已经求出。在(3)区和(m)区的分界面上满足压力相等和流动方向一致的条件。按照式(3-70)和式(3-91)

$$p_H\left(\frac{1+\frac{k-1}{2}M_1^2}{1+\frac{k-1}{2}M_3^2}\right)^{\frac{k}{k-1}}=\frac{\rho_{m0}D^2\sin\varphi_3}{b\sin\varphi_0}\left(\frac{\sin\varphi_3}{\sin\varphi_0}-\frac{a}{D}\right)$$

代入$p_H=\frac{1}{k+1}\rho_0D^2$,整理为

$$M_3^2=\frac{M_1^2+\frac{2}{k-1}}{\left[\frac{(k+1)\rho_{m0}\sin\varphi_3}{b\rho_0\sin\varphi_0}\left(\frac{\sin\varphi_3}{\sin\varphi_0}-\frac{a}{D}\right)\right]^{\frac{k-1}{k}}}-\frac{2}{k-1} \tag{3-93}$$

按照式(3-71)和式(3-89)

$$\left[\sqrt{\frac{k-1}{k+1}}\arctan\sqrt{\frac{k-1}{k+1}(M_3^2-1)}-\arctan\sqrt{(M_3^2-1)}\right]-$$
$$\left[\sqrt{\frac{k-1}{k+1}}\arctan\sqrt{\frac{k-1}{k+1}(M_1^2-1)}-\arctan\sqrt{(M_1^2-1)}\right]+\theta=$$

$$\arctan\left[\frac{\left(1-\dfrac{a\sin\varphi_0}{D\sin\varphi_3}\right)\tan\varphi_3}{b+\left(b-1+\dfrac{a\sin\varphi_0}{D\sin\varphi_3}\right)\tan^2\varphi_3}\right] \tag{3-94}$$

方程式(3-93)和式(3-94)中,只含有 M_3、φ_3 两个未知数,可以联立求解。具体解法:先假设一个 φ_3,由式(3-93)求出 M_3;然后将 M_3 代入式(3-94)左端,将 φ_3 代入式(3-94)右端,看两端计算结果是否相等,若相等则 M_3、φ_3 为所求,若不相等则需重复上述计算,直至式(3-94)两端计算结果相等(或在允许误差范围之内)为止。计算出 M_3、φ_3 后,可以通过已有公式求出爆轰产物中反射膨胀波情况下介质中冲击波的初始参数。

3.5.4　爆轰波斜冲击不同类型的判别

爆轰波对与炸药相接触的介质进行正冲击时,以分界面处压力是否高于炸药爆轰压力确定爆轰产物中反射波的性质,若分界面处压力高于爆轰压力则产生反射冲击波,若分界面处压力低于爆轰压力则反射膨胀波,在炸药和介质特性上可以通过二者冲击阻抗的大小进行判别。爆轰波对与炸药相接触的介质进行斜冲击时,仍然以分界面处压力是否高于炸药爆轰压力确定爆轰产物中反射波的性质,不过此时分界面处压力不仅与炸药、介质材料特性有关,而且还与爆轰波倾斜角度有关。一般来说,在介质冲击阻抗大于炸药冲击阻抗的情况下,爆轰波倾斜角不大时,分界面压力仍会高于爆轰压力,产生斜反射冲击波,起初为正规斜反射,倾斜角增加到一定程度出现非正规斜反射;当爆轰波倾斜角较大或很大时,分界面压力低于爆轰压力而产生斜反射膨胀波。在介质冲击阻抗小于炸药冲击阻抗的情况下,爆轰波斜冲击时分界面处压力比正冲波时分界面压力低,更低于爆轰压力,产生反射膨胀波。

在爆轰波斜冲击流动图上,可以通过爆轰波前、后流动折转角 θ 和界面折转角 δ 的大小进行判别。若 $\delta<\theta$,爆轰产物在分界面处将造成拥挤,迫使压力提高,产生斜反射冲击波;若 $\delta>\theta$,分界面由于空间增加对爆轰产物造成稀疏作用,使压力降低而产生斜反射膨胀波。

现在讨论爆轰波正规斜反射和非正规斜反射的判别。在正规斜反射条件下,式(3-67)给出了斜反射冲击波前、后流动折转角($\theta-\delta$)的表达式

$$\tan(\theta-\delta)=\frac{[M_1^2\sin^2(\varphi_2+\theta)-1]\cot(\varphi_2+\theta)}{M_1^2\left[\dfrac{k-1}{2}-\sin^2(\varphi_2+\theta)\right]+1}$$

取 $k=3$,图 3-15 给出了不同 M_1 时流动折转角($\theta-\delta$)相对于波前流动方向角($\varphi_2+\theta$)的关系曲线。对于每一个 M_1,曲线都存在一个折转角最大值$(\theta-\delta)_{\max}$,也

就是说正规斜反射时折转角$(\theta-\delta)$皆小于$(\theta-\delta)_{\max}$。对于此方程，按照给定的M_1和折转角$(\theta-\delta)$求解波前流动方向角$(\varphi_2+\theta)$时，若方程有解，则表示该流动折转角小于$(\theta-\delta)_{\max}$，属于正规斜反射；若方程无解，则表示该流动折转角不符合小于$(\theta-\delta)_{\max}$的条件，不属于正规斜反射。

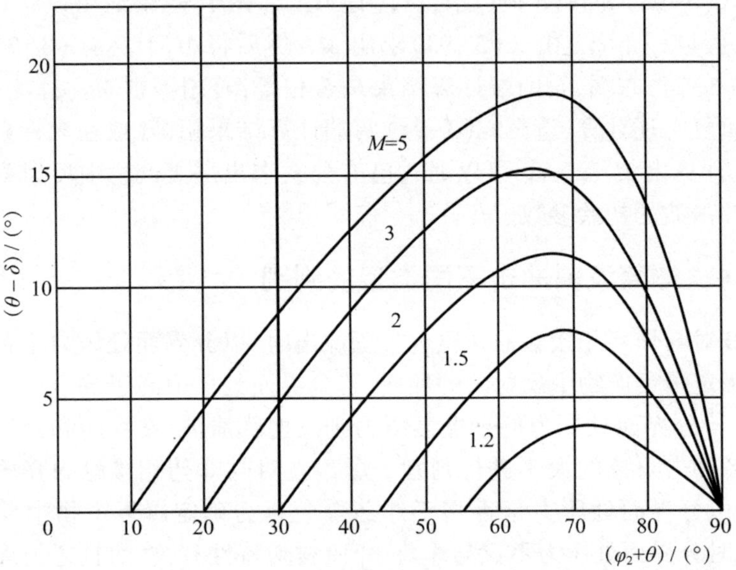

图 3-15　正规斜反射流动转折角曲线

在爆轰波斜冲击计算中，可以通过具体计算判别是否属于正规斜反射情况。正规斜反射条件下，对于斜反射冲击波后(2)区和斜透射冲击波后(m)区，分界面上压力相等、流动方向一致条件分别由式(3-72)和式(3-73)给出，其中式(3-73)来自两区流动方向角表达式

$$\tan\delta=\frac{(k-1)\sin(\varphi_2+\theta)-(k+1)\cos(\varphi_2+\theta)\tan\varphi_2+\dfrac{2}{M_1^2\sin(\varphi_2+\theta)}}{(k-1)\sin(\varphi_2+\theta)\tan\varphi_2+(k+1)\cos(\varphi_2+\theta)\tan\varphi_2+\dfrac{2\tan\varphi_2}{M_1^2\sin(\varphi_2+\theta)}}(\theta-\delta)_{\max}$$

$$\tan\delta=\frac{\left(1-\dfrac{a\sin\varphi_0}{D\sin\varphi_3}\right)\tan\varphi_3}{b+\left(b-1+\dfrac{a\sin\varphi_0}{D\sin\varphi_3}\right)\tan^2\varphi_3}$$

将满足界面压力相等条件对应的φ_2和φ_3，代入两个流动方向角表达式，若两方程具有相同的δ，并且$\delta<\theta$，则表示爆轰波斜冲击为正规斜反射类型；若两方程没

有相同的 δ,或者解得的 $\delta>\theta$,则表示爆轰波斜反射不是正规斜反射,两方程解得 δ 不相等,但 $\delta<\theta$ 的情况多为爆轰波非正规斜反射,两方程解得 $\delta>\theta$ 的情况多为反射膨胀波。

3.6　接触爆炸对物体的驱动作用

利用炸药爆炸直接驱动物体,尤其是采用炸药驱动枪的形式,是产生高速弹丸的一种既简单、又有效的方法。本节在一维运动条件下研究爆轰产物对物体的驱动作用。

将炸药装药和被驱动物体都放置在刚性圆管中,设装药长度为 l,装药质量为 m_e,被驱动物体质量为 m_f(图 3-16)。当装药从左端引爆后,爆轰波以及跟随在爆轰波后的中心膨胀波陆续到达右端被驱动物体表面,推动物体运动。当爆轰波到达物体表面时,在物体表面反射回一道左传冲击波,但是由于反射冲击波是在爆轰压缩后的区域内传播,反射冲击波过后熵值改变不大,此处仍然按照等熵关系处理,并且仅研究爆轰产物对物体的驱动以及物体表面附近的流场。

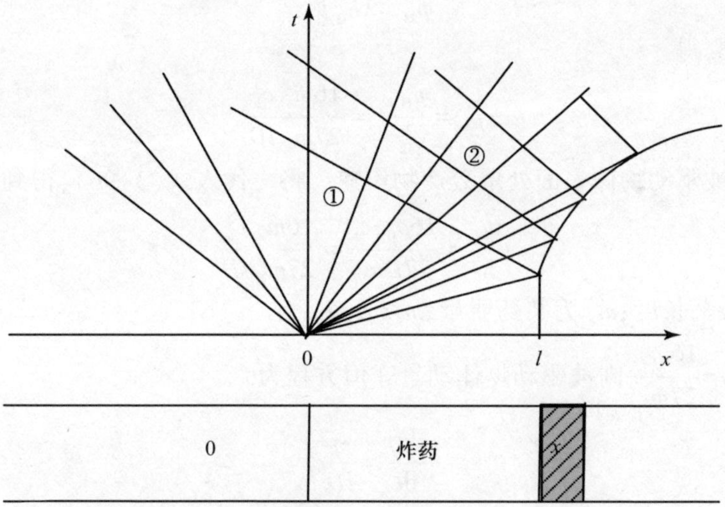

图 3-16　接触爆炸对物体作用的流场

①区流场是由原点发出的右传中心膨胀波所确定的简单波区,该区参数变化规律

$$\begin{cases} u = \dfrac{x}{2t} - \dfrac{D}{4} \\ c = \dfrac{x}{2t} + \dfrac{D}{4} \end{cases}$$

②区流场是由被驱动物体上反射回来的左传波和右传中心膨胀波相交所构成的复合波区，该区参数变化规律

$$\begin{cases} x = (u + c)t \\ x = (u - c)t + F(u - c) \end{cases} \tag{3-95}$$

式中：积分函数 $F(u-c)$ 按照左传反射波的初始条件确定。由于被驱动物体在右传中心膨胀波的作用下进行运动，而左传反射波是在运动物体上陆续反射回来的，所以左传反射波的初始条件就是被驱动物体的运动规律。

首先研究被驱动物体在爆轰产物作用下的运动规律。被驱动物体运动来自爆轰产物作用的结果，即

$$m_f \frac{\mathrm{d}u_f}{\mathrm{d}t} = Sp_b \tag{3-96}$$

式中：m_f 为被驱动物体的质量；u_f 为被驱动物体的运动速度；S 为被驱动物体受力面积（即管道截面积）；p_b 为被驱动物体表面处爆轰产物压力。

按照爆轰产物流动的等熵关系

$$\frac{p_b}{p_{\mathrm{H}}} = \left(\frac{c_b}{c_{\mathrm{H}}}\right)^k$$

取 $k=3$，得

$$p_b = \frac{p_{\mathrm{H}}}{c_{\mathrm{H}}^3} c_b^3 = \frac{16m_e}{27m_f} \frac{c_b^3}{lD}$$

式中：c_b 是被驱动物体表面处爆轰产物声速。将之代入式（3-96），得到

$$\frac{\mathrm{d}u_f}{\mathrm{d}t} = \frac{16\rho_0 Sc_b^3}{27Dm_f} = \frac{16m_e}{27m_f} \frac{c_b^3}{lD}$$

式中：l 为装药长度；m_e 为装药质量，$m_e=\rho_0 Sl$。

且令 $\eta=\dfrac{16m_e}{27m_f}$，则被驱动物体动量守恒方程为

$$\frac{\mathrm{d}u_f}{\mathrm{d}t} = \frac{\eta}{lD} c_b^3 \tag{3-97}$$

从爆轰产物流动方面，在被驱动物体表面处爆轰产物速度等于被驱动物体速度。按照式（3-95）中第一式在被驱动物体表面处

$$x_b = (u_b + c_b)t \tag{3-98}$$

由于被驱动物体不断运动，x_b、u_b、c_b 不断变化，该式对时间 t 微分，且代入 $\dfrac{\mathrm{d}x_b}{\mathrm{d}t}=u_b$，得

$$\frac{\mathrm{d}u_b}{\mathrm{d}t} + \frac{\mathrm{d}c_b}{\mathrm{d}t} + \frac{c_b}{t} = 0 \tag{3-99}$$

代入 $u_f=u_b$，由式(3-97)和式(3-99)二式得到

$$\frac{\mathrm{d}c_b}{\mathrm{d}t}+\frac{c_b}{t}=-2c_b^{-3}\frac{\mathrm{d}c_b}{\mathrm{d}t} \tag{3-100}$$

该方程为准一次型微分方程，进行变换求解。

令 $Z=c_b^{-2}$，其对 t 的导数

$$\frac{\mathrm{d}Z}{\mathrm{d}t}=\frac{\mathrm{d}(c_b^{-2})}{\mathrm{d}t}=-2c_b^{-3}\frac{\mathrm{d}c_b}{\mathrm{d}t}$$

将之代入式(3-100)，得

$$\frac{\mathrm{d}Z}{\mathrm{d}t}-\frac{2}{t}Z=\frac{2\eta}{lD}$$

其解

$$Z\mathrm{e}^{\int-\frac{2}{t}\mathrm{d}t}=\int\frac{2\eta}{lD}\mathrm{e}^{\int-\frac{2}{t}\mathrm{d}t}\mathrm{d}t+A$$

积分后，且回代 $Z=c_b^{-2}$，得

$$c_b^{-2}t^{-2}=-\frac{2\eta}{lDt}+A \tag{3-101}$$

其积分常数 A 可以根据左传反射波波头的初始条件确定。当右传中心膨胀波波头到达物体表面时，物体还未运动，即 $t=\dfrac{l}{D}$ 时，$u_b=0$，沿着右传中心膨胀波波头的波线 $u_b+c_b=u_{\mathrm{H}}+c_{\mathrm{H}}$，得

$$c_b\big|_{t=\frac{l}{D}}=D$$

将之代入式(3-101)，确定积分常数

$$A=\frac{1}{l^2}(1+2\eta)$$

再将积分常数代回式(3-101)，得到

$$c_b=\frac{l}{t}\left[1+2\eta\left(1-\frac{l}{Dt}\right)\right]^{-\frac{1}{2}} \tag{3-102}$$

将式(3-102)代入式(3-97)，动量守恒方程

$$\frac{\mathrm{d}u_f}{\mathrm{d}t}=\frac{\eta l^2}{Dt^3}\left[1+2\eta\left(1-\frac{l}{Dt}\right)\right]^{-\frac{3}{2}}$$

积分之

$$\int_0^u\mathrm{d}u_f=\frac{\eta l^2}{D}\int_{\frac{l}{D}}^{t}t^{-3}\left[1+2\eta\left(1-\frac{l}{Dt}\right)\right]^{-\frac{3}{2}}\mathrm{d}t$$

积分后，且令 $\xi=\left[1+2\eta\left(1-\frac{l}{Dt}\right)\right]^{-\frac{1}{2}}$，得到被驱动物体运动速度

$$u_f = D\left(1 - \frac{1-\xi}{\eta\xi} - \frac{l\xi}{Dt}\right) \tag{3-103}$$

将式(3-102)、式(3-103)代入式(3-98)，还能够得到被驱动物体在不同时刻到达的位置

$$x_f = Dt\left(1 - \frac{1-\xi}{\eta\xi}\right) \tag{3-104}$$

下面继续研究由被驱动物体表面反射回去的左传波和右传中心膨胀波构成的复合波区，方程(3-95)中第二式的积分函数 $F(u-c)$ 由驱动物体运动规律确定，式(3-102)、式(3-103)、式(3-104)分别给出了被驱动物体表面处产物的声速、质点速度和位置，将之代入式(3-95)中第二式得

$$F = Dt\left(1 - \frac{1-\xi}{\eta\xi}\right) - Dt\left(1 - \frac{1-\xi}{\eta\xi} - \frac{l\xi}{Dt}\right) + l\xi = 2l\xi$$

因此，②区流场式(3-95)为

$$\begin{cases} x = (u+c)t \\ x = (u-c)t + 2l\xi \end{cases} \tag{3-105}$$

由于 ξ 是 t 的函数，并且与 u、c 也存在着函数关系，为了得到②区流场参数表达式，进行如下变换。沿左传反射波

$$u - c = u_b - c_b = D\left(1 - \frac{1-\xi}{\eta\xi} - \frac{2l\xi}{Dt}\right)$$

按照 ξ 的定义式

$$\frac{l}{Dt} = 1 - \frac{1-\xi^2}{2\eta\xi^2}$$

将之代入前式，得到

$$u - c = D\left(1 - 2\xi + \frac{1-\xi}{\eta}\right)$$

即得到 ξ 与 u、c 之间的关系式

$$\xi = \frac{(\eta+1)D - \eta(u-c)}{(2\eta+1)D}$$

将 ξ 代入式(3-105)，用 u、c 表示的②区流场

$$\begin{cases} x = (u+c)t \\ x = (u-c)\left[t - \frac{2\eta l}{(2\eta+1)D}\right] + \frac{2(\eta+1)l}{2\eta+1} \end{cases} \tag{3-106}$$

解得②区的流场参数 $u(x,t)$，$c(x,t)$ 为

$$\begin{cases} u=\dfrac{x}{2t}+\dfrac{1}{2}\dfrac{x-\dfrac{2(\eta+1)l}{2\eta+1}}{t-\dfrac{2\eta l}{(2\eta+1)D}} \\ c=\dfrac{x}{2t}-\dfrac{1}{2}\dfrac{x-\dfrac{2(\eta+1)l}{2\eta+1}}{t-\dfrac{2\eta l}{(2\eta+1)D}} \end{cases} \tag{3-107}$$

在刚性管道中，装药一端引爆、另一端为真空，和装药一端引爆、另一端为刚性壁面的爆轰产物膨胀，是装药一端引爆、另一端为有限质量物体时爆轰产物膨胀的极限情况。在式(3-107)中代入以上两种情况的具体条件，就可以分别得到这两种情况下复合波区流场的参数分布。装药一端引爆、另一端为真空时，$m_f=0$，$\eta\to\infty$，代入式(3-107)得

$$\begin{cases} u=\dfrac{x}{2t}+\dfrac{x-l}{2\left(t-\dfrac{l}{D}\right)} \\ c=\dfrac{x}{2t}-\dfrac{x-l}{2\left(t-\dfrac{l}{D}\right)} \end{cases}$$

装药一端引爆、另一端为刚壁时，$m_f\to\infty$，$\eta=0$，代入式(3-107)得

$$\begin{cases} u=\dfrac{x-l}{t} \\ c=\dfrac{l}{t} \end{cases}$$

习　题

1. 假定在刚性管中装有梯恩梯炸药，装药密度为 1.6g/cm^3，爆速 $D=6850$m/s，药柱长 200mm，药柱左端处于真空状态，计算当左端面引爆后 10μs、30μs、50μs 在距左端面 30mm 处爆轰产物的流动状态。

2. 爆轰波入射介质产生反射波的判据和计算方法，对于冲击波在不同介质中传播计算有何借鉴意义？

3. 简述如何从凝聚体炸药状态方程得出爆轰产物等熵方程。

4. 简述爆轰产物等熵流动方程的物理意义。

5. 爆轰波斜入射介质时发生的正规斜反射与等强度的爆轰波发生正规反射之间有什么区别？处理方法有什么异同？

6. 非正规斜反射在什么条件下发生？与正规斜反射有什么不同？

第 4 章　固体中高压冲击波的传播

炸药爆炸形成的爆轰波作用于固体介质表面，会形成高压透射冲击波进入固体介质中传播，相比于一般环境下，高压冲击波在固体介质中传播规律有很大不同。本章即要讨论冲击波在固体介质中传播规律。

当撞击在固体介质中所产生的高压远超过材料强度极限后，相比之下能够忽略材料强度的作用，这时固体可以作为可压缩流体进行处理。流体相对于固体的最大特点，就是不传递剪切应力，因而可以用压力代替应力，用比容代替应变，用冲击波代替应力波，近似处理固体问题，这种处理方法通常称为流体动力学近似。

4.1　固体高压冲击波基本方程

设在固体介质中，有一平面冲击波以速度 D_s 向右传播，波前介质密度 ρ_0、压力 p_0、内能 e_0、质点速度 u_0，波后介质密度 ρ_1、压力 p_1、内能 e_1、质点速度 u_1。在以冲击波为静止不动的相对坐标系中，冲击波前方的介质以 (D_s-u_0) 的速度流入冲击波波阵面，然后以 (D_s-u_1) 的速度从冲击波波阵面流出，如图 4-1 所示。

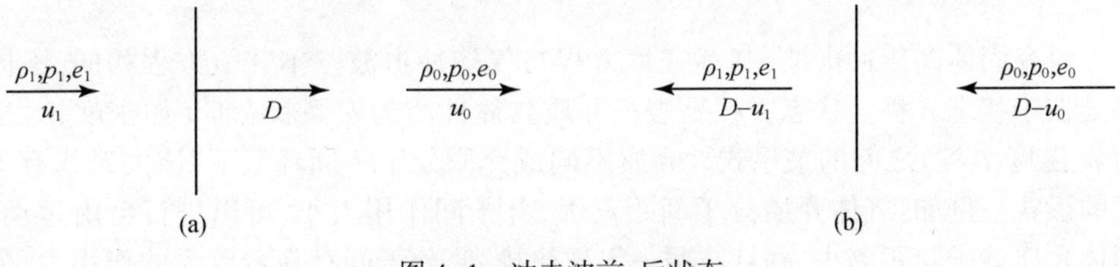

图 4-1　冲击波前、后状态

(a) 真实流场；(b) 相对坐标流场。

质量守恒、动量守恒、能量守恒方程分别为

$$\rho_0(D_s - u_0) = \rho_1(D_s - u_2)$$

$$p_1 - p_0 = \rho_0(D_s - u_2)(u_1 - u_0)$$

$$e_1 - e_0 = \frac{p_1 u_1 - p_0 u_0}{\rho_0(D_s - u_0)} - \frac{1}{2}(u_1^2 - u_0^2)$$

这三个方程与气体介质中冲击波基本方程具有相同形式。变换以上三个守恒方程，还可以得到用压力 p、比容 v 表达的冲击波速度、介质质点速度和内能变

化的三个方程

$$D_s - u_0 = v_0 \sqrt{\frac{p_1 - p_0}{v_0 - v_1}} \tag{4-1}$$

$$u_1 - u_0 = \sqrt{(p_1 - p_0)(v_0 - v_1)} \tag{4-2}$$

$$e_1 - e_0 = \frac{1}{2}(p_1 + p_0)(v_0 - v_1) \tag{4-3}$$

式(4-3)称为冲击波 Hugoniot 方程。在 $p-v$ 平面上,Hugoniot 曲线是一条由同一初始状态(p_0,v_0)发出、各种强度冲击波所达到的波后介质终点状态(p,v)的连线,对于同一初始状态,冲击波波后介质的状态在同一条 Hugoniot 线上;对于不同初始状态,冲击波波后介质的状态在不同的 Hugoniot 线上。

固体高压冲击波具有一般冲击波的基本性质:

(1) 冲击波传播相对于波前介质是超声速的,而相对于波后介质是亚声速的;

(2) 冲击波过后,介质质点获得一个与波传播方向相同的流体速度;

(3) 冲击波过后,介质受到压缩,波后压力和密度增加;

(4) 冲击波过后,介质熵值增加;

(5) 对于弱冲击波来说,熵增量与相对压力增量的三次方成正比例,因而将等熵关系用于弱冲击波,其误差也不会太大。

4.2 固体高压状态方程

研究固体高压冲击波,基本守恒方程与气体冲击波基本守恒方程相同,不同之处在于状态方程。状态方程是表征介质具体性质的宏观状态量(如密度 ρ_0、压力 p、温度 T 等)之间的关系式。介质不同或介质处于不同环境下,该关系式有不同的形式。例如:气体介质分子间距离大,分子间作用力小,可以进行自由运动;固体介质分子间距离小,并且按照一定规律排列,分子间存在着巨大的作用力,分子只能在平衡位置附近作微小振动。因此,描述固体介质内在规律的 p、v、T 关系绝不会与气体相同。同时,对同一固体介质而言,在较小应力作用下,其强度作用表现明显,而高压冲击波作用下,固体的强度可以忽略不计,因此在不同环境下固体介质的状态方程有很大差异。本节主要从理论和实践两方面研究固体高压状态方程,以配合基本方程的求解。

4.2.1 方程的理论形式

固体中原子或分子按照一定的周期性和对称性规则排列,组成为晶体点阵,每个原子或分子的质心在点阵中所占的位置叫做阵点,以任意阵点为顶点按照周期性和对称性的原则在晶体中划出一个平行六面体（或八面体），该规则体称为晶胞，用以概括固体特性。晶体可以分为离子晶体、共价晶体、分子晶体和金属四大类，每一类晶体之间的结合都是不相同的。

总的来说，一方面晶体可以看作相互作用的原子核（组成点阵）和外层电子两部分组成，晶体所具有的压力和能量由这两部分共同作用而成；另一方面按照对晶体压力和能量贡献的不同，又可以将压力和能量分为"冷""热"两部分。在热力学零度和零压下，晶体处于稳定状态，此时能量为结合能；在某一温度下对晶体施加压力时，温度可以不变，但是晶体内部压力、能量会随外压而变化；温度升高时，点阵的零点运动发展成热运动，电子也会产生热运动，点阵和电子的热运动都将对压力和能量做出贡献。与温度无关、而仅与晶体体积有关的部分，称为"冷"部分，这部分将点阵和电子的作用放在一起，对晶体压力和能量的贡献统称为冷压和冷能；热运动产生的、与温度和体积都有关系的"热"部分，仍然按照点阵和电子分别进行研究。这样，晶体的压力和能量分别表示为

$$\begin{cases} p = p_k(v) + p_n(T,v) + p_e(T,v) \\ e = e_k(v) + e_n(T,v) + e_e(T,v) \end{cases}$$

式中：p_k、e_k 为晶体的冷压和冷能；p_n、e_n 为点阵热运动贡献的热压和热能；p_e、e_e 为电子热运动贡献的热压和热能。

1. 冷压和冷能

尽管晶体中各分子间相互作用很复杂，但是宏观来看这种相互作用可以分为两类，即吸引作用和排斥作用。当晶体中原子相互间距离很近（晶体体积缩小）时，排斥作用是主要的；当原子相互间距离较远（晶体体积增大）时，吸引作用是主要的。在热力学零温、零压下，当原子相互间处于适当距离时，两种作用相互平衡，晶体处于稳定状态。这时原子间的距离称为平衡距离，记作 r_{0k}。对应的晶体比容为单位质量晶体在热力学零温、零压下的体积，记作 v_{0k}。

图 4-2 给出了晶体冷压、冷能曲线。由图中曲线看出：

当 $r<r_{0k}(v<v_{0k})$ 时，$p(v)>0$，晶体中斥力为主；

当 $r>r_{0k}(v>v_{0k})$ 时，$p(v)<0$，晶体中吸力为主；

当 $r=r_{0k}(v=v_{0k})$ 时，$p(v)=0$，这时系统能量具有极小值，称为结合能，记作 e_{0k}；

当 $r=r_0(v=v_0)$ 时，即常温（288K）下物质密度 ρ_0 时，系统总压力 $p\approx 0$，且温度不高时可以忽略电子对压力的贡献，此时 $p_k(v)\big|_{v=v_0} = -p_n(T,v)\big|_{T\approx 288\mathrm{K},v=v_0}$；

当 $r=r_m(v=v_m)$ 时，晶体引力达到最大值，理论上对应材料拉伸断裂，设材料拉伸断裂强度为 σ_b，则 $p_k(v)\big|_{v=v_m} = -p_n(T,v)\big|_{T\approx 288\mathrm{K},v=v_m} + \sigma_b$。

按照热力学关系 $\mathrm{d}e = T\mathrm{d}s - p\mathrm{d}v$，采用热力学零度条件，可以得到冷压和冷能之间的关系

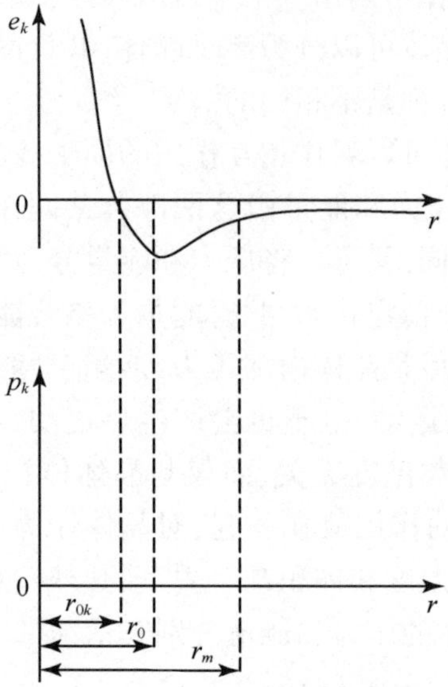

图 4-2　冷压、冷能随原子间距离的变化

$$p_k(v)=-\frac{\partial e_k(v)}{\partial v} \tag{4-4}$$

从理论上讲，不同类型晶体相互作用的势能是不同的。对于离子晶体，Born 和 Mayer 给出离子平均作用势能

$$U=-\frac{az_1z_2\varepsilon}{r}+b\mathrm{e}^{-\frac{r}{n}}$$

式中：第一部分为吸引势；第二部分为排斥势；r 为离子间距；z_1、z_2 为离子价数；a、b 为常数；n 为排斥因子。取 $\rho=\rho_{0k}$ 时的能量为能量零点，单位质量晶体的冷压和冷能分别为

$$\begin{cases} p_k(v)=Q\eta^{\frac{2}{3}}\left[\mathrm{e}^{q\left(1-\eta^{-\frac{1}{3}}\right)}-\eta^{\frac{2}{3}}\right] \\ e_k(v)=\dfrac{3Q}{\rho_{0k}q}\left[\mathrm{e}^{q\left(1-\eta^{-\frac{1}{3}}\right)}+q\left(1-\eta^{\frac{1}{3}}\right)-1\right] \end{cases} \tag{4-5}$$

式中：ρ_{0k} 为固体在热力学零度、零压时对应的密度；η 为压缩比，即 $\eta=\rho/\rho_{0k}$；Q、q 为实验确定参数。

式(4-5)适用于 $\eta<10$ 的范围内。该式除了用于离子晶体外，还常用来描述金属等晶体的冷压和冷能。

对于分子晶体，常采用 Morse 势

$$U=\beta(\mathrm{e}^{-2\alpha\xi}-2\mathrm{e}^{-\alpha\xi})$$

式中：$\xi=(r-r_{0k})/r_{0k}$；α、β 为常数。变换后，可得到单位质量晶体的冷压、冷能

$$\begin{cases} p_k(v)=A\eta^{\frac{2}{3}}\left[\mathrm{e}^{2B\left(1-\eta^{-\frac{1}{3}}\right)}-\mathrm{e}^{B\left(1-\eta^{-\frac{1}{3}}\right)}\right] \\ e_k(v)=\dfrac{3}{2}\dfrac{A}{B\rho_{0k}}\left[\mathrm{e}^{B\left(1-\eta^{-\frac{1}{3}}\right)}-1\right]^2 \end{cases} \tag{4-6}$$

该式适用于 $\eta<10$ 的范围内。式中 A、B 为待定参数。式(4-6)除了用于分子晶体外，还可以用来描述金属等类型的晶体。

除了针对一定的晶体类型提出计算冷压、冷能的形式外，还可以以多项式形式计算冷压和冷能。多项式计算形式适用于各种类型的晶体和非晶体材料，并且能够描述更大的压缩度范围。按照原子间相互作用力与晶体体积三分之一次幂成反比的设想，写出计算冷压、冷能的多项式

$$\begin{cases} p_k(v)=\sum\limits_{i=0}^{5}a_i\eta^{\frac{i}{3}} \\ e_k(v)=\sum\limits_{i=0}^{5}b_i\eta^{\frac{i}{3}-1} \end{cases} \tag{4-7}$$

式中：$\eta=\rho/\rho_{0k}$；a_i、b_i 为待定系数，有

$$b_i=\frac{3}{\rho_{0k}}\frac{a_i}{i-3},i=0,1,2,3,4,5$$

$$b_3=\frac{a_3}{\rho_{0k}}$$

按照 $\eta=1$ 时 $e_k=0$，得

$$b_3=-(b_0+b_1+b_2+b_4+b_5)$$

2. 点阵热运动贡献的热压、热能

点阵热运动可以看作若干独立谐振子的谐振运动，设晶体有 N 个原子，每个原子有三个自由度，则晶体有 $3N$ 个振动方式，以 e_i 表示每个振动的能量，以 w_i 表示每个振动的频率，其点阵热运动造成的压力和能量

$$\begin{cases} p_n=-\dfrac{1}{v}\sum\limits_{i=1}^{3N}e_i\dfrac{\mathrm{d}\ln w_i}{\mathrm{d}\ln v} \\ e_n=\sum\limits_{i=1}^{3n}e_i \end{cases} \tag{4-8}$$

设不同频率对体积有相同的变化率，即令

$$\gamma(v)=-\frac{\mathrm{d}\ln w_i}{\mathrm{d}\ln v}$$

式中：γ 称为 Grüneisen 系数。

当系统为所有振动都具有相同频率的理想固体时，系统中每个自由度均分能量 kT，其中 k 是 Boltzman 常数，在引用气体常数 R 后，式(4-8)为

$$\begin{cases} p_n = 3RT\dfrac{\gamma(v)}{v} \\ e_n = 3RT \end{cases}$$

当系统为理想气体时，系统中每个自由度均分能量$\frac{1}{2}kT$，式(4-8)为

$$\begin{cases} p_n = \dfrac{RT}{v} \\ e_n = \dfrac{3}{2}RT \end{cases}$$

一般来说，可以将系统的热压和热能表达成下列形式

$$\begin{cases} p_n = \dfrac{\bar{\gamma}(T,v)}{v}\xi(T,v)RT \\ e_n = \xi(T,v)RT \end{cases} \tag{4-9}$$

式中：$\xi(T,v)$ 为内插因子。C. B. Kopmep 给出了其表达式

$$\begin{cases} \xi(T,v) = \dfrac{3(2+\zeta)}{2(1+\zeta)} \\ \zeta = \dfrac{lRT}{M_{cki}^2} \end{cases}$$

式中：M 为摩尔质量；l 为非谐振因子；c_{ki} 为冷声速。当 $T\to 0$ 时，$\zeta\to 0$，$\xi\to 3$。

式(4-9)为理想固体情况；当 $T\to\infty$ 时，$\zeta\to\infty$，$\xi\to\frac{3}{2}$，且 $\bar{\gamma}(T,v)\to\frac{2}{3}$，为理想气体情况。冷声速为

$$c_{ki}^2 = \frac{1}{\rho_{0k}}\left(\frac{\mathrm{d}p_k}{\mathrm{d}\eta} - \frac{2ip_k}{3\eta}\right)$$

式中：按需要取 $i=0,1,2$。若 p_k 采用式(4-5)形式，则

$$c_{ki}^2 = \frac{Q}{3\rho_{0k}}\left\{\left[2(1-i)\eta^{-\frac{1}{3}} + q\eta^{-\frac{2}{3}}\right]\mathrm{e}^{q\left(1-\eta^{-\frac{1}{3}}\right)} - (2-i)\eta^{\frac{1}{3}}\right\}$$

进行简化后，最终给出

$$\left.\begin{aligned} p_n &= \frac{RT}{MU}\frac{3y_i+\zeta}{1+\zeta} \\ e_n &= \frac{3RT}{2M}\frac{2+\zeta}{1+\zeta} \end{aligned}\right\} \tag{4-10}$$

式中：取 $i=0,1,2$，分别为三种不同的 Grüneisen 系数。其表达式

$$\gamma_i=\frac{\left[(1-i)\left(1+q\eta^{-\frac{1}{3}}\right)+\frac{1}{2}q^2\eta^{-\frac{2}{3}}\right]\mathrm{e}^{q\left(1-\eta^{-\frac{1}{3}}\right)}-3(2-i)\eta^{\frac{2}{3}}}{6\left[\left(1-i+\frac{1}{2}q\eta^{-\frac{1}{3}}\right)\mathrm{e}^{q\left(1-\eta^{-\frac{1}{3}}\right)}-(2-i)\eta^{\frac{2}{3}}\right]}\tag{4-11}$$

3. 电子热运动贡献的热压、热能

不考虑电子分布的具体结构，只认为电子像云一样连续分布在原子核周围，每个电子都处于核和所有电子产生的平均场中运动，把电子作用和点阵作用分离开来，并且略去点阵对电子运动的影响，给出电子运动的热压、热能

$$\begin{cases}p_e=\dfrac{1}{2}\beta T^2\dfrac{\gamma_e}{v}\\[2ex] e_e=\dfrac{1}{2}\beta T^2\end{cases}$$

式中：β 为电子比热系数；γ_e 是电子的 Grüneisen 系数。按照热力学关系

$$\left(\frac{\partial e_e}{\partial v}\right)_T=T\left(\frac{\partial p_e}{\partial T}\right)_v-p_e$$

假定 γ_e 为常数，利用式(4-11)得到

$$\frac{\partial\beta}{\partial v}=\frac{\gamma_e}{v}\beta$$

用 β_{0k} 表示热力学零温、零压时电子比热系数，v_{0k} 表示热力学零温、零压时比容，积分之

$$\int_{\beta_{0k}}^{\beta}\frac{\mathrm{d}\beta}{\beta}=\gamma_e\int_{v_{0k}}^{v}\frac{\mathrm{d}v}{v}$$

得

$$\beta=\beta_{0k}\left(\frac{v}{v_{0k}}\right)^{\gamma_e}=\beta_{0k}\eta^{-\gamma_e}$$

按照维里定理取 $\gamma_e=\dfrac{2}{3}$，则

$$\begin{cases}p_e=\dfrac{1}{3}\beta_{0k}\rho_{0k}\eta^{\frac{1}{3}}T^2\\[2ex] e_e=\dfrac{1}{2}\beta_{0k}\eta^{-\frac{2}{3}}T^2\end{cases}$$

若取 $\gamma_e=\dfrac{1}{2}$，则

$$\begin{cases} p_e = \dfrac{1}{4}\beta_{0k}\,\rho_{0k}\,\eta^{\frac{1}{2}}T^2 \\ e_e = \dfrac{1}{2}\beta_{0k}\,\eta^{-\frac{1}{2}}T^2 \end{cases} \tag{4-12}$$

综上所述,将冷压和冷能、点阵贡献的热压和热能、电子贡献的热压和热能分别叠加起来,如采用式(4-5)、式(3-27)、式(4-12),得到固体状态的理论形式

$$\begin{cases} p_e = p_k(v) + p_n(T,v) + p_e(T,v) \\ \quad = Q\eta^{\frac{2}{3}}\left[e^{q\left(1-\eta^{-\frac{1}{3}}\right)} - \eta^{-\frac{2}{3}}\right] + \dfrac{RT}{Mv}\dfrac{3\gamma_i + \xi}{1+\xi} + \dfrac{1}{4}\beta_{0k}\,\rho_{0k}\,\eta^{\frac{1}{2}}T^2 \\ e_e = e_k(v) + e_n(T,v) + e_e(T,v) \\ \quad = \dfrac{3Q}{\rho_{0k}q}\left[e^{q\left(1-\eta^{-\frac{1}{3}}\right)} + q\left(1-\eta^{\frac{1}{3}}\right) - 1\right] + \dfrac{3RT}{2M}\dfrac{2+\zeta}{1+\zeta} + \dfrac{1}{2}\beta_{0k}\,\eta^{-\frac{1}{2}}T^2\dfrac{1}{2}\beta_{0k}\,\eta^{-\frac{2}{3}}T^2 \end{cases} \tag{4-13}$$

式中:$\eta=\rho/\rho_{0k}$;其他参数 Q、q、γ_i、ζ、β_{0k} 皆由上面给出。

4.2.2 Mie-Grüneisen 状态方程

物质所具有的压力、能量,可以分成冷压、冷能,点阵热运动贡献的热压、热能和电子热运动贡献的热压、热能三部分。但是,在压力不超过 1Tpa 的范围内,“冷”部分一直起主要作用,点阵热运动部分次之,而电子热运动部分可以忽略,这时压力和能量分别写为

$$\begin{cases} p = p_k(v) + p_n(T,v) \\ e = e_k(v) + e_n(T,v) \end{cases}$$

在热力学上,Grüneisen 系数定义为

$$\gamma(v) = v\left(\frac{\partial p}{\partial e}\right)_V$$

从热力学零度到状态所处温度 T 积分此式

$$\int_0^T \mathrm{d}p = \frac{\gamma(v)}{v}\int_0^T \mathrm{d}e$$

得

$$p_n = \frac{\gamma(v)}{v}e_n$$

或写成

$$p - p_k = \frac{\gamma(v)}{v}(e - e_k) \tag{4-14}$$

式中：p_k 和 e_k 之间的关系由式(4-4)所联系。式(4-14)即为著名的 Mie-Grüneisen 状态方程，其物理意义表示热压和热能之比与温度无关，仅是比容的函数。

1. Grüneisen 系数

Grüneisen 系数表示定容条件下，压力相对于内能的变化率

$$\gamma = v\left(\frac{\partial p}{\partial e}\right)_V = \frac{v\left(\frac{\partial p}{\partial T}\right)_V}{\left(\frac{\partial e}{\partial T}\right)_V}$$

在等容过程中

$$\mathrm{d}v = \left(\frac{\partial p}{\partial v}\right)_T \mathrm{d}p = \left(\frac{\partial v}{\partial T}\right)_p \mathrm{d}T = 0$$

有

$$\left(\frac{\partial p}{\partial T}\right)_V = -\frac{\left(\frac{\partial v}{\partial T}\right)_p}{\left(\frac{\partial v}{\partial p}\right)_T}$$

引入等压膨胀系数 $\alpha = \frac{1}{v}\left(\frac{\partial v}{\partial T}\right)_p$，等温压缩系数 $k = -\frac{1}{v}\left(\frac{\partial v}{\partial p}\right)_T$，则

$$\left(\frac{\partial p}{\partial T}\right)_V = \frac{\alpha}{k}$$

又由热力学关系有 $\left(\frac{\partial e}{\partial T}\right)_V = c_V$。因而，Grüneisen 系数

$$\gamma = \frac{\alpha v}{k c_V}$$

该式表明，通过测量热力学参数 α、k、c_V 和力学参数 v，可以确定 Grüneisen 系数。

为了使 Grüneisen 状态方程能够在高压状态下使用，必须给出 Grüneisen 系数随比容变化规律，常采用以下三种表达式。Slater 和 Debye 在理论基础上给出

$$\gamma_S = -\frac{2}{3} - \frac{v}{2}\frac{\frac{\partial^2 p_k}{\partial v^2}}{\frac{\partial p_k}{\partial v}}$$

Dugdale 和 Macdonald 从谐振晶体振动波速出发，给出

$$\gamma_{\mathrm{DM}}=-\frac{1}{3}-\frac{v}{2}\frac{\frac{\partial^2(p_k v^{\frac{2}{3}})}{\partial v^2}}{\frac{(\partial p_k v^{\frac{2}{3}})}{\partial v}}$$

ВаШеНК 和 ЗубареВ 由液体自由体积理论给出

$$\gamma_{\mathrm{f}}=-\frac{v}{2}\frac{\frac{\partial^2(p_k v^{\frac{4}{3}})}{\partial v^2}}{\frac{\partial(p_k v^{\frac{4}{3}})}{\partial v}}$$

以上三式合写成

$$\gamma_i=\frac{1}{3}(i-2)-\frac{v}{2}\frac{\frac{\partial^2(p_k v^{\frac{2}{3}i})}{\partial v^2}}{\frac{\partial(p_k v^{\frac{2}{3}i})}{\partial v}}$$

该式与式(4-11)相当。当式中 $i=0,1,2$ 时,分别为上述三种 Grüneisen 系数。

另外,Grüneisen 系数还经常从实验中进行选取。实验表明,在压缩比不太大的范围内,Grüneisen 系数与物质密度的乘积保持不变

$$\gamma\rho=\mathrm{const}$$

或写成

$$\gamma=\frac{\rho_0}{\rho}\gamma_0 \tag{4-15}$$

式中:ρ_0、γ_0 为常温常压状态下物质的密度和 Grüneisen 系数;ρ、γ 为所研究状态物质的密度和 Grüneisen 系数。

在更大压缩比范围内,可以用下列形式计算 Grüneisen 系数

$$\gamma=\frac{\rho_0}{\rho}\gamma_0+\frac{2}{3}\left(1-\frac{\rho_0}{\rho}\right)^a \tag{4-16}$$

式中:a 为拟合参数。

2. 用 Hugoniot 关系确定状态方程

Hugoniot 方程 $e-e_0=\frac{1}{2}(p+p_0)(v_0-v)$ 描述了物质从初始状态(p_0,v_0)经过冲击波压缩到终点状态(p,v)时,内能增加量为$\frac{1}{2}(p+p_0)(v_0-v)$。一般情况下,初始状态压力 p_0 与波后压力相比可以忽略,可近似取 $p_0\approx0$;且 e_0 是初始状态的内能,

作为状态变化时内能增加量的参考值,此处也略去不写。

若知道物质在不同初始密度下的 Hugoniot 曲线,可以确定 Grüneisen 系数 γ。如图 4-3 所示,曲线 1 为某物质在初始状态(v_{01},0)时的 Hugoniot 曲线,曲线 2 为该物质在初始状态(v_{02},0)时的 Hugoniot 曲线,当冲击压缩到同一比容 v_m 时,波后压力分别为 p_{m1}、p_{m2},波后能量分别为 e_{m1}、e_{m2}。两种初始比容下的 Hugoniot 关系分别为

$$e_{m1}=\frac{1}{2}p_{m1}(v_{01}-v_m)$$

$$e_{m2}=\frac{1}{2}p_{m2}(v_{02}-v_m)$$

二式相减

$$e_{m2}-e_{m1}=\frac{1}{2}[p_{m2}(v_{02}-v_m)-p_{m1}(v_{01}-v_m)] \tag{4-17}$$

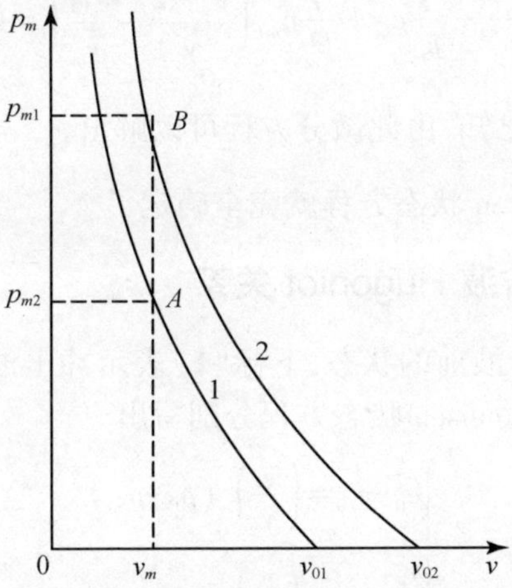

图 4-3　物质在不同初始比容条件下的 Hugoniot 曲线

冷压、冷能是热力学零度时的压力和能量,它仅与物质比容有关,当物质从不同初始比容压缩到同一比容 v_m 时,在同一比容状态下仅与该状态比容有关的冷压 $p_k(v_m)$ 和冷能 $e_k(v_m)$ 分别是相同的。按照 Grüneisen 状态方程

$$p_{m1}-p_k(v_m)=\frac{\gamma}{v_m}[e_{m1}-e_k(v_m)]$$

$$p_{m2}-p_k(v_m)=\frac{\gamma}{v_m}[e_{m2}-e_k(v_m)]$$

二式相减

$$p_{m2}-p_{m1}=\frac{\gamma}{v_m}[e_{m2}-e_{m1}] \tag{4-18}$$

将式(4-17)代入式(4-18),整理得 Grüneisen 系数

$$\gamma = \frac{2}{\dfrac{p_{m2}v_{02} - p_{m1}v_{01}}{(p_{m2} - p_{m1})v_m} - 1} \tag{4-19}$$

式中:(v_m, p_{m1})是以$(v_{01}, 0)$为初始状态 Hugoniot 曲线上的点;(v_m, p_{m2})是以$(v_{02}, 0)$为初始状态 Hugoniot 曲线上的点,二者皆可以通过实验获得,因而通过式(4-19)可以确定 Grüneisen 系数 γ。

对于冲击压缩后达到的状态,如(v_m, p_{m1})状态,按照 Grüneisen 状态方程,并利用 Hugoniot 关系,有

$$p_{m1} - p_k = \frac{\gamma}{v_m}\left[\frac{1}{2}p_{m1}(v_{01} - v_m) - e_k\right]$$

再代入 $p_k = -\dfrac{\partial e_k}{\partial v}$,整理出关于 e_k 的微分方程式

$$\frac{\partial e_k}{\partial v} + \frac{\gamma}{v_m}e_k + \frac{\gamma}{2}p_{m1}\left(\frac{\gamma + 2}{\gamma} - \frac{v_{01}}{v_m}\right) = 0 \tag{4-20}$$

式中:p_{m1}、v_m、v_{01} 和 γ 皆已知,由此微分方程可以解出 e_k。再由关系 $p_k = -\dfrac{\partial e_k}{\partial v}$,可求出 p_k。这样一来,Grüneisen 状态方程就完全确定了。

4.2.3 固体冲击波 Hugoniot 关系

以下标“0”表示冲击波前的状态,下标“1”表示冲击波后的状态,对于固体冲击波前、后状态,按照 Grüneisen 状态方程分别写出

$$\begin{cases} e_0 - e_{k0} = \left(\dfrac{v}{\gamma}\right)_0 (p_0 - p_{k0}) \\ e_1 - e_{k1} = \left(\dfrac{v}{\gamma}\right)_1 (p_1 - p_{k1}) \end{cases}$$

式中:e_{k0}、e_{k1} 和 p_{k0}、p_{k1} 分别为波前、后的冷能和冷压。由 Grüneisen 状态方程,波前、后内能差

$$e_1 - e_0 = e_{k1} - e_{k0} + \left(\frac{v}{\gamma}\right)_1 (p_1 - p_{k1}) - \left(\frac{v}{\gamma}\right)_0 (p_0 - p_{k0})$$

由冲击波 Hugoniot 方程,波前后内能差

$$e_1 - e_0 = \frac{1}{2}(p_1 + p_0)(v_0 - v_1)$$

按照以上二式,得到

$$\frac{1}{2}(p_1 + p_0)(v_0 - v_1) = e_{k1} - e_{k0} + \left(\frac{v}{\gamma}\right)_1 (p_1 - p_{k1}) - \left(\frac{v}{\gamma}\right)_0 (p_0 - p_{k0})$$

从而,求得 $p-v$ 形式的 Hugoniot 关系

$$p_1 = \frac{\left(\dfrac{v}{\gamma}\right)_1 p_{k1} - \left(\dfrac{v}{\gamma}\right)_0 p_{k0} + \left[\left(\dfrac{v}{\gamma}\right)_0 + \dfrac{v_0 - v_1}{2}\right] p_0 - e_{k1} + e_{k0}}{\left(\dfrac{v}{\gamma}\right)_1 - \dfrac{v_0 - v_1}{2}} \tag{4-21}$$

式中:$\left(\dfrac{v}{\gamma}\right)_1$ 与$\left(\dfrac{v}{\gamma}\right)_0$ 的关系,按式(4-15)或式(4-16)计算。p_{k0}、e_{k0} 是 v_0 的函数,p_{k1}、e_{k1} 是 v_1 的函数,其关系可以按式(4-7)计算。但是,冲击波计算中密度变化比较大,可以近似取 $\rho_{0k}=\rho_0$,此时式(4-7)为

$$\left.\begin{aligned} p_k &= \sum_{i=0}^{5} a_i \left(\frac{\rho}{\rho_0}\right)^{\frac{i}{3}} \\ e_k &= \sum_{i=0}^{5} b_i \left(\frac{\rho}{\rho_0}\right)^{\frac{i}{3}-1} + b_6 \ln \frac{\rho}{\rho_0} \end{aligned}\right\} \tag{4-22}$$

若采用$\left(\dfrac{v}{\gamma}\right)_1 = \left(\dfrac{v}{\gamma}\right)_0$,式(4-21)成为

$$p_1 = \frac{p_{k1} - p_{k0} + \left[1 + \dfrac{\gamma_0}{2}\left(1 - \dfrac{v_1}{v_0}\right)\right] p_0 - \dfrac{\gamma_0}{v_0}(e_{k1} - e_{k0})}{1 - \dfrac{\gamma_0}{2}\left(1 - \dfrac{v_1}{v_0}\right)} \tag{4-23}$$

在波前压力较波后压力能够忽略的情况下,即$\dfrac{p_0}{p_1} \ll 1$ 时,取 $p_0=0$。并且,此时还近似取 $p_{k0}=0, e_{k0}=0$。式(4-23)成为

$$p_1 = \frac{p_{k1} - \dfrac{\gamma_0}{v_0} e_{k1}}{1 - \dfrac{\gamma_0}{2}\left(1 - \dfrac{v_1}{v_0}\right)} \tag{4-24}$$

式(4-23)和式(4-24)都表达了固体中冲击波前、后压力和密度的关系。对于波前压力为常压状态的初次冲击波,可采用式(4-24)的简单形式;对于波前压力为高压状态的二次冲击波,应采用式(4-23)的一般形式。

4.2.4　二次冲击压缩的 Hugoniot 关系

对于经过初次冲击压缩,材料处于较高压力状态之后,再次产生冲击波,由于波前压力较高,不能忽略,波前、波后压力和比容的关系不能采用简单形式的式(4-24),而必须采用一般形式的式(4-23)。

为了便于二次冲击波的计算,下面研究另一种形式的二次冲击波 Hugoniot 关系。以下标“0”表示初次冲击波前的状态,下标“1”表示初次冲击波后,也即二次冲击波前的状态,以下标“2”表示二次冲击波后的状态。初次冲击波和二次冲击波的 Hugoniot 关系分别为

$$e_1 - e_0 = \frac{1}{2}(p_1 + p_0)(v_0 - v_1) \tag{4-25}$$

$$e_1 - e_0 = \frac{1}{2}(p_2 + p_1)(v_1 - v_2) \tag{4-26}$$

其曲线如图 4-4 所示,点 1 在 0 点(p_0,v_0)为初始状态的 Hugoniot 曲线上,点 2 在 1 点(p_1,v_1)为初始状态的 Hugoniot 曲线上,两曲线不相重合。过 2 点(p_2,v_2)作竖直线与 0 点为初始状态的 Hugoniot 曲线相交,交点为 $2'(p_2',v_2)$。

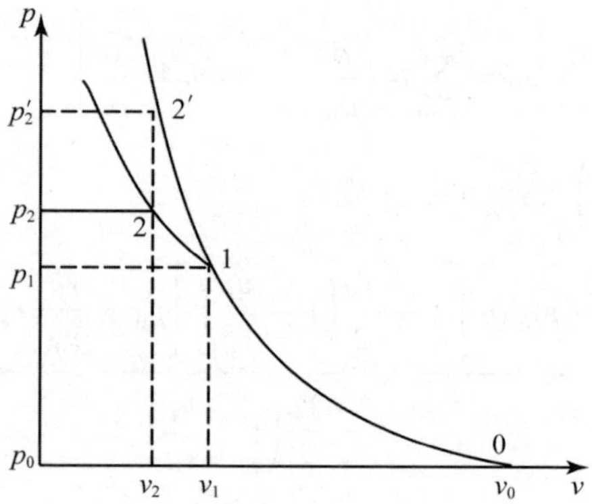

图 4-4 两次冲击压缩的 Hugoniot 曲线

2 点和 2′点虽然具有不同的压力,但是具有相同的比容。这两个状态的 Grüneisen 状态方程

$$e_2 - e_{k2} = \left(\frac{v}{\gamma}\right)_2 (p_2 - p_{k2})$$

$$e_{2'} - e_{k2'} = \left(\frac{v}{\gamma}\right)_{2'} (p_{2'} - p_{k2'})$$

式中:冷能 e_k、冷压 p_k 和 Grüneisen 系数 g 都是比容的函数,比容相同时其值相同,即

$$e_{k2} = e_{k2'},\ p_{k2} = p_{k2'},\ \left(\frac{v}{\gamma}\right)_2 = \left(\frac{v}{\gamma}\right)_{2'}$$

利用这种关系,将两个 Grüneisen 状态方程相减,得

$$e_{2'} - e_2 = \left(\frac{v}{\gamma}\right)_2 (p_{2'} - p_2)$$

将该式与式(4-26)相加,得到 2′点和 1 点两个状态的内能差

$$e_{2'} - e_1 = \frac{1}{2}(p_2 + p_1)(v_1 - v_2) + \left(\frac{v}{\gamma}\right)_2 (p_{2'} - p_2) \tag{4-27}$$

另一方面,2′点是以 0 点为初始状态的 Hugoniot 曲线上的点,可以写出

$$e_{2'} - e_0 = \frac{1}{2}(p_{2'} + p_0)(v_0 - v_{2'})$$

将该式与式(4-25)相减,注意到 $v_{2'} = v_2$,且取 $p_0 = 0$,也得到 2′点和 1 点两个状态的内能差

$$e_{2'} - e_1 = \frac{1}{2}p_{2'}(v_0 - v_2) - \frac{1}{2}p_1(v_0 - v_1) \tag{4-28}$$

由式(4-27)和式(4-28)两式消去 $e_{2'} - e_1$,为

$$(p_2 + p_1)(v_1 - v_2) + 2\left(\frac{v}{\gamma}\right)_2 (p_{2'} - p_2) = p_{2'}(v_0 - v_2) - p_1(v_0 - v_1)$$

从而求得二次冲击波 $p-v$ 形式的 Hugoniot 关系

$$p_2 = \frac{2p_{2'}\left(\frac{v}{\gamma}\right)_2 - (p_{2'} - p_1)(v_0 - v_2)}{2\left(\frac{v}{\gamma}\right)_2 - v_1 + v_2} \tag{4-29}$$

式中:v_0 为初次冲击波前的比容,p_1、v_1 为初次冲击波后的压力和比容,皆为已知值;$p_{2'}$ 是在初次冲击波的 Hugoniot 曲线上比容 v_2 所对应的压力值,可以由初次冲击波的 Hugoniot 进行联系;$\left(\frac{v}{\gamma}\right)^2$ 可以用式(4-15)或式(4-16)进行计算。因而,式(4-29)给出了二次冲击波前后压力和密度的关系。

4.2.5　材料冲击压缩经验关系式

通过对大量材料进行冲击压缩性试验表明,冲击波速度和质点速度之间存在线性关系

$$D_s = a + bu \tag{4-30}$$

式中:a、b 是与材料性质有关的经验常数。该式适用范围很广,对各种材料(包括固体、液体以及许多化合物和混合物)的冲击压缩都能较好地满足,有着重要的实用价值。

有一些材料,冲击波速度和质点速度之间偏离线性关系,可以用二次关系式表示

$$D_s = a + bu + cu^2 \tag{4-31}$$

式中:a、b、c 为与材料性质有关的经验常数,一般 $c<0$,且 $|c| \leqslant 1$。

鉴于式(4-30)在实用上的重要性,很多人对它进行了研究。有些资料指出,经验常数 a、b 与常态下其他热力学量存在一定关系,a 近似等于材料的绝热声速,

b 与 Grüneisen 系数有关，a、b 都与物质的结合能有关，并且给出了关系

$$\begin{cases} b = \dfrac{\gamma_0}{2} + \dfrac{1}{3} + \dfrac{i}{6} \\ \left(\dfrac{a}{b}\right)^2 = -2e_{0k} \end{cases}$$

式中：g_0 是常密度 Grüneisen 系数；$i=1,2,3$ 按三种 Grüneisen 系数选取；e_{0k} 为物质结合能。当缺少材料冲击压缩性能实验数据时，可以根据这些关系式近似确定 a、b 值。

将材料冲击压缩关系式（4-30）代入动量守恒关系式 $p_1-p_0=\rho_0(D_s-u_0)(u_1-u_0)$，当冲击波前为静止 $u_0=0$ 时，表达式为

$$p_1 - p_0 = \rho_0(a + bu_1)u_1 \tag{4-32}$$

式（4-32）称为冲击波 $p-u$ 形式的 Hugoniot 关系。再代入式（4-2），将质点速度换成状态参数

$$p_1-p_0=\rho_0\left[a+b\sqrt{(p_1-p_2)(v_0-v_1)}\right]\sqrt{(p_1-p_0)(v_0-v_1)}$$

整理得到 p_1-v 形式用冲击压缩经验常数表示的 Hugoniot 关系

$$p_1 - p_0 = \frac{a^2\left(1 - \dfrac{v_1}{v_0}\right)}{v_0\left[1 - b\left(1 - \dfrac{v_1}{v_0}\right)\right]^2} \tag{4-33}$$

写成 $p_1-\rho$ 形式为

$$p_1-p_0=\frac{a^2\rho_0\left(1-\dfrac{\rho_0}{\rho_1}\right)}{\left[1-b\left(1-\dfrac{\rho_0}{\rho_1}\right)\right]^2}$$

式（4-33）描述了材料中冲击波前、后压力和比容的关系，如图 4-5 所示。当 $p_1\to\infty$ 时，材料在一次冲击波能够到达的极限压缩比容，由

$$1-b\left(1-\frac{v_1}{v_0}\right)=0$$

求得

$$v_{\min}=\frac{b-1}{b}v_0$$

或极限压缩密度

$$\rho_{\max}=\frac{b}{b-1}\rho_0$$

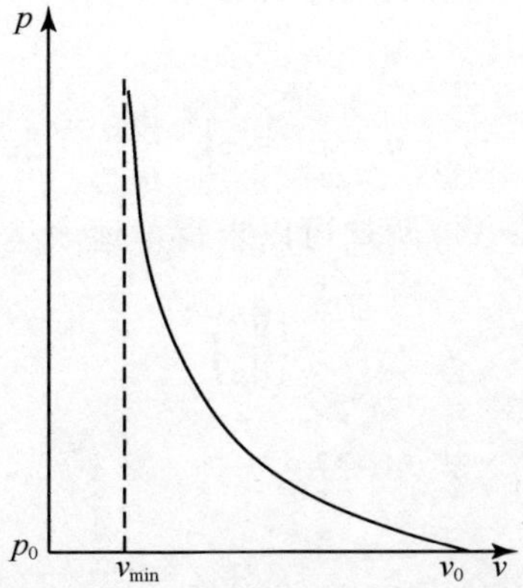

图 4-5　冲击波前后压力和比容的关系

4.3　固体介质在高压状态下的等熵流动

固体介质在高压状态下,除了经常出现冲击压缩过程之外,还常常产生等熵流动过程,如冲击压缩加载之后所出现的卸载过程;冲击波由高波阻抗材料向低波阻抗材料传播时,在高波阻抗材料反射产生的稀疏过程等,都是等熵流动。

固体介质高压下在稀疏波或弱压缩波前后的状态如图 4-6 所示。质量守恒和动量守恒方程分别为

$$\rho \mathrm{d}u \mp c\mathrm{d}\rho = 0 \tag{4-34}$$

$$\mathrm{d}p = \pm \rho c \mathrm{d}u \tag{4-35}$$

式中:上面的符号对应于右传稀疏波,下面的符号对应于左传稀疏波;u 为质点速度,方向以指向右为正;c 为该状态的声速;$\mathrm{d}p$、$\mathrm{d}\rho$、$\mathrm{d}u$ 分别为稀疏波后介质压力、密度和质点速度的增量。

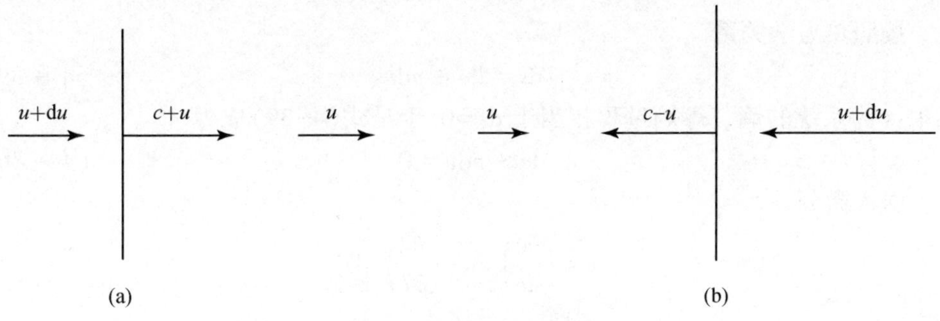

图 4-6　稀疏波的传播
(a) 右传稀疏波;(b) 左传稀疏波。

以下标“1”表示稀疏波区前的状态，由式(4-35)可以得到稀疏波区内质点速度和状态参数之间的关系

$$u - u_1 = \pm\int_{p_1}^{p} \frac{\mathrm{d}p}{\rho c} \tag{4-36}$$

再由式(4-34)和式(4-35)两式可以求得声速表达式

$$c = \left(\frac{\mathrm{d}p}{\mathrm{d}\rho}\right)_s^{\frac{1}{2}} \tag{4-37}$$

由 $\mathrm{d}\rho=\mathrm{d}\left(\frac{1}{v}\right)=-\frac{\mathrm{d}v}{v^2}$，代入式(4-37)为

$$c=v\left(-\frac{\mathrm{d}p}{\mathrm{d}v}\right)_s^{\frac{1}{2}}$$

将之代入式(4-36)，且注意到 dp 与 dv 符号相反，得到稀疏波区内质点速度和状态参数间关系的另一表达形式

$$u - u_1 = \mp\int_{v_1}^{v}\left(-\frac{\mathrm{d}p}{\mathrm{d}v}\right)_s^{\frac{1}{2}}\mathrm{d}v \tag{4-38}$$

式(4-36)和式(4-38)两式中，也是上面符号对应右传稀疏波，下面符号对应左传稀疏波。

研究固体介质在高压状态下的等熵流动，基本守恒方程与气体等熵流动守恒方程相同，其不同之处仍然在于由材料性质所确定的等熵关系。

4.3.1 由热力学关系式确定的等熵方程

前面已经讲述过，固体的压力和能量可以分为“冷”“热”两部分，而“热”部分又可以按点阵运动和电子热运动分开。固体压力和内能分别为

$$p(T,v)=p_k(v)+p_n(T,v)+p_e(T,v)$$
$$e(T,v)=e_k(v)+e_n(T,v)+e_e(T,v)$$

按照热力学关系

$$T\mathrm{d}s = \mathrm{d}e + p\mathrm{d}v \tag{4-39}$$

式中：s 为系统的熵。等熵过程相当于 ds=0，于是式(4-39)成为

$$\mathrm{d}e + p\mathrm{d}v = 0 \tag{4-40}$$

引入微分关系

$$\mathrm{d}e=\left(\frac{\partial e}{\partial v}\right)_T\mathrm{d}v+\left(\frac{\partial e}{\partial T}\right)_V\mathrm{d}T$$

$$\left(\frac{\partial e}{\partial v}\right)_T=T\left(\frac{\partial p}{\partial T}\right)_V-p$$

等熵条件式(4-40)可以改写成为

$$\left(\frac{\partial e}{\partial T}\right)_V \mathrm{d}T + T\left(\frac{\partial p}{\partial T}\right)_V \mathrm{d}v = 0 \tag{4-41}$$

按照式(4-41)要求,对固体的压力 $p(T,v)$ 和内能 $e(T,v)$ 表达式分别对温度求导

$$\left(\frac{\partial p}{\partial T}\right)_V = \left(\frac{\partial p_n}{\partial T}\right)_V + \left(\frac{\partial p_e}{\partial T}\right)_V$$

$$\left(\frac{\partial e}{\partial T}\right)_V = \left(\frac{\partial e_n}{\partial T}\right)_V + \left(\frac{\partial e_e}{\partial T}\right)_V$$

然后代入式(4-41),得到等熵条件微分方程式

$$\varphi(T,v)\mathrm{d}T + \psi(T,v)\mathrm{d}v = 0 \tag{4-42}$$

对于一定的初始条件,由式(4-42)求出 T 和 v 的对应关系,将之代入压力和内能的表达式,从而确定等熵条件下的压力和内能,即固体的等熵方程。

4.3.2 Grüneisen 方程出发的等熵方程

对于固体介质在高压状态下的等熵流动,可以取过程中某一状态的压力和内能作为参考压力和参考内能。由于所研究情况多是在冲击压缩作用后进行的等熵流动,故经常取冲击波波后状态为参考状态,并用下标“1”表示冲击波波后状态(即稀疏波区前的状态),这时稀疏波区某状态和冲击波波后状态的 Grüneisen 方程分别为

$$p-p_k = \frac{\gamma(v)}{v}(e-e_k)$$

$$p_1-p_{k1} = \frac{\gamma(v_1)}{v}(e-e_k)$$

在压缩比变化不是太大的情况下,近似认为仅与固体比容有关的冷压和冷能都变化不大,并且利用关系 $\frac{\gamma(v)}{v} = \frac{\gamma(v_1)}{v} = \frac{\gamma_0}{v_0}$,由上述两个方程可以得出

$$p - p_1 = \frac{\gamma_0}{v_0}(e - e_1) \tag{4-43}$$

式中:v_0、γ_0 分别为常温常压下材料的比容和 Grüneisen 系数。将式(4-43)对 v 微商

$$\frac{\mathrm{d}p}{\mathrm{d}v} = \frac{\mathrm{d}p_1}{\mathrm{d}v} + \frac{\gamma_0}{v_0}\left(\frac{\mathrm{d}e}{\mathrm{d}v} - \frac{\mathrm{d}e_1}{\mathrm{d}v}\right) \tag{4-44}$$

按照冲击波 Hugoniot 方程

$$e_1-e_0 = \frac{1}{2}(p_1+p_0)(v_0-v_1)$$

式中:下标“0”是冲击波前的状态,该状态多为常温、常压状态。将该式对 v 微商,并且去掉 v_1 的下标,略去 p_0 得

$$\frac{\mathrm{d}e_1}{\mathrm{d}v}=\frac{v_0-v}{2}\frac{\mathrm{d}p_1}{\mathrm{d}v}-\frac{1}{2}p_1 \tag{4-45}$$

依据热力学关系 $\mathrm{d}e=T\mathrm{d}s-p\mathrm{d}v$,在等熵条件 $\mathrm{d}s=0$ 下

$$\left(\frac{\mathrm{d}e}{\mathrm{d}v}\right)_s=-p \tag{4-46}$$

将式(4-45)、式(4-46)代入式(4-44),得到等熵流动条件下状态参数的微分方程

$$\left(\frac{\mathrm{d}p}{\mathrm{d}v}\right)_s=\left[1-\frac{\gamma_0}{2}\left(1-\frac{v}{v_0}\right)\right]\frac{\mathrm{d}p_1}{\mathrm{d}v}-\frac{\gamma_0}{v_0}\left(p-\frac{p_1}{2}\right) \tag{4-47}$$

为了变化方程式(4-47),将式(4-47)中参考压力有关项与等熵动压力有关项分开,计算

$$\left[1-\frac{\gamma_0}{2}\left(1-\frac{v}{v_0}\right)\right]\frac{\mathrm{d}p_1}{\mathrm{d}v}+\frac{\gamma_0 p_1}{2v_0}$$

对于冲击波采用压缩关系式(4-33),且去掉 v_1 的下标,略去 p_0,有

$$p_1=\frac{a^2\left(1-\dfrac{v}{v_0}\right)}{v_0\left[1-b\left(1-\dfrac{v}{v_0}\right)\right]^2}$$

$$\frac{\mathrm{d}p_1}{\mathrm{d}v}=-\frac{a^2}{v_0^2}\frac{1+b\left(1-\dfrac{v}{v_0}\right)}{v_0\left[1-b\left(1-\dfrac{v}{v_0}\right)\right]^2}$$

式中:a、b 为材料冲击压缩经验常数。则

$$\left[1-\frac{\gamma_0}{2}\left(1-\frac{v}{v_0}\right)\right]\frac{\mathrm{d}p_1}{\mathrm{d}v}+\frac{\gamma_0 p_1}{2v_0}=\frac{a^2}{v_0^2}\frac{(\gamma_0-b)\left(1-\dfrac{v}{v_0}\right)-1}{\left[1-b\left(1-\dfrac{v}{v_0}\right)\right]^3}$$

记 $\dfrac{(\gamma_0-b)\left(1-\dfrac{v}{v_0}\right)-1}{\left[1-b\left(1-\dfrac{v}{v_0}\right)\right]^3}=Q(v)$,方程式(4-47)变换成为一阶非齐次微分方程

$$\frac{\mathrm{d}p}{\mathrm{d}v}+\frac{\gamma_0}{v_0}p=\frac{a^2}{v_0^2}Q(v) \tag{4-48}$$

将方程从 v_0 到 v 积分，方程式(4-48)的解为

$$pe^{\frac{\gamma_0}{v_0}(v-v_1)} = \frac{a^2}{v_0^2}e^{-\frac{\gamma_0}{v_0}v_1}\int_{v_1}^{v} Q(v)\,e\frac{\gamma_0}{v_0}v\mathrm{d}v + C_1$$

当 $v=v_1$ 时，$p=p_1$，按此条件确定出 $C_1=p_1$。从而得出等熵流动过程中压力和比容关系

$$p = p_1 e^{\frac{\gamma_0}{v_0}(v-v_1)} + \frac{a^2}{v_0^2}e^{-\frac{\gamma_0}{v_0}v}\int_{v_1}^{v} Q(v)\,e^{\frac{\gamma_0}{v_0}v}\mathrm{d}v \tag{4-49}$$

代入 $Q(v)=\dfrac{(\gamma_0-b)\left(1-\dfrac{v}{v_0}\right)-1}{\left[1-b\left(1-\dfrac{v}{v_0}\right)\right]^3}$，计算积分项

$$\frac{a^2}{v_0^2}e^{-\frac{\gamma_0}{v_0}v_1}\int_{v_1}^{v}\frac{(\gamma_0-b)\left(1-\dfrac{v}{v_0}\right)-1}{\left[1-b\left(1-\dfrac{v}{v_0}\right)\right]^3}e\frac{\gamma_0}{v_0}v\mathrm{d}v$$

$$= a^2 e^{-\frac{\gamma_0}{v_0}v_1}\int_{v_1}^{v}\frac{(v_0-bv_0+bv)\left(1-\dfrac{\gamma_0}{b}\right)-v_0\left(2-\dfrac{\gamma_0}{b}\right)}{(u_0-bv_0+bv)^3}e\frac{\gamma_0}{v_0}v\mathrm{d}v$$

$$= \frac{a^2}{b}\left(1-\frac{\gamma_0}{b}\right)e^{-\frac{\gamma_0}{bv_0}(v_0-bv_0+bv)}\int_{v_1}^{v}\frac{e^{\frac{\gamma_0}{bv_0}(v_0-bv_0+bv)}}{(v_0-bv_0+bv)^2}\mathrm{d}(v_0-bv_0+bv)$$

$$-\frac{a^2v_0}{b}\left(2-\frac{\gamma_0}{b}\right)e^{-\frac{\gamma_0}{bv_0}(v_0-bv_0+bv)}\int_{v_1}^{v}\frac{e^{\frac{\gamma_0}{bv_0}(v_0-bv_0+bv)}}{(v_0-bv_0+bv)^3}\mathrm{d}(v_0-bv_0+bv)$$

积分后，代入式(4-49)，最终得等熵流动过程中压力和比容的关系

$$\begin{aligned} p = {} & p_1 e^{-\frac{\gamma_0}{v_0}(v-v_1)} + \frac{a^2}{bv_0\left[1-b\left(1-\dfrac{v}{v_0}\right)\right]}\left[-1+\frac{2\gamma_0}{b}\left(1-\frac{\gamma_0}{4b}\right)+\frac{1-\dfrac{\gamma_0}{2b}}{1-b\left(1-\dfrac{v}{v_0}\right)}\right] \\ & -\frac{a^2}{bv_0\left[1-b\left(1-\dfrac{v}{v_0}\right)\right]}\left[-1+\frac{2\gamma_0}{b}\left(1-\frac{\gamma_0}{4b}\right)+\frac{1-\dfrac{\gamma_0}{2b}}{1-b\left(1-\dfrac{v_1}{v_0}\right)}\right]e^{-\frac{\gamma_0}{v_0}(v-v_1)} \\ & +\frac{a^2\gamma_0}{b^2v_0}\left[1-\frac{2\gamma_0}{b}\left(1-\frac{\gamma_0}{4b}\right)\right]e^{-\frac{\gamma_0}{b}\left[1-b\left(1-\frac{v}{v_0}\right)\right]} \\ & \times\left[\ln\left|\frac{v}{v_1}\right|+\frac{\gamma_0}{bv_0}(v-v_1)+\frac{1}{4}\left(\frac{\gamma_0}{bv_0}\right)^2(v^2-v_1^2)+\cdots\right] \end{aligned} \tag{4-50}$$

式中:a、b 为材料冲击压缩经验常数;γ_0 为材料常密度 Grüneisen 系数;v_0 为冲击压缩前比容;p_1、v_1 为冲击压缩后(亦稀疏波区前)压力和比容;p、v 为稀疏波区中某一状态的压力和比容。该式描述了固体在高压状态等熵流动过程中压力和比容的关系。

将式(4-49)代入式(4-48),可以求得等熵流动过程中压力相对于比容的变化率。为了简便,只写出积分前的形式

$$\left(\frac{\mathrm{d}p}{\mathrm{d}v}\right)_s = \frac{a^2}{v_0^2}Q(v) - \frac{\gamma_0}{v_0}\left[p_1 \mathrm{e}^{-\frac{\gamma_0}{v_0}(v-v_1)} + \frac{a^2}{v_0^2}\mathrm{e}^{-\frac{\gamma_0}{v_0}v}\int_{v_1}^{v} Q(v)\,\mathrm{e}^{\frac{\gamma_0}{v_0}v}\mathrm{d}v\right] \tag{4-51}$$

以及声速

$$c = v\left\{-\frac{a^2}{v_0^2}Q(v) + \frac{\gamma_0}{v_0}\left[p_1 \mathrm{e}^{-\frac{\gamma_0}{v_0}(v-v_1)} + \frac{a^2}{v_0^2}\mathrm{e}^{-\frac{\gamma_0}{v_0}v}\int_{v_1}^{v} Q(v)\,\mathrm{e}^{\frac{\gamma_0}{v_0}v}\mathrm{d}v\right]\right\}^{\frac{1}{2}} \tag{4-52}$$

在式(4-52)中,代入 $v=v_1$,可以得到等熵流动起始状态的声速

$$c_1 = v\left[-\frac{a^2}{v_0^2}Q(v_1) + \frac{\gamma_0}{v_0}p_1\right] = \frac{av_1\left\{1 - b\left(1 - \frac{v_1}{v_0}\right)\left[1 - \gamma_0\left(1 - \frac{v_1}{v_0}\right)\right]\right\}^{\frac{1}{2}}}{v_0\left[1 - b\left(1 - \frac{v}{v_0}\right)\right]^{\frac{3}{2}}} \tag{4-53}$$

将式(4-51)代入式(4-38),还可以求得等熵流动过程某一状态的质点速度。

4.3.3 Murnaghan 等熵方程及其流动

1. Murnaghan 等熵方程

在压力变化不太大的情况下,常常采用下列形式的等熵方程

$$p = Av^{-n} - B \tag{4-54}$$

该方程称为 Murnaghan 等熵方程,式中 A、B、n 是与熵值有关的材料常数。压力对比容的变化率

$$\left(\frac{\mathrm{d}p}{\mathrm{d}v}\right)_s = -Anv^{-n-1}$$

声速与压力、比容的关系

$$c^2 = v^2\left(-\frac{\mathrm{d}p}{\mathrm{d}v}\right)_s = Anv^{-n-1}$$

若以 p_1、v_1、c_1 表示等熵流动初始状态的压力、比容和声速,对于等熵流动的初始状态有

$$p_1 = Av_1^{-n} - B \tag{4-55}$$

$$c_1^2 = Anv_1^{1-n} \tag{4-56}$$

由式(4-54)和式(4-55),等熵流动过程中的压力变化

$$p-p_1=A(v^{-n}-v_1^{-n})=Av_1^{-n}\left[\left(\frac{v_1}{v}\right)^n-1\right]$$

从式(4-56)求出

$$v_1^{-n}=\frac{c_1^2}{Anv_1}$$

将之代入上式,得到 Murnaghan 等熵方程的另一表达形式

$$p-p_1=\frac{c_1^2}{nv_1}\left[\left(\frac{v_1}{v}\right)^n-1\right]$$

由于经常遇到的等熵流动,压力是降低的,比容是增加的,$\frac{v_1}{v}<1$,因而上式常写成

$$p=p_1-\frac{c_1^2}{nv_1}\left[1-\left(\frac{v_1}{v}\right)^n\right] \tag{4-57}$$

等熵流动过程中压力对比容的变化率和声速分别为

$$\left(\frac{\mathrm{d}p}{\mathrm{d}v}\right)_s=\frac{c_1^2}{v^2}\left(\frac{v_1}{v}\right)^{n-1} \tag{4-58}$$

$$c=c_1\left(\frac{v_1}{v}\right)^{\frac{n-1}{2}} \tag{4-59}$$

下面确定材料常数 n。当 $v=v_0$ 时,$c=c_0$,由式(4-59)可以得到

$$\frac{n-1}{2}=\frac{\ln\dfrac{c_0}{c}}{\ln\dfrac{v_1}{v_0}} \tag{4-60}$$

式中:c_0 可以由式(4-52)代入 $v=v_0$ 确定,注意此时式(4-52)方括号内项为 $p=p_0$,则

$$c_0=v_0\left\{-\frac{a^2}{v_0^2}Q(v_0)+\frac{\gamma_0}{v_0}p_0\right\}^{\frac{1}{2}}$$

式中:$Q(v_0)=-1$,且略去 p_0,得

$$c_0=a \tag{4-61}$$

以 $v_1\to v$ 的极限值确定式(4-60)。若 $v_1\to v$ 时 $c_1\to c_0$,式(4-60)右端成为$\frac{0}{0}$,按照 L'Hospital 法则

$$\lim_{v_1\to v_0}\frac{\ln\dfrac{c_0}{c_1}}{\ln\dfrac{v_1}{v_0}}=\lim_{v_1\to v_0}\frac{\mathrm{d}\left(\ln\dfrac{c_0}{c_1}\right)/\mathrm{d}v_1}{\mathrm{d}\left(\ln\dfrac{v_1}{v_0}\right)/\mathrm{d}v_1}$$

将式(4-53)和式(4-61)代入,计算得

$$\lim_{v_1\to v_0}\frac{\mathrm{d}\left(\ln\dfrac{c_0}{c_1}\right)/\mathrm{d}v_1}{\mathrm{d}\left(\ln\dfrac{v_1}{v_0}\right)/\mathrm{d}v_1}=-1+2b$$

代回式(4-60),得到等熵方程式(4-57)中的材料常数

$$n=4b+1$$

式中:b 为材料冲击压缩经验常数。

2. Murnaghan 等熵方程时的等熵流动

将压力相对于比容的变化率式(4-58)代入式(4-38)

$$u-u_1=\mp\int_{v_1}^{v}\frac{c_1}{v}\left(\frac{v_1}{v}\right)^{\frac{n-1}{2}}\mathrm{d}v=\mp\frac{2c_1}{n-1}\left[1-\left(\frac{v_1}{v}\right)^{\frac{n-1}{2}}\right]$$

由式(4-59)代入$\left(\dfrac{v_1}{v}\right)^{\frac{n-1}{2}}=\dfrac{c}{c_1}$,则

$$u-u_1=\pm\frac{2}{n-1}(c-c_1) \tag{4-62}$$

式(4-62)描述了固体介质在高压状态等熵流动过程中质点速度增加量与声速增加量之间的关系,该式与气体等熵流动公式相同。对于右传稀疏波区的等熵流动,公式取正号;对于左传稀疏波区的等熵流动,公式取负号。

仍然研究冲击压缩后所进行的等熵流动,以下标“0”表示冲击波前的状态,下标“1”表示冲击波后,即等熵流动起始状态,且采用冲击压缩经验常数表示的 Hugoniot 关系,声速 c_1 用式(4-53)表示,则等熵流动过程中质点速度与比容的关系

$$u-u_1=\mp\frac{2av_1\left[1-\left(\dfrac{v_1}{v}\right)^{\frac{n-1}{2}}\right]\left\{1+b\left(1-\dfrac{v_1}{v_0}\right)\left[1-\gamma_0\left(1-\dfrac{v_1}{v_0}\right)\right]\right\}^{\frac{1}{2}}}{(n-1)v_0\left[1-b\left(1-\dfrac{v_1}{v_0}\right)\right]^3} \tag{4-63}$$

对于右传稀疏波区,公式取负号;对于左传稀疏波,公式取正号。

等熵流动过程中压力和比容的关系

$$p = p_1 - \frac{a^2 v_1\left[1 - \left(\frac{v_1}{v}\right)^n\right]\left\{1 + b\left(1 - \frac{v_1}{v_0}\right)\left[1 - \gamma_0\left(1 - \frac{v_1}{v_0}\right)\right]\right\}}{n v_0^2\left[1 - b\left(1 - \frac{v_1}{v_0}\right)\right]^3} \tag{4-64}$$

习　题

1. 固体高压冲击波基本方程与空气中传播的冲击波基本方程有何异同?
2. 什么情况下可对固体采用流体动力学近似处理?
3. 简述物体的能量和压力组成。
4. 简述爆轰产物等熵流动方程的物理意义。
5. 简述 Mie-Grüneisen 状态方程的物理意义。
6. 简述如何用 Hugoniot 关系确定固体状态方程。

第 5 章　高压冲击波与介质的作用

当一物体(弹)高速撞击另一物体(靶)时,在弹体和靶板内同时产生冲击波,并且还会引起弹材料和靶材料的变形和破坏。当冲击波从一种介质进入另一种介质时,在两介质之间的分界面上会发生冲击波反射和透射。如果冲击波在某一介质中传播,本章讨论物体内所形成的冲击波以及冲击波在介质中的传播规律。

5.1　高速撞击所产生的初始冲击波及其作用

5.1.1　高速撞击所产生的界面处初始冲击波

考察弹体对靶板进行一维平面撞击的情况,如图 5-1 所示。设弹体以速度 u_d 撞击静止的靶板,在弹体和靶板中所产生的冲击波速度分别为 D_{s1} 和 D_{s2};弹体初始密度、压力和质点速度分别为 ρ_{d0},$\rho_{d0}\approx 0$,$u_{d0}=u_d$,冲击波 D_{s1} 后的密度、压力和质点速度分别为 ρ_{d1}、p_{d1} 和 u_{d1};靶板初始密度、压力和质点速度分别为 ρ_{m0}、$p_{m0}\approx 0$,$u_{m0}=0$,冲击波 D_{s2} 后的密度、压力和质点速度分别为 ρ_{m1}、p_{m1} 和 u_{m1}。

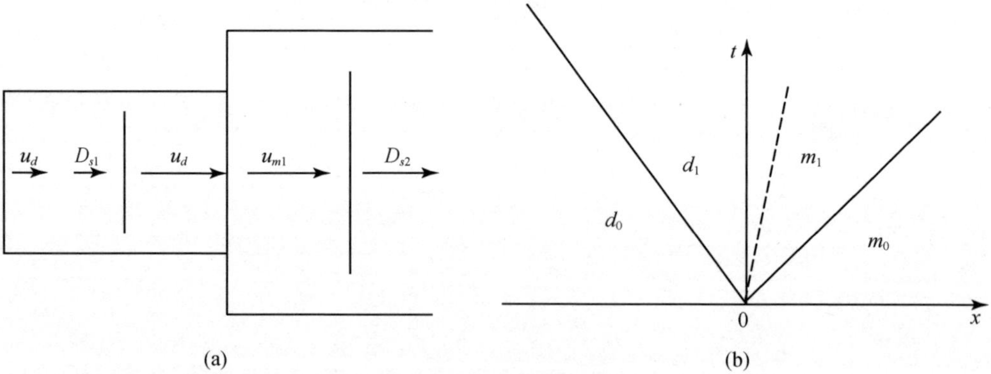

图 5-1　弹体对靶板的撞击

(a) 撞击;(b) 冲击波传播。

对于弹体,考虑到波前质点速度 u_{d0} 的方向与冲击波速度 D_{s1} 的方向相反,并且波后质点速度 u_{d1} 的方向与冲击波速度 D_{s1} 的方向相反,波前、后质量守恒和动量守恒方程分别为

$$\rho_{d0}(D_{s1}+u_d)=\rho_{d1}(D_{s1}+u_{d1})$$

$$\rho_{d1}=\rho_{d0}(D_{s1}+u_d)(u_d-u_{d1})$$

对于靶板,波前、后质量守恒和动量守恒方程分别为

$$\rho_{m0}D_{s2}=\rho_{m1}(D_{s2}-u_{m1})$$

$$p_{m1}=\rho_{m0}D_{s2}u_{m1}$$

由弹体质量守恒方程

$$D_{s1}=\frac{\rho_{d0}u_d-\rho_{d1}u_{d1}}{\rho_{d1}-\rho_{d0}} \tag{5-1}$$

将之代入弹体动量守恒方程

$$p_{d1}=\frac{\rho_{d0}\rho_{d1}}{\rho_{d1}-\rho_{d0}}(u_d-u_{d1})^2 \tag{5-2}$$

由靶板质量守恒方程

$$D_{s2}=\frac{\rho_{m1}u_{m1}}{\rho_{m1}-\rho_{m0}} \tag{5-3}$$

将之代入靶板动量守恒方程

$$p_{m1}=\frac{\rho_{m0}\rho_{m1}}{\rho_{m1}-\rho_{m0}}u_{m1}^2 \tag{5-4}$$

按照弹、靶界面连续条件

$$p_{d1}=p_{m1}=p_1$$

$$u_{d1}=u_{m1}=u_1$$

由方程式(5-2)和式(5-4)

$$\frac{\rho_{d0}\rho_{d1}}{\rho_{d1}-\rho_{d0}}(u_d-u_{d1})^2=\frac{\rho_{m0}\rho_{m1}}{\rho_{m1}-\rho_{m0}}u_1^2$$

整理得界面质点速度

$$u_1=\left\{1+\left[\frac{\rho_{m0}\rho_{m1}(\rho_{d1}-\rho_{d0})}{\rho_{d0}\rho_{d1}(\rho_{m1}-\rho_{m0})}\right]^{\frac{1}{2}}\right\}^{-1}u_d \tag{5-5}$$

若弹体和靶板为同一材料时,$\rho_{d0}=\rho_{m0}$,$\rho_{d1}=\rho_{m1}$,从而可以得出

$$u_1=\frac{1}{2}u_d$$

即当高速弹撞击相同材料的靶板时,界面质点速度等于弹体撞击速度的一半。

将式(5-5)代入式(5-4),得界面压力

$$p_1=\frac{\rho_{m0}\rho_{m1}}{\rho_{m1}-\rho_{m0}}\left\{1+\left[\frac{\rho_{m0}\rho_{m1}(\rho_{d1}-\rho_{d0})}{\rho_{d0}\rho_{d1}(\rho_{m1}-\rho_{m0})}\right]^{\frac{1}{2}}\right\}^{-2}u_d^2 \tag{5-6}$$

方程式(5-5)和式(5-6)两式含有四个未知数:p_1,u_1,ρ_{d1},ρ_{m1}。为求弹体撞击

靶板所达到的压力和质点速度，还必须从材料方面知道另外两个方程，即弹、靶各自的状态方程。

若采用第四章中式(4-24)表示的 Hugoniot 关系，并且代入式(4-22)所表示的冷压和冷能关系式，则弹、靶冲击波前、后压力和密度的关系分别为

$$p_{d1}=p_1=\frac{\sum_{i=0}^{5}a_{di}\left(\frac{\rho_{d1}}{\rho_{d0}}\right)^{\frac{i}{3}}-\gamma_{d0}\rho_{d0}\left[\sum_{i=0}^{5}b_{di}\left(\frac{\rho_{d1}}{\rho_{d0}}\right)^{\frac{i}{3}-1}+b_{d6}\ln\frac{\rho_{d1}}{\rho_{d0}}\right]}{1-\frac{\gamma_{d0}}{2}\left(1-\frac{\rho_{d0}}{\rho_{d1}}\right)} \tag{5-7}$$

$$p_{m1}=p_1=\frac{\sum_{i=0}^{5}a_{mi}\left(\frac{\rho_{m1}}{\rho_{m0}}\right)^{\frac{i}{3}}-\gamma_{m0}\rho_{m0}\left[\sum_{i=0}^{5}b_{mi}\left(\frac{\rho_{m1}}{\rho_{m0}}\right)^{\frac{i}{3}-1}+b_{m6}\ln\frac{\rho_{m1}}{\rho_{m0}}\right]}{1-\frac{\gamma_{m0}}{2}\left(1-\frac{\rho_{m0}}{\rho_{m1}}\right)} \tag{5-8}$$

式中：a_{di}、b_{di} 为弹体材料的冷压、冷能系数，a_{mi}、b_{mi} 为靶板材料的冷压、冷能系数，γ_{d0}、γ_{m0} 分别为两材料常密度 Grüneisen 系数。由式(5-5)、式(5-6)、式(5-7)、式(5-8)四个方程可以解出四个未知数 p_1、u_1、ρ_{d1}、ρ_{m1} 具体可以采用下列方法：先假定一系列 ρ_{d1}，由式(5-7)计算出一系列 p_1，绘出 p_1-ρ_{d1} 曲线；再假定一系列 ρ_{m1}，由式(5-8)计算出一系列 p_1，在同一图上绘出 p_1-m_1 曲线，这样就得到了 p_1-ρ_{d1}-ρ_{m1} 对应数据；将一组组对应的 ρ_{d1}、ρ_{m1} 代入式(5-6)计算 p_1，直至由式(5-6)计算出来的 p_1 与式(5-7)、式(5-8)计算出来的 p_1 相等，此时所得到的 p_1、ρ_{d1}、ρ_{m1} 即为所求。将所求得的 ρ_{d1}、ρ_{m1} 代入式(5-5)，即可计算出 u_1。将所求得的 ρ_{d1}、ρ_{m1} 和 u_1 代入式(5-1)和式(5-3)，分别可以计算出弹体和靶板中的冲击波速度 D_{s1}、D_{s2}。

若采用第 4 章中式(4-24)表示的 Hugoniot 关系，并且代入式(4-22)所表示的冷压和冷能，则弹、靶冲击波前、后压力和密度的关系分别为

$$p_{d1}=p_1=\frac{a_d^2\rho_{d0}\left(1-\frac{\rho_{d0}}{\rho_{d1}}\right)}{\left[1-b_d\left(1-\frac{\rho_{d0}}{\rho_{d1}}\right)\right]^2} \tag{5-9}$$

$$p_{m1}=p_1=\frac{a_m^2\rho_{m0}\left(1-\frac{\rho_{m0}}{\rho_{m1}}\right)}{\left[1-b_m\left(1-\frac{\rho_{m0}}{\rho_{m1}}\right)\right]^2} \tag{5-10}$$

式中：a_d、b_d 为弹体材料的冲击压缩经验常数；a_m、b_m 为靶板材料的冲击压缩经验常数。由式(5-5)、式(5-6)、式(5-9)、式(5-10)四个方程也可以求出四个未知

数 p_1、u_1、ρ_{d1}、ρ_{m1}。

5.1.2　冲击波在两种介质分界面上的反射与透射

当冲击波由一种固体介质（Ⅰ）向另一种固体介质（Ⅱ）传播时，在二介质界面上发生入射和反射现象。介质Ⅱ必定入射冲击波，而介质Ⅰ中反射波的性质取决于两种介质冲击阻抗的大小，若介质Ⅰ的冲击阻抗（$\rho_{\text{I}0}D_{s\text{I}}$）小于介质Ⅱ的冲击阻抗（$\rho_{\text{II}0}D_{s\text{II}}$）时，反射回冲击波；若介质Ⅰ的冲击阻抗大于介质Ⅱ的冲击阻抗时，反射回稀疏波；若二介质冲击阻抗相等时不发生反射现象。

1. $\rho_{\text{I}0}D_{s\text{I}}<\rho_{\text{II}0}D_{s\text{II}}$

$\rho_{\text{I}0}D_{s\text{I}}<\rho_{\text{II}0}D_{s\text{II}}$ 是介质反射回冲击波的情况，如图 5-2 所示。（I_0）为介质Ⅰ的初始状态，（I_1）为冲击波 $D_{s\text{I}}$ 通过后介质Ⅰ的状态，（I_2）为反射冲击波 $D_{s\text{I}}$ 通过后介质Ⅰ的状态，（II_0）为介质Ⅱ的初始状态，（II_1）为入射冲击波 $D_{s\text{II}}$ 通过介质Ⅱ后的状态。二介质界面两侧存在着压力相等、速度相等的条件，即 $p_{\text{I}_2}=p_{\text{II}_1}$，$u_{\text{I}_2}=p_{\text{II}_1}$。

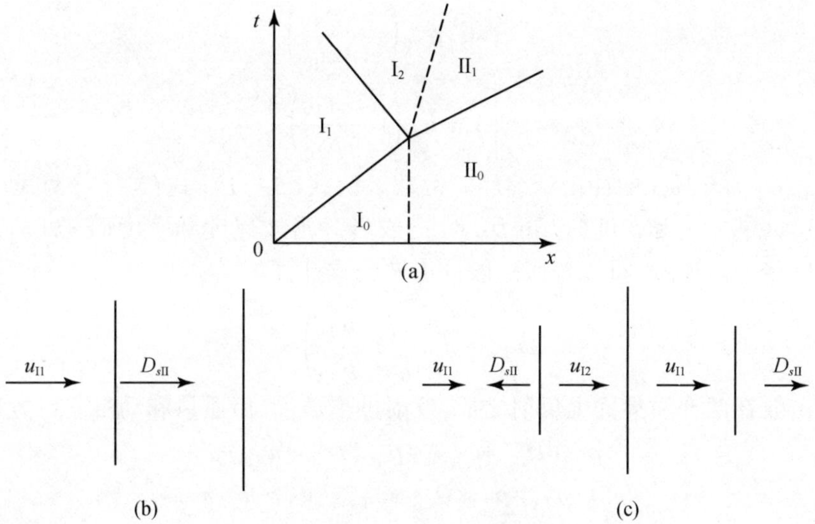

图 5-2　反射冲击波的情况

（a）x-t 平面；（b）反射前的波系和质点运动方向；（c）反射后的波系和质点运动方向。

冲击波 $D_{s\text{I}}$ 到达两介质界面之前，按照冲击波前、后质量守恒和动量守恒关系。

$$\rho_{\text{I}0}D_{s\text{I}}=\rho_{\text{I}1}(D_{s\text{I}}-u_{\text{I}1})$$

$$\rho_{\text{I}1}=\rho_{\text{I}0}D_{s\text{I}}u_{\text{I}1}$$

消去 $u_{\text{I}1}$，波后压力、密度和冲击波速度的关系为

$$p_{\mathrm{I}1} = \rho_{\mathrm{I}0}\left(1 - \frac{\rho_{\mathrm{I}0}}{\rho_{\mathrm{I}1}}\right) D_{s\mathrm{I}}^2 \tag{5-11}$$

若采用式(4-24)形式的 Hugoniot 方程,且采用式(4-22)表达的冷压、冷能,介质Ⅰ中冲击波 $D_{s\mathrm{I}}$ 后压力和密度的关系为

$$p_{\mathrm{I}1} = \frac{\sum_{i=0}^{5} a_{\mathrm{I}i}\left(\frac{\rho_{\mathrm{I}1}}{\rho_{\mathrm{I}0}}\right)^{\frac{i}{3}} - \gamma_{\mathrm{I}0}\rho_{\mathrm{I}0}\left[\sum_{i=0}^{5} b_{\mathrm{I}i}\left(\frac{\rho_{\mathrm{I}1}}{\rho_{\mathrm{I}0}}\right)^{\frac{i}{3}-1} + b_{\mathrm{I}6}\ln\frac{\rho_{\mathrm{I}1}}{\rho_{\mathrm{I}0}}\right]}{1 - \frac{\gamma_{\mathrm{I}0}}{2}\left(1 - \frac{\rho_{\mathrm{I}0}}{\rho_{\mathrm{I}1}}\right)} \tag{5-12}$$

式中:$a_{\mathrm{I}i}$、$b_{\mathrm{I}i}$ 为介质的冷压、冷能系数;$\gamma_{\mathrm{I}0}$ 为介质Ⅰ常密度 Grüneisen 系数。方程式(5-11)、式(5-12)两式中含有三个未知数:$p_{\mathrm{I}1}$、$\rho_{\mathrm{I}1}$、$D_{s\mathrm{I}}$,若已知介质Ⅰ中冲击波速度 $D_{s\mathrm{I}}$ 或冲击波强度 $p_{\mathrm{I}1}$ 时,由式(5-11)、式(5-12)可以求出另外两个未知参数。

若采用式(4-33)形式的 Hugoniot 方程,则介质Ⅰ中冲击波 $D_{s\mathrm{I}}$ 后压力和密度的关系

$$p_{\mathrm{I}1} = \frac{a_{\mathrm{I}}^2\rho_{\mathrm{I}0}\left(1 - \frac{\rho_{\mathrm{I}0}}{\rho_{\mathrm{I}1}}\right)}{\left[1 - b_{\mathrm{I}}\left(1 - \frac{\rho_{\mathrm{I}0}}{\rho_{\mathrm{I}1}}\right)\right]^2} \tag{5-13}$$

式中:a_{I}、b_{I} 为介质Ⅰ的冲击压缩经验常数。由式(5-11)、式(5-13)两式也可以求出(Ⅰ1)区的压力和密度(已知 $D_{s\mathrm{I}}$ 时),或者冲击波速度和密度(已知 $p_{\mathrm{I}1}$ 时)。对于(Ⅰ1)区质点速度,可以按照一般冲击波公式计算

$$u_{\mathrm{I}1} = \sqrt{\frac{p_{\mathrm{I}1}}{\rho_{\mathrm{I}0}}\left(1-\frac{\rho_{\mathrm{I}0}}{\rho_{\mathrm{I}1}}\right)}$$

冲击波在两介质界面上反射之后,反射冲击波前、后质量和动量守恒方程为

$$\rho_{\mathrm{I}1}(D_{s\mathrm{I}'}+u_{\mathrm{I}1}) = \rho_{\mathrm{I}2}(D_{s\mathrm{I}'}+u_{\mathrm{I}2})$$

$$p_{\mathrm{I}2}-p_{\mathrm{I}1} = \rho_{\mathrm{I}1}(D_{s\mathrm{I}'}+u_{\mathrm{I}1})(u_{\mathrm{I}1}-u_{\mathrm{I}2})$$

或写成

$$D_{s\mathrm{I}'} = \frac{\rho_{\mathrm{I}1}u_{\mathrm{I}1} - \rho_{\mathrm{I}2}u_{\mathrm{I}2}}{\rho_{\mathrm{I}2} - \rho_{\mathrm{I}1}} \tag{5-14}$$

$$u_{\mathrm{I}2} - u_{\mathrm{I}1} = \sqrt{\frac{p_{\mathrm{I}2} - p_{\mathrm{I}1}}{\rho_{\mathrm{I}1}}\left(1 - \frac{\rho_{\mathrm{I}1}}{\rho_{\mathrm{I}2}}\right)} \tag{5-15}$$

介质Ⅱ中入射冲击波前、后质量和动量守恒方程分别为

$$\rho_{\mathrm{II}0}D_{s\mathrm{II}} = \rho_{\mathrm{II}1}(D_{s\mathrm{II}} - u_{\mathrm{II}1})$$

$$p_{\mathrm{II}1} = \rho_{\mathrm{II}0}D_{s\mathrm{II}}u_{\mathrm{II}1}$$

或写成

$$D_{s\text{Ⅱ}} = \frac{\rho_{\text{Ⅱ}1} u_{\text{Ⅱ}1}}{\rho_{\text{Ⅱ}1} - \rho_{\text{Ⅱ}0}} \tag{5-16}$$

$$u_{\text{Ⅱ}1} = \sqrt{\frac{p_{\text{Ⅱ}1}}{\rho_{\text{Ⅱ}0}}\left(1 - \frac{\rho_{\text{Ⅱ}0}}{\rho_{\text{Ⅱ}1}}\right)} \tag{5-17}$$

对于介质Ⅰ中的反射冲击波，是在一次冲击波基础上的二次冲击压缩，只能采用式(4-23)一般形式的 Hugoniot 关系；而对于介质Ⅱ中的冲击波，可以采用式(4-24)简化形式的 Hugoniot 关系。两介质的 Hugoniot 关系分别为

$$p_{\text{Ⅰ}2} = \frac{p_{k\text{Ⅰ}2} - p_{k\text{Ⅰ}1} + \left[1 + \frac{\gamma_{\text{Ⅰ}1}}{2}\left(1 - \frac{\rho_{\text{Ⅰ}1}}{\rho_{\text{Ⅰ}2}}\right)\right] p_{\text{Ⅰ}1} - \gamma_{\text{Ⅰ}1}\rho_{\text{Ⅰ}1}(e_{k\text{Ⅰ}2} - e_{k\text{Ⅰ}1})}{1 - \frac{\gamma_{\text{Ⅰ}0}}{2}\left(1 - \frac{\rho_{\text{Ⅰ}1}}{\rho_{\text{Ⅰ}2}}\right)} \tag{5-18}$$

$$p_{\text{Ⅱ}1} = \frac{p_{k\text{Ⅱ}1} - \gamma_{\text{Ⅱ}0}\rho_{\text{Ⅱ}0} e_{k\text{Ⅱ}1}}{1 - \frac{\gamma_{\text{Ⅱ}0}}{2}\left(1 - \frac{\rho_{\text{Ⅱ}0}}{\rho_{\text{Ⅱ}1}}\right)} \tag{5-19}$$

式中：$p_{k\text{Ⅱ}1}$、$p_{k\text{Ⅰ}2}$ 和 $e_{k\text{Ⅰ}1}$、$e_{k\text{Ⅰ}2}$ 分别为第一介质(Ⅰ1)、(Ⅰ2)区的冷压和冷能，按照式(4-22)计算，分别是 $\rho_{\text{Ⅰ}1}$ 和 $\rho_{\text{Ⅰ}2}$ 的函数；$p_{k\text{Ⅱ}1}$、$e_{k\text{Ⅱ}1}$ 为第二介质(Ⅱ1)的冷压和冷能，同样按照式(4-22)计算，它是 $\rho_{\text{Ⅱ}1}$ 的函数；$\gamma_{\text{Ⅰ}1}$、$\gamma_{\text{Ⅱ}0}$ 分别为两介质在相应状态的 Grüneisen 系数。由于(Ⅰ1)区参数已经求出，因而式(5-18)只是 $\rho_{\text{Ⅱ}2}$ 的函数，式(5-19)只是 $\rho_{\text{Ⅱ}1}$ 的函数。这样通过式(5-15)、式(5-17)、式(5-18)、式(5-19)四个方程，且结合界面连续条件，可以求出 $\rho_{\text{Ⅰ}2}$、$\rho_{\text{Ⅱ}1}$、$p_{\text{Ⅰ}2} = p_{\text{Ⅱ}1}$ 和 $u_{\text{Ⅰ}2} = u_{\text{Ⅱ}1}$ 四个未知数。具体求解可以采用下列方法：先假定一系列 $\rho_{\text{Ⅰ}2}$，由式(5-18)计算出一系列 $\rho_{\text{Ⅰ}2}$，将之代入式(5-15)中计算出相应的 $u_{\text{Ⅰ}2}$，绘出 $p_{\text{Ⅰ}1}-u_{\text{Ⅰ}2}$ 曲线；再假定一系列 $\rho_{\text{Ⅱ}1}$，由式(5-19)计算出一系列 $p_{\text{Ⅱ}1}$，将之代入式(5-17)中计算出相应的 $u_{\text{Ⅱ}1}$，绘出 $p_{\text{Ⅱ}1}-u_{\text{Ⅱ}1}$ 曲线。$p_{\text{Ⅰ}2}-u_{\text{Ⅰ}2}$ 曲线和 $p_{\text{Ⅱ}1}-u_{\text{Ⅱ}1}$ 曲线的交点，即为所求的 $p_{\text{Ⅰ}2} = p_{\text{Ⅱ}1}$、$u_{\text{Ⅰ}2} = u_{\text{Ⅱ}1}$，对应的 $\rho_{\text{Ⅰ}2}$，$\rho_{\text{Ⅱ}1}$ 分别是(I2)和(II1)区的密度。然后，由式(5-14)和式(5-16)分别可以求出介质 I 中反射冲击波速度和介质 II 中入射冲击波速度。

2. $\rho_{\text{Ⅰ}0} D_{s\text{Ⅰ}} > \rho_{\text{Ⅱ}0} D_{s\text{Ⅱ}}$

$\rho_{\text{Ⅰ}0} D_{s\text{Ⅰ}} > \rho_{\text{Ⅱ}0} D_{s\text{Ⅱ}}$ 是介质Ⅰ反射回稀疏波的情况，如图 5-3 所示。(Ⅰ0)、(Ⅱ0)分别为两介质的初始状态，(Ⅰ1)为冲击波 $D_{s\text{Ⅰ}}$ 后介质Ⅰ的状态，(Ⅰ2)为反射稀疏波区后介质 I 的状态，(Ⅱ1)是入射冲击波 $D_{s\text{Ⅱ}}$ 后介质Ⅱ的状态。

冲击波 $D_{s\text{Ⅰ}}$ 到达两介质界面之前，其情况与 $\rho_{\text{Ⅰ}0} D_{s\text{Ⅰ}} < \rho_{\text{Ⅱ}0} D_{s\text{Ⅱ}}$ 时情况相同，可以用式(5-11)、式(5-12)两式或式(5-11)、式(5-13)两式求解(Ⅰ1)区参数。冲

击波在两介质界面上反射之后，对于介质Ⅰ采用稀疏波前后的关系，对于介质Ⅱ采用冲击波前后的关系，然后以界面连续条件相联系进行求解。

对于介质Ⅰ，稀疏波区前质点速度 $u_{\mathrm{I}1}$，波区后质点速度为 $u_{\mathrm{I}2}$，按照式(4-38)左传稀疏波区前后质点速度与状态参数的关系

$$u_{\mathrm{I}2}-u_{\mathrm{I}1}=\int_{v_{\mathrm{I}1}}^{v_{\mathrm{I}2}}\left(-\frac{\mathrm{d}p}{\mathrm{d}v}\right)_s^{\frac{1}{2}}\mathrm{d}v \tag{5-20}$$

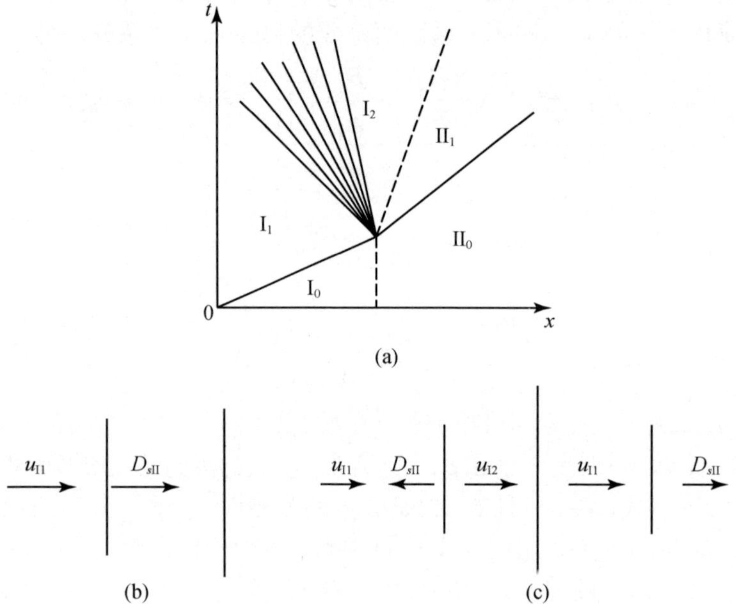

图 5-3　反射冲击波的情况

(a) $x\sim t$ 平面；(b) 反射前的波系和质点运动方向；(c) 反射后的波系和质点运动方向。

对于稀疏波问题，除了由守恒方程所确定的函数关系之外，还要知道由材料性质相联系的等熵关系，若采用式(4-49)表示的等熵关系，稀疏波前、后压力和比容关系为

$$p_{\mathrm{I}2}=p_{\mathrm{I}1}\mathrm{e}^{-\frac{\gamma_{\mathrm{I}0}}{v_{\mathrm{I}0}}(v_{\mathrm{I}2}-v_{\mathrm{I}1})}+\frac{a_{\mathrm{I}}^2}{v_{\mathrm{I}0}^2}\mathrm{e}^{-\frac{\gamma_{\mathrm{I}0}v_{\mathrm{I}2}}{v_{\mathrm{I}0}}}\int_{v_{\mathrm{I}1}}^{v_{\mathrm{I}2}}Q(v)\mathrm{e}^{\frac{\gamma_{\mathrm{I}0}}{v_{\mathrm{I}0}}v}\mathrm{d}v \tag{5-21}$$

将式(3-125)代入式(5-20)，得稀疏波区前、后质点速度和比容的关系

$$u_{\mathrm{I}2}=u_{\mathrm{I}1}+\int_{v_{\mathrm{I}1}}^{v_{\mathrm{I}2}}\left\{-\frac{a_{\mathrm{I}}^2}{v_{\mathrm{I}0}^2}Q(v)+\frac{\gamma_{\mathrm{I}0}}{v_{\mathrm{I}0}}\mathrm{e}^{-\frac{\gamma_{\mathrm{I}0}v_{\mathrm{I}2}}{v_{\mathrm{I}0}}v}\left[p_{\mathrm{I}1}\mathrm{e}^{\frac{\gamma_{\mathrm{I}0}}{v_{\mathrm{I}0}}v_{\mathrm{I}1}}+\frac{a_{\mathrm{I}}^2}{v_{\mathrm{I}0}^2}\int_{v_{\mathrm{I}1}}^{v_{\mathrm{I}2}}Q(v)\mathrm{e}^{\frac{\gamma_{\mathrm{I}0}}{v_{\mathrm{I}0}}v}\mathrm{d}v\right]\right\}^{\frac{1}{2}}\mathrm{d}v \tag{5-22}$$

式中：$Q(v)=\dfrac{(\gamma_{\mathrm{I}0}-b_{\mathrm{I}})\left(1-\dfrac{v}{v_{\mathrm{I}0}}\right)-1}{\left[1-b_{\mathrm{I}}\left(1-\dfrac{v}{v_{\mathrm{I}0}}\right)\right]^3}$；$a_{\mathrm{I}}$，$b_{\mathrm{I}}$ 为介质的冲击压缩经验常数；$\gamma_{\mathrm{I}0}$ 为常密度材料 Grüneisen 系数。方程式(5-21)和式(5-22)两式从稀疏波角度提供了参数之间的关系，但是由于这两式积分过于复杂，使用不方便，计算中多采用 Murnaghan 近似等熵方程。

若采用 Murnaghan 近似等熵方程，稀疏波区前、后压力和质点速度与状态参数之间的关系分别由式(4-64)、式(4-63)两式给出，且将式中比容换成密度，则有

$$p_{\mathrm{I}2}=p_{\mathrm{I}1}-\frac{a_{\mathrm{I}}^2\rho_{\mathrm{I}0}^2\left[1-\left(\dfrac{\rho_{\mathrm{I}2}}{\rho_{\mathrm{I}1}}\right)^{4b_{\mathrm{I}}-1}\right]\left\{1+b_{\mathrm{I}}\left(1-\dfrac{\rho_{\mathrm{I}0}}{\rho_{\mathrm{I}1}}\right)\left[1-\gamma_{\mathrm{I}0}\left(1-\dfrac{\rho_{\mathrm{I}0}}{\rho_{\mathrm{I}1}}\right)\right]\right\}}{(4b_{\mathrm{I}}-1)\rho_{\mathrm{I}1}\left[1-b_{\mathrm{I}}\left(1-\dfrac{\rho_{\mathrm{I}0}}{\rho_{\mathrm{I}1}}\right)\right]^3} \tag{5-23}$$

$$u_{\mathrm{I}2}=u_{\mathrm{I}1}-\frac{a_{\mathrm{I}}\rho_{\mathrm{I}0}\left[1-\left(\dfrac{\rho_{\mathrm{I}2}}{\rho_{\mathrm{I}1}}\right)^{2b_{\mathrm{I}}-1}\right]\left\{1+b_{\mathrm{I}}\left(1-\dfrac{\rho_{\mathrm{I}0}}{\rho_{\mathrm{I}1}}\right)\left[1-\gamma_{\mathrm{I}0}\left(1-\dfrac{\rho_{\mathrm{I}0}}{\rho_{\mathrm{I}1}}\right)\right]\right\}^{\frac{1}{2}}}{(2b_{\mathrm{I}}-1)\rho_{\mathrm{I}1}\left[1-b_{\mathrm{I}}\left(1-\dfrac{\rho_{\mathrm{I}0}}{\rho_{\mathrm{I}1}}\right)\right]^{\frac{3}{2}}} \tag{5-24}$$

对于介质Ⅱ，入射冲击波的情况与 $\rho_{\mathrm{I}0}D_{s\mathrm{I}}<\rho_{\mathrm{II}0}D_{s\mathrm{II}}$ 时相同。若采用式(4-24)形式的冲击波 Hugoniot 方程，冲击波前、后压力和质点速度与状态参数之间的关系分别为式(5-19)和式(5-17)，这时由该二方程与方程式(5-23)、式(5-24)联立，便可以将该问题解出。若采用式(4-30)形式的冲击压缩经验方程，并且将之代入冲击波前、后动量守恒方程中，可以直接得到冲击波后压力和质点速度的关系

$$p_{\mathrm{II}1}=\rho_{\mathrm{II}0}(a_{\mathrm{II}}+b_{\mathrm{II}}u_{\mathrm{II}1})u_{\mathrm{II}1} \tag{5-25}$$

式中：a_{II}、b_{II} 是介质Ⅱ的冲击压缩经验常数。通过式(5-23)、式(5-24)、式(5-25)三个方程，且结合界面连续条件，可以求出 $\rho_{\mathrm{I}2}$、$p_{\mathrm{I}2}=p_{\mathrm{II}1}$ 和 $u_{\mathrm{I}2}=u_{\mathrm{II}1}$ 三个未知数，再由冲击波关系可以求出介质Ⅱ中入射冲击波速度和波后密度。在解题过程中，方程式(5-25)起到了式(5-17)、式(5-19)两个方程的作用，从而使计算简化。具体解法如下：假定一系列 $\rho_{\mathrm{I}2}$，由式(5-23)计算出 $p_{\mathrm{I}2}$，由式(5-24)计算出 $u_{\mathrm{I}2}$，绘出 $p_{\mathrm{I}2}-u_{\mathrm{I}2}$ 曲线；对于式(5-25)可以直接绘出 $p_{\mathrm{II}1}-u_{\mathrm{II}1}$ 曲线；此二曲线的交点即为所求的 $p_{\mathrm{I}2}=p_{\mathrm{II}1}$、$u_{\mathrm{I}2}=u_{\mathrm{II}1}$。

5.1.3 固体中冲击波传播的近似图解法

固体中冲击波传播问题相当复杂,这主要在于固体状态方程较烦琐,并且在波的传播过程中混杂着一次冲击压缩、二次冲击压缩和等熵膨胀等情况,稍不注意就会产生错误。为了减少计算工作量,此处介绍一种近似图解法。

近似图解法采用冲击压缩经验关系

$$D_s = a + bu$$

以及将该关系代入动量守恒方程所得到的以 p,u 为参量的 Hugoniot 方程

$$p = \rho_0(a + bu)u \tag{5-26}$$

在 p-u 平面上,该曲线是以原点为初始状态的抛物线,如图 5-4 所示。对于确定物质,表示材料性质的量 ρ_0、a、b 是确定的,因而这条 Hugoniot 线也是确定的。

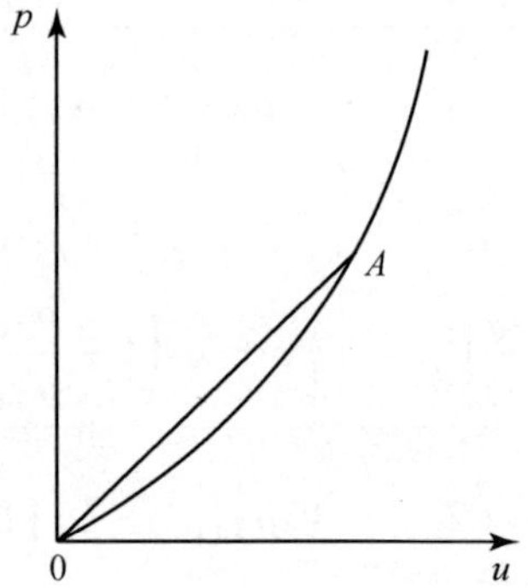

图 5-4 初始状态为原点的 Hugoniot 线

近似图解法充分运用初始状态为原点的这条 Hugoniot 线,对于其他情况采取近似简化处理。

1. *左传冲击波 Hugoniot 线为右传冲击波 Hugoniot 线的镜像对称*

当规定运动方向指向右为正时,左传冲击波传播和波后质点速度皆为负值,这时压力 $p=\rho_0 D_s u$ 仍为正值,若把以原点为初始状态的左传冲击波 Hugoniot 线写作

$$p = \rho_0(-u)[a + b(-u)] \tag{5-27}$$

式中:u 取负值,它恰是以原点为初始状态的右传冲击波 Hugoniot 线的镜像对称,如图 5-5 所示。这样在 p-u 平面,为做出左传冲击波 Hugoniot 线,可以先作同一状态点的右传冲击波 Hugoniot 线,然后再取镜像对称。

2. *波前质点速度 u_0 的冲击波 Hugoniot 线为原点出发冲击波 Hugoniot 线的平移*

当冲击波前初始状态的质点速度 $u_0 \neq 0$,这时冲击波相对于波前质点的传播速度为 $D_s - u_0$,波后质点相对于波前质点的速度为 $u - u_0$,冲击波动量守恒关系

$$p = \rho_0(u - u_0)(D_s - u_0)$$

冲击压缩经验关系应为

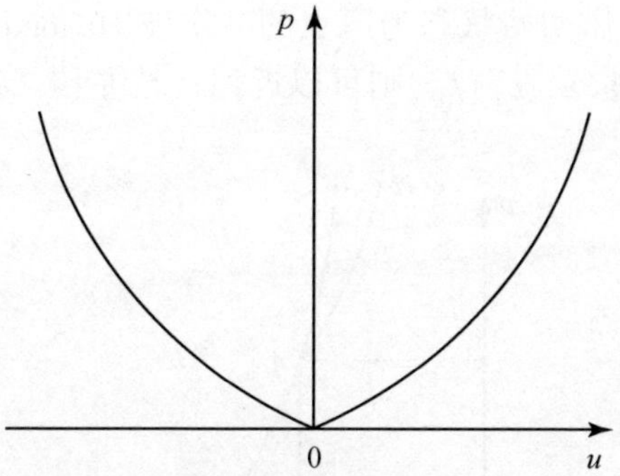

图 5-5　镜像对称

$$D_s-u_0=a+b(u-u_0)$$

因而,初始状态$(u_0,0)$的冲击波 Hugoniot 线

$$p=\rho_0(u-u_0)[a+b(u-u_0)] \tag{5-28}$$

该曲线是以原点为初始状态冲击波 Hugoniot 线的平移线,如图 5-6 所示。

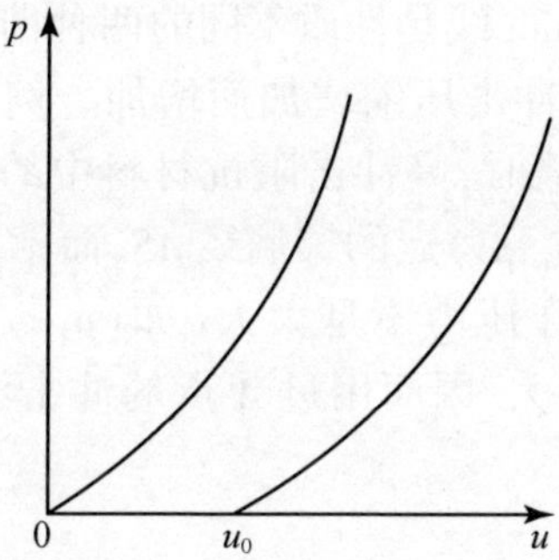

图 5-6　Hugoniot 线的平移

在$p-u$平面上为做出波前质点速度为u_0的冲击波 Hugoniot 线,先作初始状态为原点的冲击波 Hugoniot 线,然后再沿水平方向平移,使始态点为$(u_0,0)$。

3. 二次冲击压缩的 Hugoniot 线用一次冲击压缩的 Hugoniot 线代替

二次冲击波是在一次冲击波基础上的进一步压缩,它的初始状态是一次冲击波波后的状态,因而二次冲击波 Hugoniot 线与一次冲击波 Hugoniot 线不是一条曲线。例如,冲击波由低冲击阻抗材料向高冲击阻抗材料传播时,低冲击阻抗材料中的反射波为冲击波,这条冲击波在$p-v$平面上是一条以$A(v_1,p_1)$为始态点的冲击波 Hugoniot 线 AH,而不是以$(v_0,0)$为始态点的冲击波 Hugoniot 线 NAM,如图 5-7 所示。但是,由于大多数固体材料初始密度比较大,经过一次冲击波压缩之后,结构更加密实,反射冲击波再次压缩量不会太大,也就是说反射冲击波压强不大,这样用过$A(v_1,p_1)$点的 Hugoniot 线 AM 近似代替以$A(v_1,p_1)$为始点的 Hugoniot 线 AH,其偏差也不会太大。

在 $p-u$ 平面上,先作初始状态为原点的冲击波 Hugoniot 线,取其镜像对称线,然后再水平移动使之过(u_1,p_1)点,则可以近似代替左传二次冲击波 Hugoniot 线。

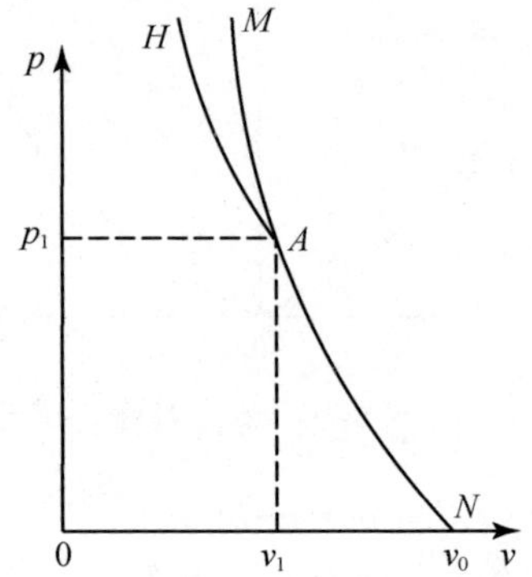

图 5-7 一次冲击压缩和二次冲击压缩 Hugoniot 线

4. 等熵线用冲击波 Hugoniot 线代替

等熵线和冲击波 Hugoniot 线是性质不同的两种曲线,前者曲线上各点熵值不变,后者曲线上各点熵值随冲击压缩增加而增加。例如,当冲击波由高冲击阻抗材料向低冲击阻抗材料传播时,高冲击阻抗材料中的反射波为膨胀波,该膨胀波在 $p-v$ 平面上是一条过 $A(v_1,p_1)$点的等熵线 AS,而不是过 A 点的冲击波 Hugoniot 线,如图 5-8 所示。但是,在压力不是太大(如$(p_1<0.1\mathrm{TPa})$)的情况下,冲击波 Hugoniot 线的熵值变化并不大,因而用过 A 点的冲击波 Hugoniot 线近似代替过 A 点的等熵线,其偏差也不大。

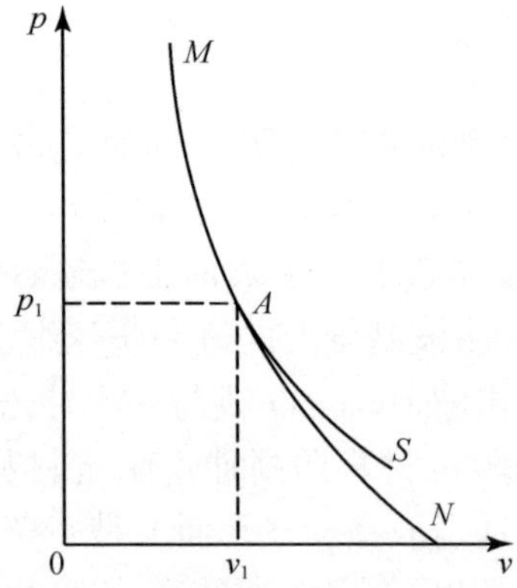

图 5-8 冲击波 Hugoniot 线和等熵线

在 $p-u$ 平面上,先作初始状态为原点的冲击波 Hugoniot 线,取其镜像对称线,然后再水平移动使之过(u_1,p_1)点,则可以近似代替左传反射膨胀波的等熵。

上述几点简化,尤其是将二次冲击压缩的 Hugoniot 线用一次冲击压缩的

Hugoniot 线代替,以及将等熵线也由冲击波 Hugoniot 线代替,都会给计算带来偏差。但是,在炸药爆炸和弹体冲击所产生的波传播过程计算中,这种偏差影响不是太大,却极大地简化了问题。

5.2　一维平面冲击波的相互作用

冲击波在固体传播过程中,可能会发生冲击波相互作用的情况。当两个平面冲击波波阵面平行时,将发生冲击波正面相互作用,可以用一维平面波进行研究;当两个平面冲击波波阵面成一定角度时,将发生冲击波倾斜相互作用,必须用二维流动进行研究。本节只讨论两冲击波正面作用的情况。

5.2.1　两冲击波迎面相遇

假若固体中有两个迎面运动着的冲击波,如图 5-9 所示。一个冲击波以 D_{s1} 向右传播,另一个冲击波以 D_{s2} 向左传播,当两个冲击波相遇后,由于(1)区介质质点向右运动,(2)区介质质点向左运动,在相遇点处流动发生堆积,压力升高,势必重新向两边流动,产生两道新的冲击波,这两道新冲击波 D_{s3} 和 D_{s4} 之间的区域满足压力相等、质点速度相等的条件。但是,由于冲击波前、后状态是不等熵的,因而在两道新冲击波之间存在着一个分界面,分界面两侧区域压力相等、速度相等、密度不等、声速不等。

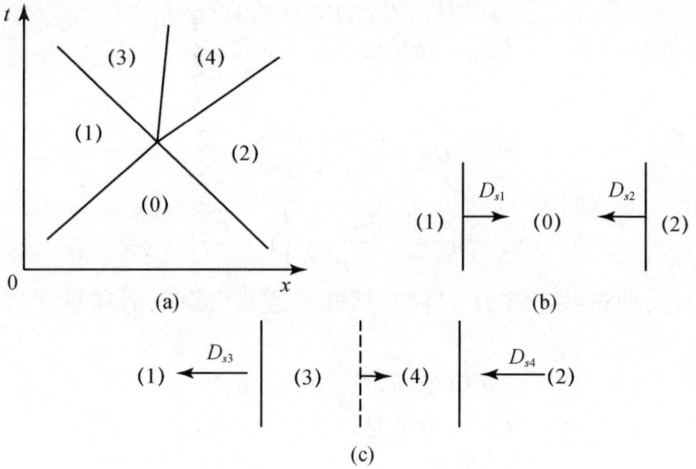

图 5-9　冲击波迎面相遇

(a) x-t 平面;(b) 相遇前波的运动;(c) 相遇后波的运动。

在两道冲击波传播速度 D_{s1}、D_{s2} 已知的条件下,(1)区和(2)区参数可以按照冲击波计算公式计算出来。对于(1)区

$$p_1 = \rho_0 \left(1 - \frac{\rho_0}{\rho_1}\right) D_{s1}^2$$

$$u_1 = \sqrt{\frac{p_1}{\rho_0}\left(1 - \frac{\rho_0}{\rho_1}\right)}$$

材料状态方程,可以采用式(4-24)形式的 Hugoniot 关系

$$p_1 = \frac{\sum_{i=0}^{5} a_i \left(\frac{\rho_1}{\rho_0}\right)^{\frac{i}{3}} - \gamma_0 \rho_0 \left[\sum_{i=0}^{5} b_i \left(\frac{\rho_1}{\rho_0}\right)^{\frac{i}{3}-1} + b_6 \ln \frac{\rho_1}{\rho_0}\right]}{1 - \frac{\gamma_0}{2}\left(1 - \frac{\rho_0}{\rho_1}\right)}$$

式中:a_i、b_i 为冷压、冷能系数;γ_0 为常密度 Grüneisen 系数。

也可以采用式(4-33)形式的 Hugoniot 关系

$$p_1 = \frac{a^2 \rho_0 \left(1 - \frac{\rho_0}{\rho_1}\right)}{\left[1 - b\left(1 - \frac{\rho_0}{\rho_1}\right)\right]^2}$$

式中:a、b 为材料冲击压缩经验常数。对于(2)区,同样采用上述公式,只不过把公式中下标“1”换成“2”而已。

下面研究两冲击波相遇后形成的(3)区和(4)区。对于(3)区,通过冲击波 D_{s3} 与(1)区联系起来,波前、后质量守恒和动量守恒关系

$$\rho_1(D_{s3}+u_1) = \rho_3(D_{s3}+u_3)$$
$$p_3 - p_1 = \rho_1(D_{s3}+u_1)(u_1 - u_3)$$

解得

$$D_{s3} = \frac{\rho_1 u_1 - \rho_3 u_3}{\rho_3 - \rho_1} \tag{5-29}$$

$$u_1 - u_3 = \sqrt{\frac{p_3 - p_1}{\rho_1}\left(1 - \frac{\rho_1}{\rho_3}\right)} \tag{5-30}$$

对于(4)区,通过冲击波 D_{s4} 与(2)区联系起来,波前、后质量守恒和动量守恒关系

$$\rho_2(D_{s4}+u_2) = \rho_4(D_{s4}+u_4)$$
$$p_4 - p_2 = \rho_2(D_{s4}+u_2)(u_2 - u_4)$$

解得

$$D_{s4} = \frac{\rho_2 u_2 - \rho_4 u_4}{\rho_4 - \rho_2} \tag{5-31}$$

$$u_2 + u_4 = \sqrt{\frac{p_4 - p_2}{\rho_2}\left(1 - \frac{\rho_2}{\rho_4}\right)} \tag{5-32}$$

若要确定(3)、(4)区的状态,还必须从材料性质方面知道波前、后状态之间的关系。D_{s3}、D_{s4} 是二次冲击波,即波前状态已经是经过冲击压缩的状态,冲击波 Hugoniot 关系应该采用式(4-23)。对于冲击波 D_{s3}、D_{s4},Hugoniot 关系式分别为

$$p_3 = \frac{p_{k3} - p_{k1} + \left[1 + \frac{\gamma_1}{2}\left(1 - \frac{\rho_1}{\rho_0}\right)\right]p_1 - \gamma_1\rho_1(e_{k3} - e_{k1})}{1 - \frac{\gamma_1}{2}\left(1 - \frac{\rho_1}{\rho_3}\right)} \tag{5-33}$$

$$p_4 = \frac{p_{k4} - p_{k2} + \left[1 + \frac{\gamma_2}{2}\left(1 - \frac{\rho_2}{\rho_4}\right)\right]p_2 - \gamma_2\rho_2(e_{k4} - e_{k2})}{1 - \frac{\gamma_2}{2}\left(1 - \frac{\rho_2}{\rho_4}\right)} \tag{5-34}$$

式中:p_{k1}、p_{k2}、p_{k3}、p_{k4} 和 e_{k1}、e_{k2}、e_{k3}、e_{k4} 分别为(1)、(2)、(3)、(4)区的冷压和冷能;γ_1、γ_2 为(1)、(2)区的 Grüneisen 系数。在(1)、(2)区参数已知求出的条件下,式(5-33)p_3 仅是 ρ_3 的函数,式(5-34)p_4 仅是 ρ_4 的函数。通过式(5-30)、式(5-32)、式(5-33)、式(5-34)四个方程,结合界面连续条件,可以解出 ρ_3、ρ_4、$p_3=p_4$、$u_3=u_4$ 四个未知数。

5.2.2　两冲击波同向追赶

假定固体中有两个同向运动的冲击波,如图 5-10 所示。由于冲击波传播相对于波前介质是超声速的,而相对于波后介质是亚声速的,因而后面的冲击波一定能赶上前面的冲击波,叠加成一道更强的冲击波。由于原来两道冲击波和新形成的一道冲击波的冲击压缩的程度不同,原来两道冲击波后(2)区的压力和质点速度与新形成冲击波后(4)区的压力和质点速度不会相同,因而还会产生反射波,以调节(2)区(4)区之间压力不等、速度不等的矛盾。一般说来,反射波的强度很弱,可以用稀疏波或弱压缩波表示的等熵流动进行描述,(3)区和(4)区之间由压力相等、速度相等、但密度不等、声速不等的界面相隔开。

在两道冲击波传播速度 D_{s1},D_{s2} 已知的条件下,(1)区和(2)区参数可以按照冲击波公式计算出来。对于(1)区

$$p_1 = \rho_0\left(1 - \frac{\rho_0}{\rho_1}\right)D_{s1}^2$$

$$u_1 = \sqrt{\frac{p_1}{\rho_0}\left(1 - \frac{\rho_0}{\rho_1}\right)}$$

冲击波 D_{s1} 是一次冲击波,Hugoniot 关系采用式(4-24)

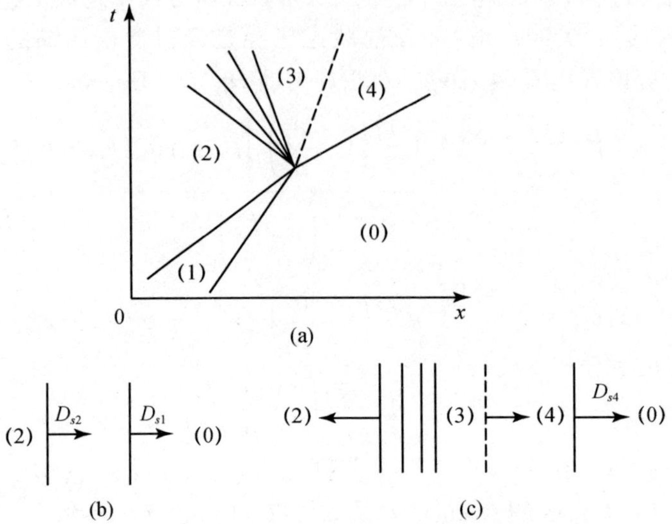

图 5-10　两冲击波同向追赶

(a) x-t 平面；(b) 追赶上前冲击波的运动；(c) 追赶上后冲击波的运动。

$$p_1=\frac{p_{k1}-\gamma_0\rho_0 e_{k1}}{1-\frac{\gamma_0}{2}\left(1-\frac{\rho_0}{\rho_1}\right)}$$

对于(2)区

$$p_2-p_1=\rho_1\left(1-\frac{\rho_1}{\rho_2}\right)(D_{s2}-u_1)^2$$

$$u_2-u_1=\sqrt{\frac{p_2-p_1}{\rho_1}\left(1-\frac{\rho_1}{\rho_2}\right)}$$

冲击波 D_{s2} 是二次冲击波，Hugoniot 关系应采用式(4-23)

$$p_2=\frac{p_{k2}-p_{k1}+\left[1+\frac{\gamma_1}{2}\left(1-\frac{\rho_1}{\rho_2}\right)\right]p_1-\gamma_1\rho_1(e_{k2}-e_{k1})}{1-\frac{\gamma_1}{2}\left(1-\frac{\rho_1}{\rho_2}\right)}$$

式中：p_{k1}、e_{k1} 为(1)区的冷压、冷能；p_{k2}、e_{k2} 为(2)区的冷压、冷能，皆按式(4-22)计算；γ_0，γ_1 分别为(0)区和(1)区 Grüneisen 系数，按式(4-15)计算。

下面研究两冲击波追赶上后所形成的(3)区和(4)区。按照等熵流动过程质点速度与状态参数的关系，且采用 Murnagham 近似等熵方程，(3)区的压力和质点速度仍近似以式(4-64)和式(4-63)两式给出

$$p_3 = p_2 - \frac{a^2\rho_1^2\left[1 - \left(\frac{\rho_3}{\rho_2}\right)^{4b-1}\right]\left\{1 + b\left(1 - \frac{\rho_1}{\rho_2}\right)\left[1 - \gamma_1\left(1 - \frac{\rho_1}{\rho_2}\right)\right]\right\}}{(4b - 1)\rho_2\left[1 - b\left(1 - \frac{\rho_1}{\rho_2}\right)\right]^3} \tag{5 - 35}$$

$$u_3 = u_2 + \frac{a\rho_1\left[1 - \left(\frac{\rho_3}{\rho_2}\right)^{2b-1}\right]\left\{1 + b\left(1 - \frac{\rho_1}{\rho_2}\right)\left[1 - \gamma_1\left(1 - \frac{\rho_1}{\rho_2}\right)\right]\right\}^{\frac{1}{2}}}{(2b - 1)\rho_2\left[1 - b\left(1 - \frac{\rho_1}{\rho_2}\right)\right]^{\frac{3}{2}}} \tag{5 - 36}$$

式中：a、b 为材料冲击压缩经验常数；γ_0 为(1)区 Grüneisen 系数。

对于(4)区，通过冲击波 D_{s4} 与(1)区联系起来。(4)区压力和质点速度之间的关系，可以通过冲击波方程和状态方程相联系，也可以通过冲击波方程和冲击压缩关系相联系。此处为了与(3)区所采用的方程类型相一致，(4)区采用由冲击压缩经验方程所确定的 $p-u$ 形式 Hugoniot 关系

$$p_4 = \rho_0(a + bu_4)u_4 \tag{5 - 37}$$

式中：a、b 为材料冲击压缩经验常数。在(1)、(2)区已经求出的条件，通过式(5-35)、式(5-36)、式(5-37)三个方程，且结合界面连续条件，可以求出 ρ_3、$p_3=p_4$、$u_3=u_4$ 三个未知数。

5.2.3　平面冲击波刚性壁面的反射

在固体中传播的平面冲击波，当遇到刚性壁面时，流动受阻造成压力升高，从刚性壁面形成反射冲击波，反射冲击波后介质流动速度等于零，如图 5-11 所示。

在初始冲击波已知的条件下，(1)区参数可以按照冲击波公式计算出来。对于反射冲击波 D_{s2}，波前、后质量守恒和动量守恒关系

$$\rho_1(D_{s2}+u_1)=\rho_2 D_{s2}$$
$$p_2-p_1=\rho_1(D_{s2}+u_1)u_1$$

得出

$$D_{s2} = \frac{\rho_1 u_1}{\rho_2 - \rho_1}$$
$$p_2 - p_1 = \frac{\rho_1\rho_2 u_1^2}{\rho_2 - \rho_1} \tag{5 - 38}$$

反射冲击波 D_{s2} 是二次冲击波，采用式(4-23) Hugoniot 关系

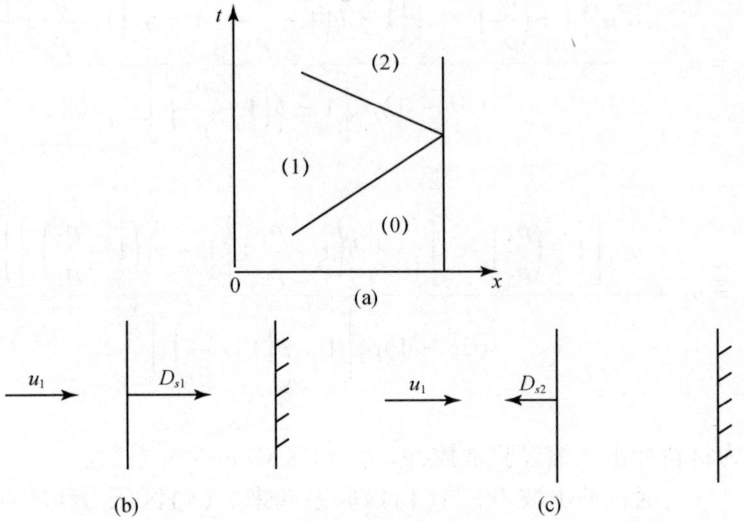

图 5-11 冲击波刚性壁面反射

(a) x-t 平面；(b) 反射前冲击波的运动；(c) 反射后冲击波的运动。

$$p_2 = \frac{p_{k2} - p_{k1} + \left[1 + \frac{\gamma_1}{2}\left(1 - \frac{\rho_1}{\rho_2}\right)\right]p_1 - \gamma_1\rho_1(e_{k2} - e_{k1})}{1 - \frac{\gamma_1}{2}\left(1 - \frac{\rho_1}{\rho_2}\right)} \tag{5-39}$$

式中：p_{k1}、p_{k2} 和 e_{k1}、e_{k2} 分别为(1)、(2)区的冷压、冷能；γ_1 为(1)区的 Grüneisen 系数。由于(1)区参数已经求出，式(5-38)、式(5-39)两个方程中只含有 p_2 和 ρ_2 两个未知数，从而可以解出。

5.2.4 平面冲击波自由面的反射

在固体中传播的平面冲击波，到达固体背面自由表面时，压力骤然降低，由于压力的不平衡，将从自由表面向固体内部反射回一束稀疏波，使稀疏波区后压力与外界压力相平衡，如图 5-12 所示。

在初始冲击波已知的条件下，(1)区参数可以按照冲击波公式计算出来。(2)区参数可以按照左传稀疏波关系求出，取稀疏波区后压力等于零，按照式(4-64)

$$p_1 = \frac{a^2\rho_0^2\left[1 - \left(\frac{\rho_2}{\rho_1}\right)^{4b-1}\right]\left\{1 + b\left(1 - \frac{\rho_0}{\rho_1}\right)\left[1 - \gamma_0\left(1 - \frac{\rho_0}{\rho_1}\right)\right]\right\}}{(4b-1)\rho_1\left[1 - b\left(1 - \frac{\rho_0}{\rho_1}\right)\right]^3}$$

解得(2)区密度

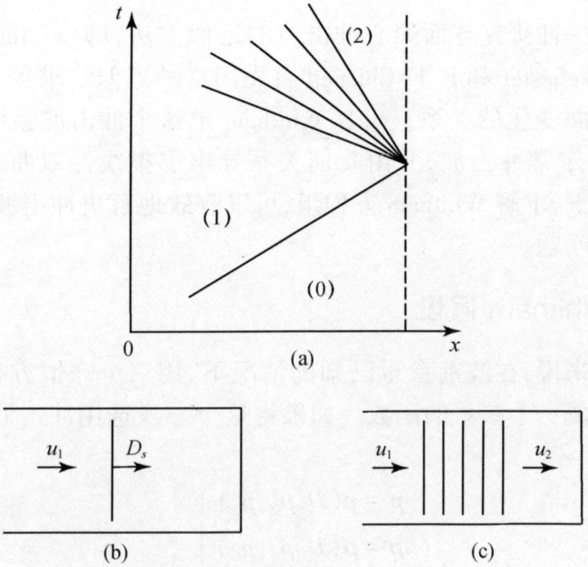

图 5-12　冲击波自由面反射

(a) x-t 平面;(b) 反射前冲击波的运动;(c) 反射后冲击波的运动。

$$\rho_2=\rho_1\left\{1-\frac{(4b-1)p_1\rho_1\left[1-b\left(1-\dfrac{\rho_0}{\rho_1}\right)\right]^3}{a^2\rho_0^2\left[1+b\left(1-\dfrac{\rho_0}{\rho_1}\right)\left(1-\gamma_0+\gamma_0\dfrac{\rho_0}{\rho_1}\right)\right]}\right\}^{\frac{1}{4b-1}}$$

将求得的 ρ_2 代入式(4-63),得(2)区质点速度

$$u_2=u_1+\frac{a\rho_0\left[1-\left(\dfrac{\rho_2}{\rho_1}\right)^{2b-1}\right]\left\{1+b\left(1-\dfrac{\rho_0}{\rho_1}\right)\left[1-\gamma_0\left(1-\dfrac{\rho_0}{\rho_1}\right)\right]\right\}^{\frac{1}{2}}}{(2b-1)\rho_1\left[1-b\left(1-\dfrac{\rho_0}{\rho_1}\right)\right]^{\frac{3}{2}}}$$

5.3　球面聚心冲击波的传播

前面讨论了正冲击波的传播及其相互作用。在实际中,球面爆轰波传入金属介质以后将在金属介质中形成球面聚心冲击波并传播。球面聚心冲击波的波阵面是一个球面,波的传播方向是沿着球面半径减小的方向,即指向球心的方向。并且球面聚心冲击波是正冲击波,波阵面后介质的运动方向也指向球心,随着聚心冲击波的收聚运动,波阵面越来越小,波后介质相互挤压致使波阵面上压强,密度越来越高,冲击波速度越来越快,因此球面聚心冲击波是不定常冲击波,其传播

规律不同于正冲击波。

下面将介绍一种研究球面聚心冲击波的近似方法,即 Whitham 方法,有时也称为 CCW 法。Wchester 和 R. F. Chisnell 首先用这种近似法求得了变截面管道中冲击波强度随截面变化的关系。G. B. Whitham 把这个冲击波强度与截面的函数关系用于二维不定常冲击波,并由几何关系导出了拟线性双曲线 Whitham 方程组。在不同情况下,求解 Whitham 方程组,可以有效地解决冲击波绕射、反射及相互作用等一系列问题。

5.3.1 Whitham 假设

对正冲击波来说,在波前参量已知的情况下,用三个守恒方程和状态方程将波后所有参量写成一个参量的函数。如果将这个参量选用冲击波的速度 D,那么波后参量可写成

$$\left.\begin{aligned} p &= p(D,\rho_0,p_0) \\ \rho &= \rho(D,\rho_0,p_0) \\ u &= u(D,\rho_0,p_0) \\ c &= c(D,\rho_0,p_0) \end{aligned}\right\} \tag{5-40}$$

实验表明,在均匀介质中传播的冲击波,当冲击波波阵面发生变化时,冲击波的强度随之变化。但这样一个客观事实用上述冲击波关系无法描述,Whitham 和 R. F. Chisnell 首先研究了这一现象,并且于 1935 年求得了变截面管道中冲击波速度与截面积的关系。他们在研究这个问题时,作了极重要的假设,现在我们来研究这个假设。

取一刚性变截面管道,其管道的截面积仅仅是位置 x 的连续函数,即

$$A=A(x)$$

显然,当 A=常数时,为恒截面管道;当 $A\propto x$ 时,为楔形管道(与柱对称流相对应);当 $A\propto x^2$ 时,为锥形管道(与球对称流相对应)。设有一冲击波自左向右传播,如图 5-13 所示,下面来分析冲击波强度与 A 的关系。

由于冲击波强度的变化应与波后流动密切相关,因此应先考虑冲击波后连续区域的流动。在该区域考虑两个相邻控制面 $A(x)$ 和 $A(x+\mathrm{d}x)$,在这两个控制面所夹的控制体中,在 $\mathrm{d}t$ 时间内质量的增量应等于流入质量减去流出质量,即

$$\frac{\partial}{\partial t}(\rho A\mathrm{d}x)\mathrm{d}t=(\rho Au)_x\mathrm{d}t-(\rho Au)_{x+\mathrm{d}x}\mathrm{d}t$$

从而得质量守恒方程

$$\frac{\partial\rho}{\partial t}+u\frac{\partial\rho}{\partial x}+\rho\frac{\partial u}{\partial x}+\frac{\rho u}{A}\frac{\mathrm{d}A}{\mathrm{d}x}=0 \tag{5-41}$$

动量方程

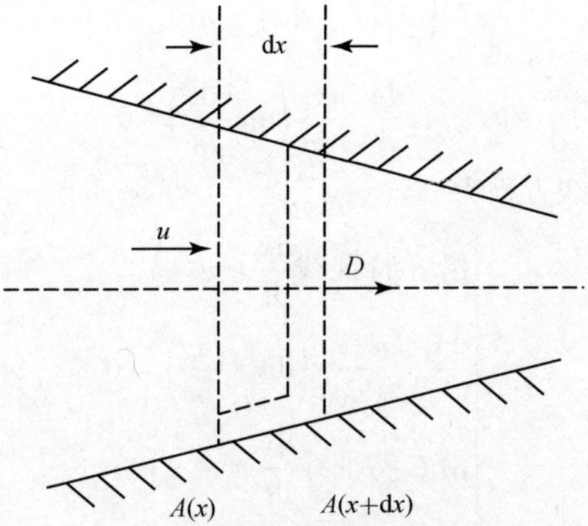

图 5-13　变截面管道的冲击波

$$\frac{\partial u}{\partial t}+u\frac{\partial u}{\partial x}+\frac{1}{\rho}\frac{\partial p}{\partial x}=0 \tag{5-42}$$

由质量守恒方程式(5-41)可得

$$\frac{\mathrm{d}\rho}{\mathrm{d}t}=-\rho\frac{\partial u}{\partial x}-\frac{\rho u}{A}\frac{\mathrm{d}A}{\mathrm{d}x} \tag{5-43}$$

再加上等熵条件 $p=\rho_0(u-u_0)[a+b(u-u_0)]$，可得

$$\frac{\mathrm{d}p}{\mathrm{d}t}=c^2\frac{\mathrm{d}\rho}{\mathrm{d}t} \tag{5-44}$$

由式(5-43)和式(5-44)可得

$$\frac{\mathrm{d}p}{\mathrm{d}t}=-\rho c^2\frac{\partial u}{\partial x}-\frac{\rho u c^2}{A}\frac{\mathrm{d}A}{\mathrm{d}x} \tag{5-45}$$

将式(5-45)变形

$$\frac{1}{\rho c}\left(\frac{\partial p}{\partial t}+u\frac{\partial p}{\partial x}\right)=-c\frac{\partial u}{\partial x}-\frac{uc}{A}\frac{\mathrm{d}A}{\mathrm{d}x}$$

将上式与动量方程式(5-42)相结合

$$\frac{1}{\rho c}\frac{\partial p}{\partial t}+\frac{1}{\rho c}(u+c)\frac{\partial p}{\partial x}+\frac{\partial u}{\partial t}+(u+c)\frac{\partial u}{\partial x}+\frac{uc}{\mathrm{d}x}\frac{\mathrm{d}A}{A}=0$$

由于沿 α 特征线$\frac{\mathrm{d}x}{\mathrm{d}t}=u+c$，有$\frac{1}{\rho c}\frac{\mathrm{d}p}{\mathrm{d}t}+\frac{\mathrm{d}u}{\mathrm{d}t}+\frac{uc}{\mathrm{d}x}\frac{\mathrm{d}A}{A}=0$。

即

$$\frac{\mathrm{d}x}{\mathrm{d}t}\left(\frac{1}{\rho c}\mathrm{d}p+\mathrm{d}u\right)+uc\frac{\mathrm{d}A}{A}=0$$

最后得

$$\frac{u+c}{uc}\left(\frac{1}{\rho c}\mathrm{d}p+\mathrm{d}u\right)+uc\frac{\mathrm{d}A}{A}=0$$

同理，沿 β 特征线 $\frac{\mathrm{d}x}{\mathrm{d}t}=u-c$，有 $\frac{\mathrm{d}A}{A}-\frac{u-c}{uc}\left(\mathrm{d}u-\frac{\mathrm{d}p}{\rho c}\right)=0$。

最后得到的特征线方程为

$$\begin{cases}\text{沿 }\alpha\text{ 特征线}\dfrac{\mathrm{d}x}{\mathrm{d}t}=u+c\\[2ex]\dfrac{\mathrm{d}A}{A}+\dfrac{u+c}{uc}\left(\mathrm{d}u+\dfrac{\mathrm{d}p}{\rho c}\right)=0\\[2ex]\text{沿 }\beta\text{ 特征线}\dfrac{\mathrm{d}x}{\mathrm{d}t}=u-c\\[2ex]\dfrac{\mathrm{d}A}{A}-\dfrac{u-c}{uc}\left(\mathrm{d}u-\dfrac{\mathrm{d}p}{\rho c}\right)=0\end{cases}\tag{5-46}$$

为了导出冲击波强度和截面积 A 的关系，Whitham 作了如下假定（有时称为 Whitham 规则）：如果有一沿 x 正向传播的冲击波 s，在 α 特征线上满足的微分关系式，即式（5-46）中的第一个微分关系式，在冲击波 ρ_3 的波阵面 $\frac{\mathrm{d}x}{\mathrm{d}t}=D$ 有

$$\frac{\mathrm{d}A}{A}+\frac{u+c}{uc}\left(\mathrm{d}u+\frac{\mathrm{d}p}{\rho c}\right)=0\tag{5-47}$$

这个方程中的各量都是冲击波阵面上的参量，它们都可以看成 $p\sim u$ 的函数。将此式和式（5-40）式联立就可以求得 A 与冲击波速度 D 的关系，也就是冲击波强度和管道截面积 D_{s2} 之间的关系，坐标 x 是隐含于 A 之内的变量。

下面我们来简单看一下 Whitham 假设的依据问题，即 Whitham 假设在什么情况下才成立？设在 $x=0$ 以前管道截面积是恒截面，冲击波是由远离 $x=0$ 以前截面管道中一活塞脉冲式恒速推进形成，因而在 $x=0$ 之前，冲击波强度是不变的，其波速为 D_0，截面积为 A_0，但在 $x=0$ 处，截面积发生缓慢变化，冲击波的强度随之改变。图 5-14 示出了 α、β 特征线及冲击波轨迹 s，图中 1→2 和 3→4 是两条 α 特征线，沿这两条特征线有

$$\int_1^2\left[\frac{\mathrm{d}A}{A}+\frac{u+c}{uc}\left(\mathrm{d}u+\frac{\mathrm{d}p}{\rho c}\right)\right]=0$$

$$\int_3^4\left[\frac{\mathrm{d}A}{A}+\frac{u+c}{uc}\left(\mathrm{d}u+\frac{\mathrm{d}p}{\rho c}\right)\right]=0$$

由于 1 点和 3 点都处于均匀流动区，故 1 和 3 点间有

$$\int_1^3\left[\frac{\mathrm{d}A}{A}+\frac{u+c}{uc}\left(\mathrm{d}u+\frac{\mathrm{d}p}{\rho c}\right)\right]=0$$

于是，沿冲击波 s 上的 2 和 4 之间有

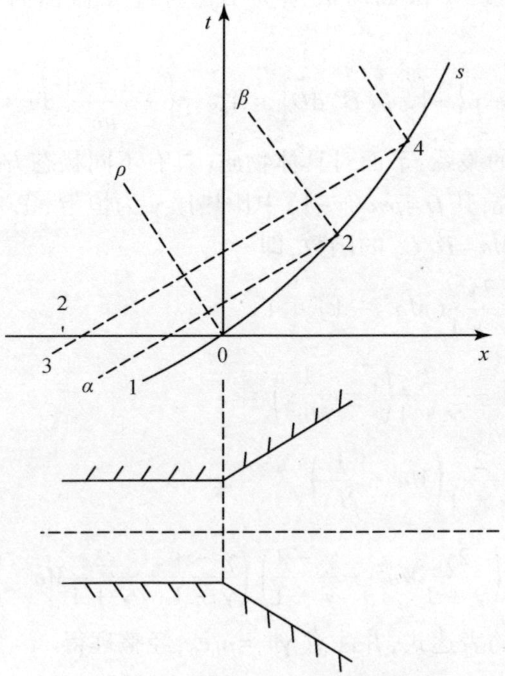

图 5-14　α、β 特征线及冲击波轨迹

$$\int_2^4 \left[\frac{\mathrm{d}A}{A} + \frac{u+c}{uc}\left(\mathrm{d}u + \frac{\mathrm{d}p}{\rho c} \right) \right] = 0$$

从而 Whitham 假设式(5-47)在冲击波上成立。

但实际上,1 和 3 两点未必位于均匀区,它们的状态是不相同的,它们之间的差别愈大,Whitham 假设愈不准,在一维管流中,1 点和 3 点状态对冲击波阵面上 2 点和 4 点参量变化的影响可以考虑。在一般情况下,只能忽略其影响。

由此可见,Whitham 假设的近似性就在忽略波后流场的状态差,认为波后状态均匀。严格地说,它仅适用于流动变化不太剧烈的情况,但是在所讨论的实际问题中,这点往往不能保证。即便如此,在处理二维和三维冲击波问题时,Whitham 方法常常给出较好的结果。更有甚者,许多很难用其他方法来分析的冲击波问题,Whitham 方法能给出半定量结果,这正是人们关注该方法的重要原因。

5.3.2　冲击波速度 D 与波面面积 A 的关系

由上面的讨论可知,在冲击波阵面上有式(5-47),式中所有参量都可以写成 D 的函数,故可令

$$\psi(D)\,\mathrm{d}D = \frac{u+c}{uc}\left[\mathrm{d}u + \frac{\mathrm{d}p}{\rho c} \right]$$

如果冲击波通过 A_0 截面时波速为 D_0，通过 A 截面时波速为 D，那么，对式(5-47)积分可得

$$A = A_0\exp\left\{-\int_{D_0}^{D}\psi(D)\,\mathrm{d}D\right\} = A_0\exp\left\{-\frac{u+c}{uc}\left[\mathrm{d}u + \frac{\mathrm{d}p}{\mathrm{d}c}\right]\right\} \tag{5-48}$$

这就是 A 与 D 的关系，下面对具体物质(具有不同状态方程物质)进行讨论。

对完全气体来说，其 $D=pv/(\gamma-1)$ 中比热比 γ 为恒量，正冲击波上各个参量可写成冲击波马赫数 $Ma=D/C_0$ 的函数，即

$$\left.\begin{aligned}
&\frac{p}{p_0} = \frac{2\gamma}{\gamma+1}(Ma^2-1)+1\\
&\frac{v}{v_0} = 1-\frac{2}{\gamma+1}\left(1-\frac{1}{Ma^2}\right)\\
&\frac{u}{c_0} = \frac{2}{\gamma+1}\left(Ma-\frac{1}{Ma}\right)\\
&\frac{c}{c_0} = \left[\left(\frac{2\gamma}{\gamma+1}Ma^2-\frac{\gamma-1}{\gamma+1}\right)\left(\frac{\gamma-1}{\gamma+1}+\frac{2}{\gamma+1}Ma^{-2}\right)\right]^{\frac{1}{2}}
\end{aligned}\right\} \tag{5-49}$$

代入 $\psi(D)\mathrm{d}D$ 的表达式，并注意 $\gamma p_0=\rho_0 c_0$，经整理得

$$\psi(D)\,\mathrm{d}D = \frac{2Ma\,\mathrm{d}Ma}{(Ma^2-1)k(Ma)} \tag{5-50}$$

其中

$$k(Ma) = 2\left[\left(1+\frac{2}{\gamma+1}\frac{1-\mu^2}{\mu}\right)(2\mu+1+Ma^{-2})\right]^{-1}$$

$$\mu^2 = \left(\frac{D-u}{c}\right)^2 = \frac{(\gamma-1)Ma^2+2}{2\gamma Ma^2+(\gamma-1)}$$

于是，式(5-48)就可写成

$$A = A_0\exp\left\{-\int_{Ma_0}^{Ma}\frac{2Ma\,\mathrm{d}Ma}{(Ma^2-1)k(Ma)}\right\} \tag{5-51}$$

积分下限 Ma_0 为 A_0 处的冲击波马赫数，Ma 为 A 处的冲击波马赫数。实际上式(5-51)是可以积分出来的，但是积分得的式子过于复杂，缺乏实用价值。

由式(5-50)所示的 $k(Ma)$ 表达式是个慢变函数，$k(Ma)$ 对 Ma 的函数值曲线如图 5-15 所示，由图可见当 $Ma\to1$ 时，$k(1)=\dfrac{1}{2}$。于是对非常弱的冲击波，可取 $k(Ma)=\dfrac{1}{2}$，积分式(5-46)便得

$$A = A_0\left(\frac{Ma_0^2-1}{Ma^2-1}\right)^2$$

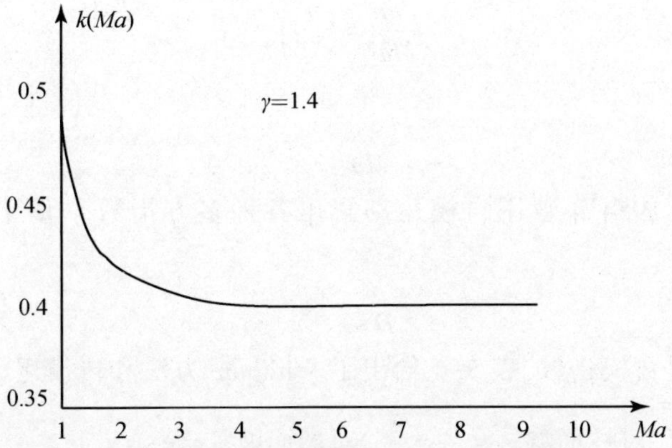

图 5-15　函数 $k(Ma)$ 对 Ma 的数值曲线

当 Ma 约在 4~10 的范围内时，$k(Ma)$ 约接近于常数 0.4，可取 $k(Ma)=\overline{k(Ma)}=$ const，积分式(5-51)可得

$$A=A_0\left(\frac{Ma_0^2-1}{Ma^2-1}\right)^{\frac{1}{k(Ma)}}$$

对于极强的冲击波来说，$Ma\to\infty$，$\mu^2=\dfrac{\gamma-1}{2\gamma}$，$k(Ma)\to k_\infty$

$$k_\infty=2\left[\left(1+\sqrt{\frac{2}{\gamma(\gamma-1)}}\right)\left(1+\sqrt{\frac{2(\gamma-1)}{\gamma}}\right)\right]^{-1}$$

此种情况下，也可积分式(5-51)，得

$$A=A_0\left(\frac{Ma_0^2-1}{Ma-1}\right)^{\frac{1}{k_\infty}}$$

并可化简成

$$\left.\begin{aligned}A&=A_0\left(\frac{Ma_0}{Ma}\right)^n\\ n&=\frac{2}{k_\infty}\end{aligned}\right\}\tag{5-52}$$

当 $\gamma=1.4$ 时，$k_\infty=0.394$，$n=5.074$。

现在利用式(5-52)来分析一下柱面聚合冲击波的情况，对柱面和球面来说

$$\frac{A}{A_0}=\left(\frac{r}{r_0}\right)^\lambda$$

$\lambda=1$ 对应于柱面波，$\lambda=2$ 对应于球面波。

由式(5-52)可得

$$\frac{Ma}{Ma_0}=\left(\frac{r}{r_0}\right)^{\frac{\lambda}{n}}$$

或

$$Ma \sim r^{-\frac{\kappa}{n}}$$

D. Butler 于 1954 年曾用自模运动解出各种多方指数 γ 值下冲击波聚心规律为

$$D \sim r^{-\frac{(\alpha-1)}{\alpha}}$$

这里的 α 是自模指数，表 5-1 给出了 Whitham 方法和自模运动法所得指数之比较。应该注意，对柱面波 $\frac{\lambda}{n}=\frac{1}{n}=\frac{k_\infty}{2}$，对球面波 $\frac{\lambda}{n}=\frac{2}{n}=k_\infty$。

自模运动解，只有在冲击波接近中心时才比较准确，从表 5-1 的比较中可见，Whitham 方法的结果相当好地描绘冲击波的收聚运动。

表 5-1　Whitham 方法和自模运动法所得指数之比较

	柱面波		球面波	
γ	$\frac{k_\infty}{2}$	$\frac{\alpha-1}{\alpha}$	k_∞	$\frac{\alpha-1}{\alpha}$
6/5	0.613112	0.612120	0.26223	0.320752
7/5	0.197070	0.197294	0.394142	0.394364
5/3	0.225452	0.226054	0.450850	0.452692

对固体材料来说，比如对金属，往往通过冲击波压缩实验给出 Hugoniot 数据，因而可以直接把有关数据代入式(5-43)中进行积分，就能求得相应的 $A=A(D)$ 关系，但是在实际计算中，照样可用

$$A=A_0\left(\frac{D_0}{D}\right)^n$$

来迫近。对多数金属来说，在中等强度的冲击波下，$n=4\sim7$。

对具体金属材料来说，可以用下述方法求 n。先对式(5-51)取对数，然后求导得

$$\mathrm{d}\ln A=-n\,\mathrm{d}\ln D$$

从而

$$n=-\frac{\mathrm{d}\ln A}{\mathrm{d}\ln D}=-\frac{\mathrm{d}A}{A}\Big/\frac{\mathrm{d}D}{D}$$

把式(5-47)代入上式得

$$n=\frac{D(u+c)}{uc}\left(\frac{\mathrm{d}u}{\mathrm{d}D}+\frac{1}{\rho c}\frac{\mathrm{d}p}{\mathrm{d}D}\right) \tag{5-53}$$

通过直接对 Hugoniot 数据进行数值微分,可得$\frac{du}{dD}$和$\frac{dp}{dD}$,将微分结果和相应参量代入式(5-53),即可求得 n。一般地说,这样求得的 n 是 D 的函数,不过在所讨论的范围内取平均值即可使用。

习 题

1. 冲击波在介质分界面发生反射和透射后,反射波的性质如何确定?
2. 两列冲击波迎面相遇后,流场会发生什么样的变化?
3. 当一列冲击波同向追上另一列冲击波后,波速、压力等参数会发生什么样的改变?
4. 当某列冲击波使用于水泥墙面后,墙面背面发生了层裂和脱离,为什么?
5. 简述 Whitham 假设,并说明其适用条件。
6. 为什么球面收聚冲击波强度会越来越大?

第6章　冲击动力学实验技术

爆炸冲击过程是一个高应变率过程,研究材料在高应变率下的响应,对于结构设计和爆炸冲击过程研究具有重要意义。对于高应变率过程,目前通常采用实验手段进行研究,主要包括霍普金森杆与气体炮实验,因此本章分别介绍霍普金森杆实验技术与气体炮实验技术。

6.1　霍普金森杆实验技术

6.1.1　霍普金森杆实验技术研究背景与发展

1. 研究背景

实验是研究材料力学行为的重要手段。传统液压伺服系统上准静态实验的应变率通常在 $1s^{-1}$ 以下。使用传统的加载方式,即使作特殊设计,应变率也只能达到 $100s^{-1}$。对于更高的应变率,则需要采用其他手段。同时,高应变率实验和准静态实验的根本不同点在于,随着应变率的增加,惯性效应即应力波效应明显增强。通常不可能将惯性效应与研究对象的物理性能(应变率效应)分离开来。表6-1为各种加载方式所能满足的加载应变率范围以及对应力波的影响。

表6-1　各种加载方式所能满足的加载应变率范围

实验类型	加载应变率/s^{-1}	测试技术	应力波效应
压缩实验	<0.1	传统静态实验机	不重要
	0.1~100	特殊设计的伺服液压控制试验机	影响加载的测量
	0.1~500	凸轮式塑性机和落重	影响加载的测量
	$200\sim10^4$	霍普金森杆	影响达到应力平衡
	$10^3\sim10^5$	泰勒冲击实验	需对结果进行修正
拉伸实验	<0.1	传统静态实验机	不重要
	0.1~100	特殊设计的伺服液压控制试验机	影响加载的测量
	$100\sim10^3$	霍普金森拉杆	影响达到应力平衡
	10^4	膨胀环	决定性影响
	$>10^5$	飞片碰撞	决定性影响

续表

实验类型	加载应变率/s^{-1}	测试技术	应力波效应
剪切和多轴加载	<0.1	传统静态实验机	不重要
	0.1~100	特殊设计的伺服液压控制试验机	影响加载的测量
	$10\sim10^3$	扭转冲击	影响达到应力平衡
	$100\sim10^4$	霍普金森扭杆	影响达到应力平衡
	$10^3\sim10^4$	双凹形剪切和冲塞实验	影响达到应力平衡
	$10^4\sim10^7$	压剪炮	决定性影响

分离式霍普金森杆(Split Hopkinson Pressure Bars,SHPB)实验技术是研究材料在中高应变率($10^2\sim10^4 s^{-1}$)下力学性能的主要实验方法。其核心思想是实验杆中传播的应力波同时承担加载和测试的功能,根据杆中应力波传播的信息来求解杆件与试样端面的应力-位移-时间关系,从而得到试样的应力-应变关系;通过设计加载波宽度远大于试样厚度,使试样受载过程处于一种局部动态平衡的状态,从而使试样的变形分析无须考虑波传播效应,将应力波效应与应变率效应成功解耦。

1914 年,Hopkinson J 利用长弹性杆中应力波的传播来测量动态过程中的压力脉冲;通过不同长度的吸能飞片来研究应力波在长杆中传播的形状与演化过程。正是由于他的研究工作具有开创性,人们将利用弹性应力波在长杆中的传播来测量材料动态应力应变响应的装置称为霍普金森杆。

1948 年,Davies 对该技术做了总结,研究了压力波形在杆中传播的规律,提出了一种采用电学测试的改进方案,克服了早期实验的许多不足。

1949 年,Kolsky 将试样放在两根杆中间,来测量材料的应力-应变曲线,这样就发展成了今天的分离式霍普金森杆。因此,分离式霍普金森杆又称为 Kolsky 杆或 Davies 杆。以上这些科学家开创性的工作以及高精度应变片、高速信号采集和数字示波器等现代测试技术的发展为分离式霍普金森杆技术的发展提供了有力支撑。

2. Hopkinson 父子开创性的工作

1872 年,Hopkinson J 在 *Proceedings of the Manchester Literary and Philosophical Society* 发表了两篇关于铁丝拉伸断裂的论文。论文介绍了波在铁丝中的传播理论,其中铁丝一端固定,另一端通过质量块施加一个拉应力脉冲,由此研究铁丝在不同加载条件下的强度。通过改变质量块的质量和速度来实现不同的加载条件,并观测铁丝是由入射波在加载端直接拉断,还是由反射波在固定端拉断。结果表明,反射拉断所需要的质量块速度仅为直接拉断时的一半。

33 年后,Hopkinson B 继承了他父亲的实验。他加长了铁丝的长度,给出了波在其中传播的解析表达式。进而,他设计了一个实验,通过一个接触块 A 和电流表来测量铁丝中的瞬间伸长量,如图 6-1 所示。在实验中,滑块下落撞击铁丝端头的法兰,形成冲击加载。通过螺旋测微丝杆调节接触块 A 的预置位置,铁丝被加载后 A 向下运动,通过电流表是否有电流通过来确定 A、B 是否接触。他通过多次实验准确确定了铁丝的伸长量。这是首次采用定量的方法测量动态伸长量。

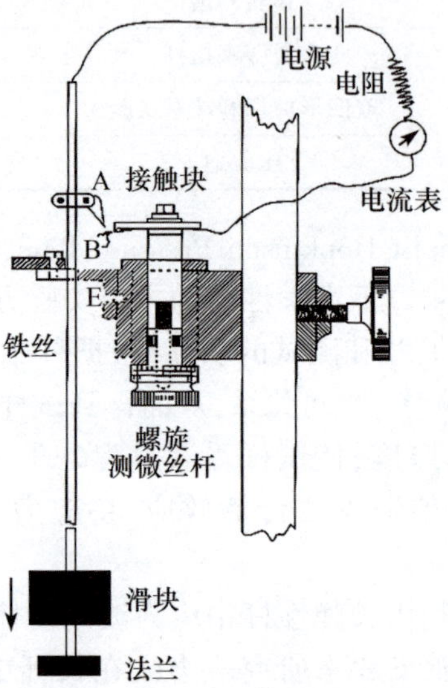

图 6-1　测量铁丝伸长量的装置

1914 年,Hopkinson B 设计了一个能够测量炸药爆炸或子弹射击杆端时所产生的压力-时间关系的装置,这就是后来的霍普金森杆装置的雏形。他在发表的论文中这样写道,“如果用来复枪(rifle)发射一枚子弹撞击一圆柱形钢杆的端部,则在撞击期间,有一确定的压力作用在杆的端部,形成一个压力脉冲。这个撞击引起的压力脉冲沿着杆传播,在自由端发生反射产生一个拉伸脉冲”。如图 6-2 所示,药柱 A 用一个短木夹板固定在 B 杆的端面,钢杆直径为 31.75mm,长 381~762mm。整个装置悬挂起来,成为一个弹道摆。在 B 杆的另一端粘贴一个小圆柱体 C。小圆柱体 C 长 12.7~152.4mm,用磁铁支撑,与接触面滑配。圆柱体的材料和直径与钢杆相同,将钢杆和小圆柱体的端面磨平,用油脂将小圆柱粘在钢杆上。

此方法的原理是,压力脉冲通过杆 B 与小圆柱体 C 间油脂的截面作用于 C,当到达小圆柱体 C 的另一个端面时,自由面反射拉伸波;而油脂的黏结力不足以承受拉应力,一旦拉伸波通过界面,小圆柱体 C 就会飞出,进入弹道摆 D。小圆柱体 C 的动量由弹道摆 D 测得,留在 B 杆内的动量则可由杆的摆动振幅来确定。小圆柱体 C 带走了压力脉冲中时间在 0 到 T 之间的动量,T 为小圆柱体 C 的长度的两倍除以声速。

如果采用不同长度的小圆柱体 C 重复实验,就可以得到用方波脉冲近似组合

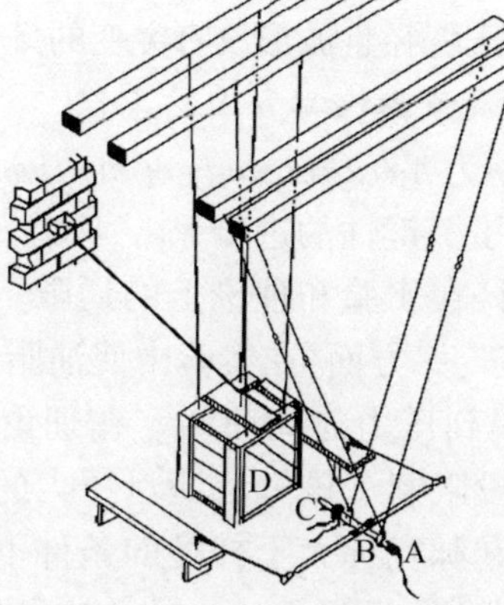

图 6-2　撞击杆中应力波传播示意图

而成的压力时间关系。图 6-3 中实线是 Hopkinson B 得到的原始结果,实验中采用 31.10g 的雷管爆炸作为压力脉冲源,测量距离爆点 19.05mm 位置处的压力历史曲线。图中长方形 1 的面积对应着 25.4mm 长的小圆柱体得到的冲量,相应的时间长度为 10μs,长方形 1 的高度对应 10μs[2×25.4(mm)/5100(m/s)≈10μs]内的平均压力。以此类推,不同长度小圆柱体实验得到不同高度的方形脉冲,以冲量等效的原则,折合得到压力脉冲曲线,如图 6-3 中虚线所示。

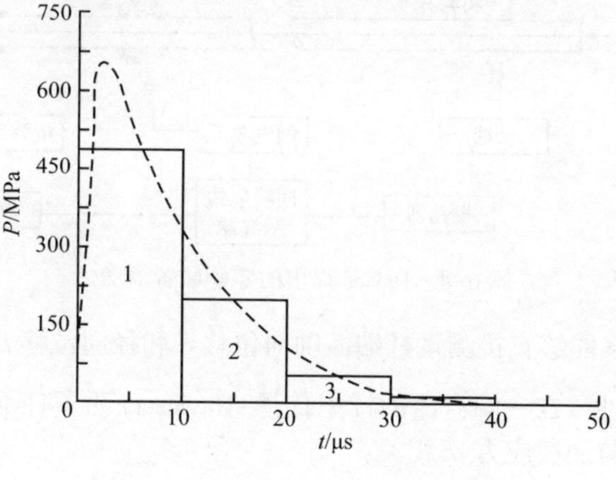

图 6-3　Hopkinson B 得到的实验结果

虽然 Hopkinson B 的原始方案简单有效,并被成功应用于测量各种炸药的爆轰性能,但仍有一些不足之处。首先,该方案只能给出脉冲中各段压力时间曲线的积分,而在此过程中压力峰值以及压力时间曲线的演化过程均被忽略,得不到真正的压力时间曲线。其次,在实验中使油脂黏结段分开所需的压力不可测,从而引入了一个不确定因素,这导致该方案不能用来测量小脉冲波形。最后,虽然 Hopkinson B 已经注意到三维应力波在杆中传播的问题,并假设脉冲波形在杆中传播时不会变形,而这一点仅仅在脉宽远大于杆径且波形没有突变的条件下才能成立。

3. Davies 在压力波传播及波形检测方面的工作

1948 年,Davies 发表了题为 *A critical study of the Hopkinson pressure bar* 的论文,使霍普金森杆实验技术取得了关键性的进步。

Davies 指出了霍普金森杆在实验和理论上的局限。在实验和测量方面,Hopkinson B 的方案的局限性在于:一方面,在实验中使油脂黏结段分开所需的压力不可测;另一方面,不能直接得到压力时间曲线。在理论上,该方案的局限性表现为:①杆中的弹性波传播假设限制了该方法测量压力的范围;②假设杆中传播的弹性波不会弥散,这一点仅在脉宽远大于杆径的条件下成立;③假设波形通过界面时不会变形,而这在压杆端面附近是不成立的。这种局限先天性地存在于任何一个包含有限直径的杆中波传播的实验中。

Davies 首次提出了采用平板及柱形电容器同时测量霍普金森杆实验中轴向和径向应变的方法。他将杆的自由端面作为平板电容器的阴极,从电容器出来的信号放大后接入阴极射线示波器,得到实验曲线,进而得到杆端面的轴向位移时间曲线。杆端的圆柱形电容器可测量径向位移时间曲线。图 6-4 是 Davies 提出的实验装置示意图。

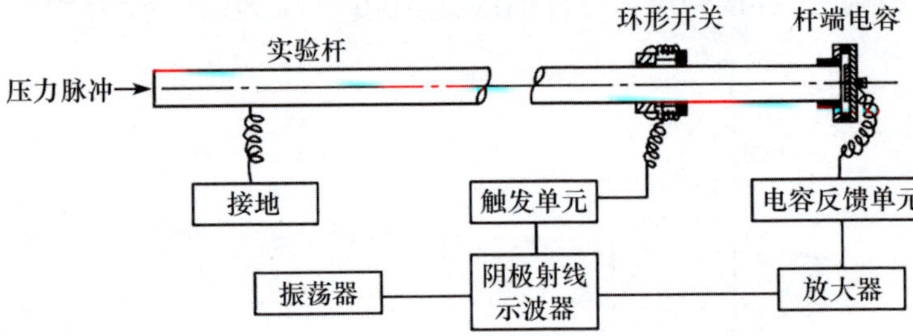

图 6-4　Davies 提出的实验装置简图

Davies 的方案能够直接测量杆端面轴向位移 ξ 和径向位移 ζ 随时间变化的曲线。考虑一维弹性波在一端自由的杆中传播,Davies 证明了杆端面的质点速度 $\dot{\xi}$ 和径向位移 ζ 均与加载应力 σ 相关:

$$\dot{\xi} = \frac{2\sigma}{\rho c_0}, \zeta = \frac{va\sigma}{E} \tag{6-1}$$

式中:ρ 为杆材料的密度;c_0 为杆中声速;a 为杆的半径;v 为泊松比;E 为杨氏模量(注:在 Davies 原文中压力用 p 表示,泊松比用 σ 表示)。通过测量位移随时间的变化,可以计算得到杆中压力随时间的变化。

Davies 建立了与 Hopkinson B 的方案类似的实验装置,并作了以下假定。

(1) 杆材料是均匀的,杆中所受应力不能超过材料的弹性极限。

(2) 通常情况下杆直径为 12.7~38.1mm,且直径是均匀的;所用杆长范围为 0.6~6.7m。

(3) 撞击端需要贴硬质保护片;可用少许油脂粘住保护片。

(4) 杆中纵波速度 c_0 由振动实验测得。

根据实验杆端面的位移时间曲线,通过式(6-1)计算杆中的应力,得到如图 6-5 所示的应力时程。类似地,测量了径向位移时间曲线,也可以通过式(6-1)由径向位移计算得到应力时间曲线,如图 6-6 所示。需要说明的是,图 6-5 与图 6-6 是由不同的实验得到的结果,不具备可比性。

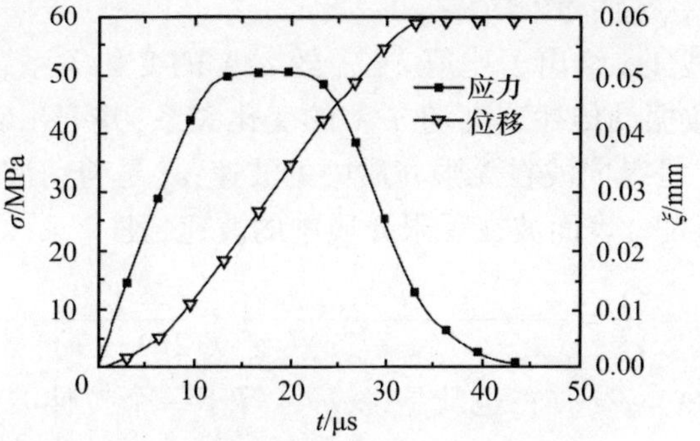

图 6-5　通过实验杆端面位移时间曲线计算霍普金森杆中的应力

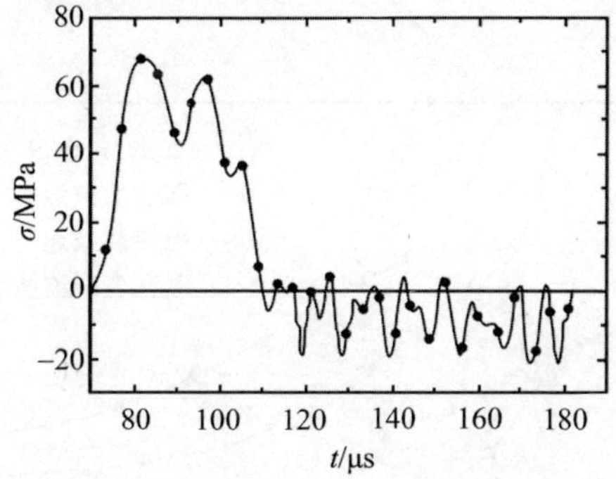

图 6-6　径向位移计算得到的应力时间曲线

为保证实验准确性,使实验误差最小化,Davies 讨论了无限杆中正弦纵波传播的弥散效应,并得到两点认识。

(1) 在简单的近似下,正弦波的波速与波长 λ 无关,都是 $c_0=\sqrt{E/\rho}$;而根据 Pochhammer 和 Chree 理论,波速 c 由 a、λ、c_0 和 v 共同决定。事实上,c/c_0 是 v 和 a/λ 的函数。任意一个从 $x=0$ 开始的扰动都能进行傅里叶(Fourier)变换,随着扰动沿着杆向前传播,各个分量的相位会发生变化,最终导致波形的弥散。

(2) 简单近似下,轴向应力和位移在杆的截面上的分布是均匀的,径向应力为0,截面上距轴线中心 r 处的径向位移为 $\sigma v r/E$。而事实上轴向应力和位移在杆截面上的分布并不均匀,存在径向应力,且径向位移并非简单的线性关系。

Davies 还运用 Bessel 方程讨论了杆中正弦波的相速度 c_p 和群速度 c_g。求解 Bessel 方程可以得到 c/c_0 与 v 和 a/λ 的关系:

$$\begin{cases} \dfrac{c_p}{c_0} = 1 - v^2 n^{-2} \left(\dfrac{a}{\lambda}\right)^2 \\ \dfrac{c_g}{c_0} = 1 - 3v^2 n^{-2} \left(\dfrac{a}{\lambda}\right)^2 \end{cases} \tag{6-2}$$

a/λ 为 0 时,c/c_0 趋于恒定值。

图 6-7 中,虚线①a 给出了比值 c_p/c_0 随 a/λ 的变化关系,曲线①~曲线③分别是第 1~第 3 模数振动传播速度随 a/λ 的变化关系,并列出 c_1/c_0、c_2/c_0 和 c_s/c_0 作为参考。其中 c_1 是纵向波在无限介质中的波速;c_2 是剪切波在无限介质中的波速;c_s 是瑞利(Rayleigh)表面波在无限介质中的波速,且

$$\frac{c_1^2}{c_0^2} = \frac{1 - v}{(1 + v)(1 - 2v)},\ \frac{c_1^2}{c_0^2} = \frac{1}{2(1 + v)} \tag{6-3}$$

因为 $\lambda = cT, a/\lambda = a/(cT)$,也就是说,$a/\lambda$ 等于一个拉伸波通过杆径所需要的时间除以波的周期。进一步,$ac/(\lambda c_0)$ 等于 $a/(Tc_0)$,即如果杆的材料不变,半径增加 k 倍,波的周期也增加同样的倍数,则 a/λ 和 c/c_0 保持不变,$ac/(\lambda c_0)$ 仅仅是 v 和 a/λ 的函数。

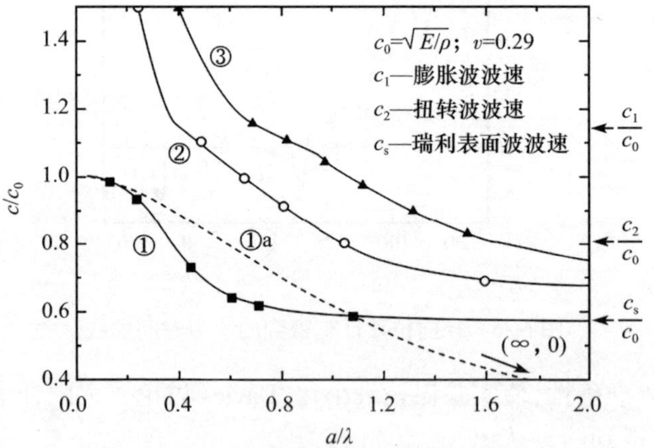

图 6-7 相速度随 a/λ 的变化过程

Bessel 方程的根是多项式。假设泊松比 v 为 0.29,根据 Bancroft 给出的计算方法,取前三种模态,如图 6-7 中曲线①~曲线③。在 Hopkinson B 进行的实验条件下,对第二模态和第三模态影响不会太大,主要影响第一模态。当波长较长($a/$

$\lambda \to 0$)时,相速度趋于杆的声速 c_0;而当波长较短($a/\lambda \to$输)时,相速度比杆的声速小,趋向于瑞利表面波的波速 c_s。若一个谐波的相速度与它的波长相关,波形就会弥散。而在有限直径杆中传播的波显然是弥散的。根据傅里叶变换,由撞击产生的、在杆中传播的压力脉冲波形可以看成各种不同频率波的叠加。通常波的上升段包含一个高频分量,而在传播过程中高频分量传播速度较低,所以波的上升段会被拉宽。因此,在有限杆径的霍普金森杆中会产生这种弥散。

最后,Davies 得出如下结论。

(1) 压杆不能测量脉宽在 1μs 以内的压力脉冲。

(2) 当一个上升时间为 0 的压力脉冲作用于杆的端面,传播到被测端时,压力脉冲的上升时间将增加。对于泊松比为 0.29、直径为 12.7mm、长 701mm 的杆,上升时间变成了 2μs;对于直径为 25.4mm、长 671mm 的杆,上升时间变成了 3μs;对于直径为 25.4mm、长 1829mm 的杆,上升时间变成了 5μs。

(3) 对于压力脉冲的下降沿也有类似的结果。

(4) 若要测量一个脉宽为 T_0 的方波,对于直径为 12.7mm、长 701mm 的杆,T_0 不能小于 4μs;对于直径为 25.4mm、长 671mm 的杆,T_0 不能小于 6μs;对于直径为 25.4mm、长 1829mm 的杆,T_0 不能小于 10μs;否则,无法测量。

(5) 对幅值恒定或变化很小的脉冲波形,由杆端位移测得的压力幅值变化较小,并且测试精度随着脉 T_0 的增大而提高,若 T_0 大于脉冲上升时间的 6 倍,除去波头和波尾外,实验精度可达到 2%。

4. Kolsky 奠基性的工作

1949 年,Kolsky 发表了题为 *An investigation of the mechanical properties of materials at very high rates of loading* 的奠基性文章,建立了分离式霍普金森杆,他被认为是分离式霍普金森杆实验技术的创始人。

Kolsky 的实验基于 Davies 的应力应变测试方案。试样呈圆片状,放在两个圆柱钢杆之间。钢杆一端的雷管引爆产生压力脉冲,采用平板电容器测量另一根钢杆自由面的位移。一个圆柱形电容器放置在钢杆上雷管和试样之间的位置,用于测量到达试样的压力脉冲大小,最终可以得到试样的变形。

图 6-8 为 Kolsky 实验装置示意图。由图 6-8 可以看出,这和 Davies 的方案基本相似,不同的是钢杆分成两段,并引入了第二个电容器和放大器。入射杆和透射杆均由合金钢制成(屈服点为 617MPa),直径为 25.4mm。入射杆长 1829mm,透射杆长 101.6mm、152.4mm 或 203.2mm,能够与黄铜套筒滑配。试样端面润滑,放在两个实验杆之间并用套筒箍住。入射杆和透射杆均接地,并采用套筒紧密相连。为保护入射杆的承压端,在雷管和入射杆间放置一个等直径的淬火钢质砧杆。砧杆需要经常更换。砧杆长 38.1mm。在砧杆和导入杆之间用少许油脂或重油黏结以保证界面紧密接触。

Kolsky 假设。

(1) 平面压缩波(脉冲)在线性圆柱形杆中传播时没有弥散,传播速度为 $c_0=\sqrt{E/\rho}$。其中:E 为杆材料的弹性模量;ρ 为杆材料的质量密度。

(2) 轴向应力在每个横截面上都均匀分布。在实际问题中,径向应力是沿半径线性分布的,只有当所传播的应力波脉宽远大于杆的半径时,这个假设才能成立。

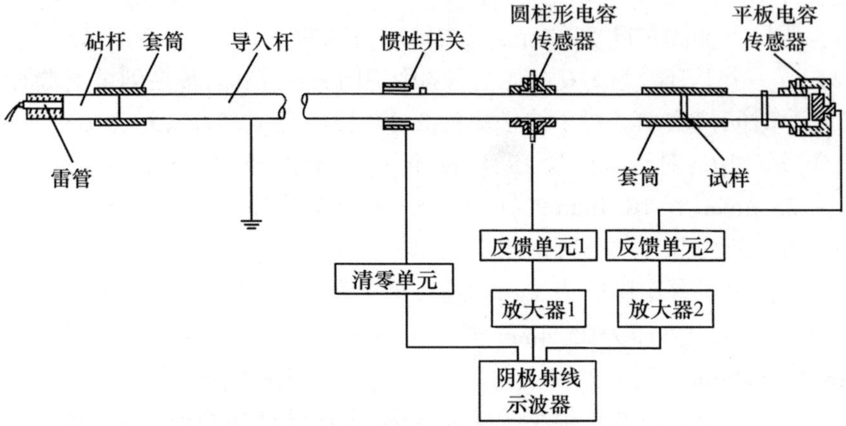

图 6-8 Kolsky 实验装置简图

在这两个假设(一维假设)之下,杆中压力(轴向应力)可用下式计算:$\sigma=pc_0v$,σ 为杆中应力,v 为杆中对应的质点速度。自由端界面上的质点速度是杆中质点速度的 2 倍。平行板电容器测得的是杆自由端的位移,并据此计算出自由界面上的质点速度,进而算得杆中的质点速度。在此基础上,再假设试样很薄,整个试样中(沿轴向和径向)应力、应变均匀(动态应力均匀假设),Kolsky 推导了我们现在仍在用的霍普金森杆实验试样中应力、应变和应变率的计算方法。

Kolsky 对实验系统进行了校准和验证。前述的实验方案要求实验装置满足以下假设:①压力脉冲通过透射杆时不会产生形状改变;②脉冲通过杆界面油脂层时不会失真;③连接两杆的套筒不会在入射杆和透射杆间传递有效压力。为验证上述条件能否成立,进行了一系列实验。为验证条件①和②,除去套筒和透射杆,平板电容器直接放于入射杆的端面,得到实验波形;再将入射杆与透射杆用油脂黏结,测得的实验波形与前述实验波形相比较。结果表明,利用 101.6mm、152.4mm 和 203.2mm 长的透射杆所得位移时间曲线均与只有入射杆时的结果相同。这样在脉冲波到达实验杆端面之前,条件①和②均能成立。结果同时说明,当在入射杆与透射杆间夹有与杆件材料不同的试样时,脉冲波形会被拉宽,幅值会略微减小。而根据 Davies 的理论,这样被拉宽的波形在透射杆中传播时衰减更小。虽然这不能直接测试,但不管透射杆的长度如何,这种规律均成立。值得一提的是，为验证条件③，在两杆间预留一个 0.02in（0.5mm）的缝隙（这远大于两杆连接时测到的透射杆位移），然后将平板电容器的极化电压设为 360V 以提高电容器测量位移的灵敏度（约为原来的 30 倍），起爆雷管，示波器得到的波形几乎为直线，说明透射杆端面几乎没有位移，套筒不会在入射杆和透射杆间传递有效动量。

在 Kolsky 的初始实验中，他测量了聚乙烯、橡胶、塑料（聚甲基丙烯酸甲酯-异丁烯酸酯）、铜和铅等几种典型材料的动态力学性能。图 6-9 为 Kolsky 给出的实验结果。

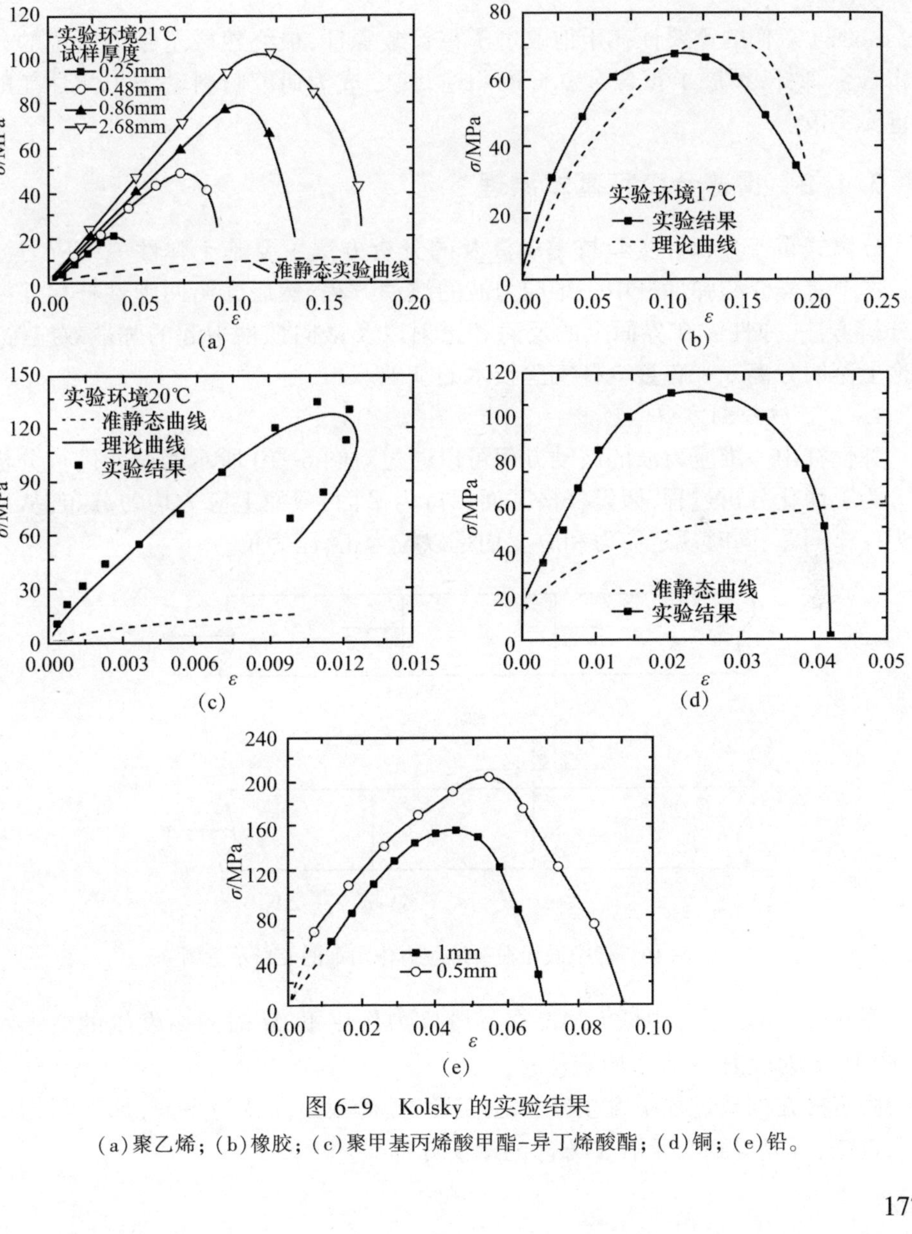

图 6-9　Kolsky 的实验结果

（a）聚乙烯；（b）橡胶；（c）聚甲基丙烯酸甲酯-异丁烯酸酯；（d）铜；（e）铅。

Kolsky 的分离式霍普金森杆最重要的特点在于,试样处于动态应力平衡状态,沿长度方向试样中应力梯度基本为零。这对于得到试样在一维应力条件下不同应变率的应力应变响应至关重要。因为该技术可以用来研究材料在不同应变率下一维应力的本构关系,最终得到众多材料基于实验结果的本构模型。但是,因为在实际实验中上述一维假设和动态应力均匀假设不能严格满足,实验结果总存在一定的误差,特别是在加载早期更是如此,所以,一般认为,由分离式霍普金森杆实验得到的材料应力-应变曲线的上升前沿,即初始线弹性段不能反映材料的真实响应。

Kolsky 工作的重要性在于他改进了霍普金森杆,最终建成了今天所说的分离式霍普金森杆,扩展了霍普金森杆的用途,使之成为研究材料动态力学性能的一种重要手段。

6.1.2 霍普金森杆基本原理

分离式霍普金森杆实验技术中涉及的分析方法主要基于弹性一维应力波理论。本节首先介绍弹性杆中一维应力波的波动方程,然后介绍两弹性杆相互撞击的分析方法、弹性波在界面上的反射和透射以及横向惯性引起的弥散效应等,从理论上阐明分离式霍普金森杆实验技术的基础。

1. 弹性波控制方程

弹性杆中一维应力波的波动方程可以通过对图 6-10 所示的微元进行分析得到。为了简化分析过程,假设杆横截面保持为平面,截面上应力均匀分布,从而简化为一维问题,同时规定应力和应变均是以拉为正,压为负。

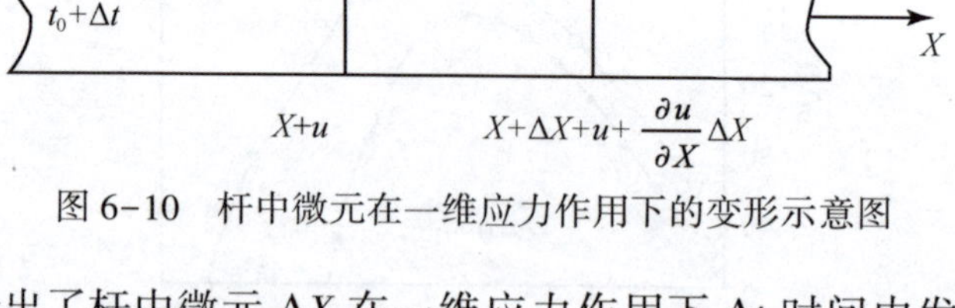

图 6-10 杆中微元在一维应力作用下的变形示意图

图 6-10 给出了杆中微元 ΔX 在一维应力作用下 Δt 时间内发生的变形示意图,图中,σ 为应力,u 表示质点位移。

假定杆在加载过程中发生线弹性变形,且横截面保持为平面,那么根据牛顿第二定律,可以得到微元沿 X 方向的运动方程

$$\frac{\partial \sigma}{\partial X} A \Delta X = \rho A \Delta X \frac{\partial^2 u}{\partial t^2} \tag{6-4}$$

式中:A 为杆的横截面积;ρ 为杆的材料密度。

根据应力、应变的定义以及胡克定律,可以得到微元的速度、应变和应力的表达式分别为

$$v = \frac{\partial u}{\partial t} \tag{6-5}$$

$$\varepsilon = \frac{\partial u}{\partial X} \tag{6-6}$$

$$\sigma = E\varepsilon \tag{6-7}$$

式中:v 为杆中质点沿 X 轴方向的速度;σ 和 ε 分别为微元内质点的轴向应力和应变;E 为杆的弹性模量。将式(6-6)和式(6-7)代入式(6-4)中,便可以得到

$$\rho \frac{\partial^2 u}{\partial t^2} = E \frac{\partial^2 u}{\partial X^2} \tag{6-8}$$

定义弹性杆中的一维应力波速度 $c_0 = \sqrt{\dfrac{E}{\rho}}$,即得到经典的波动方程

$$\frac{\partial^2 u}{\partial t^2} = c_0^2 \frac{\partial^2 u}{\partial X^2} \tag{6-9}$$

方程式(6-9)有通解

$$u(X,t) = F_1(c_0 t + X) + F_2(c_0 t - X) \tag{6-10}$$

式中:F_1 和 F_2 分别表示左行波函数和右行波函数。

对于线弹性波,左行波和右行波满足线性叠加原理,可以认为二者相互独立。为了简化,只考虑初始处于静止和自由状态弹性杆中的右行波,于是式(6-10)可以简化为

$$u(X,t) = F(c_0 t - X) \tag{6-11}$$

将上式关于 X 求偏导数:

$$\frac{\partial u}{\partial X} = -F'(c_0 t - X) \tag{6-12}$$

同理,将式(6-11)关于 t 求偏导数:

$$\frac{\partial u}{\partial X} = c_0 F'(c_0 t - X) \tag{6-13}$$

由式(6-12)、式(6-13)结合式(6-5)、式(6-6)可得,对于初始静止处于自由状态的弹性杆,右行波满足

$$V = -c_0 \varepsilon \tag{6-14}$$

式(6-14)可以理解为连续性方程。将式(6-14)两边乘以波阻抗(ρc_0),并将应力表达式(6-7)和波速公式代入,可以得到微元的轴向应力和质点速度的关系:

$$\sigma = \rho c_0 v \tag{6-15}$$

式(6-15)可以理解为动量守恒方程。以上并非是基于弹性波动方程的严格推导,仅是以单向传播弹性波为例简要说明几个关键物理量之间的关系。直接考察波阵面,同样可以写出波阵面上的守恒关系:

$$dv = \mp c_0 d\varepsilon, d\sigma = \mp \rho c_0 dv \tag{6-16}$$

式中:负号对应右行波,正号对应左行波。如果是弹性强间断波,其连续方程和动量守恒方程只要把式(6-16)中的微分符号 d 换成 Δ 即可。例如,用 $\Delta\sigma$ 表示弹性强间断波前波后的应力差

$$\Delta\sigma = \sigma^- - \sigma^+ \tag{6-17}$$

式中:σ^+ 和 σ^- 分别代表波前和波后的应力值,则有

$$v^- - v^+ = \mp c_0(\varepsilon^- - \varepsilon^+), \sigma^- - \sigma^+ = \mp \rho c_0(\sigma^- - \sigma^+) \tag{6-18}$$

由式(6-18)可知,在(σ, v)平面上,入射弹性间断的波后状态(σ^-, v^-)位于过波前状态(σ^+, v^+)且斜率为($-\rho c_0$)的直线上。当取波前参量 $v^+=0, \sigma^+=0$ 时,式(6-18)即简化为式(6-14)、式(6-15)。在研究弹性波传播问题时,通常可以忽略密度和弹性波速的变化。对于本书讨论的霍普金森杆问题,无论是在撞击杆、入射杆还是透射杆中,都认为密度和波速不变。

2. 两弹性杆的共轴撞击

传统分离式霍普金森杆装置通过弹性杆撞击实现加载,下面分析两弹性杆的相互撞击过程。图 6-11 表示一撞击杆以速度 V,从左向右撞击原来静止的入射杆。撞击杆的长度为 L,撞击杆的弹性模量、横截面积、密度以及其中的波速分别为 E_{st}、A_{st}、p_{st} 和 c_{st},入射杆的弹性模量、横截面积、密度以及其中的波速分别为 E_i、A_i、p_i 和 c_i。

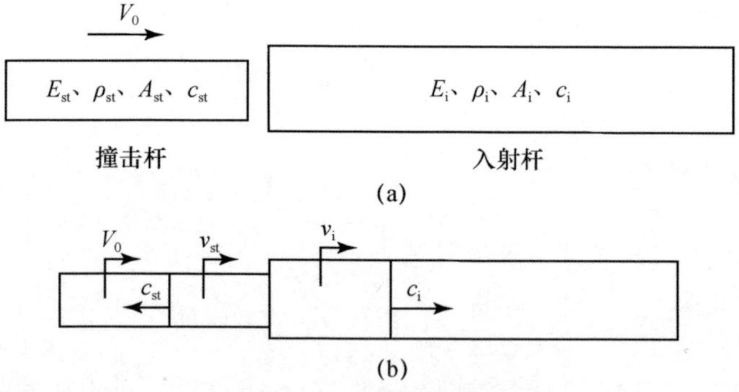

图 6-11 两弹性杆的相互撞击

(a) 撞击前;(b) 撞击后。

撞击前($t<0$),撞击杆中的质点速度等于撞击速度,即 $v=V_0$。撞击后($t>0$),将产生两个压缩波分别传入撞击杆和入射杆中。设撞击后界面速度为 v_{st},根据界

面处的连续性条件，界面处撞击杆内的质点速度与入射杆内的质点速度应该相等，即

$$v_{st} = v_i \tag{6-19}$$

又根据牛顿第三定律，界面处两个表面上的受力应该相等，即

$$\sigma_{st} A_{st} = \sigma_i A_i \tag{6-20}$$

将上节推导的动量方程的强间断形式代入式(6-20)得

$$\rho_{st} c_{st} (v_{st} - V_0) A_{st} = \rho_i c_i v_i A_i \tag{6-21}$$

联立式(6-19)和式(6-21)，可以解出撞击杆内的质点速度与入射杆内的质点速度：

$$v_i = v_{st} = \frac{\rho_{st} A_{st} c_{st} V_0}{\rho_i A c_i + \rho_{st} A_{st} c_{st}} \tag{6-22}$$

相应地，撞击杆与入射杆内质点的轴向应力分别为

$$\sigma_{st} = \rho_{st} c_{st} \left(\frac{\rho_{st} A_{st} c_{st} V_0}{\rho_i A c_i + \rho_{st} A_{st} c_{st}} - V_0 \right) = \rho_{st} c_{st} \frac{\rho_{st} A_{st} c_{st} V_0}{\rho_i A c_i + \rho_{st} A_{st} c_{st}} \tag{6-23}$$

$$\sigma_i = -\rho_i c_i \frac{\rho_{st} A_{st} c_{st} V_0}{\rho_i A c_i + \rho_{st} A_{st} c_{st}} \tag{6-24}$$

如果撞击杆与入射杆为相同的材料($p_{st}=p_i=p$，$c_{st}=c_i=c_0$)，并且具有相同的横截面积($A_{st}=A_i=A$)，即有相同的广义波阻抗($p_{st}c_{st}A_{st}=p_i c_i A_i=pc_0 A$)，则式(6-22)~式(6-24)可以进一步简化为

$$v_{st} = v_i = \frac{1}{2} V_0 \tag{6-25}$$

$$\sigma_{st} = \sigma_i = \frac{1}{2} \rho c_0 V_0 \tag{6-26}$$

由此可见，此时入射杆中产生的右行应力脉冲的幅值与撞击速度的大小成正比。

下面分析这一右行应力脉冲持续的时间。图 6-12 为杆中应力波传播的示意图。当 $0<t<L/c_0$ 时，撞击杆中有一左行的应力脉冲；当 $t=L/c_0$ 时，这一左行的应力脉冲到达撞击杆的左端面，此时整个撞击杆以 $V_0/2$ 的速度向右运动，同时，由撞击杆自由端面产生一个右行的卸载波；当 $L/c_0<t<2L/c_0$ 时，撞击杆中左行的应力脉冲与右行的卸载波发生重叠。这样当 $t=2L/c_0$ 时，整个撞击杆内的应力和速度都将卸载为零，此时，撞击杆将与入射杆无接触力，入射杆内形成一个右行应力波脉冲。

入射杆中右行应力脉冲持续的时间等于波在撞击杆内来回一次的时间，即

$$\tau = \frac{2L}{c_0} \tag{6-27}$$

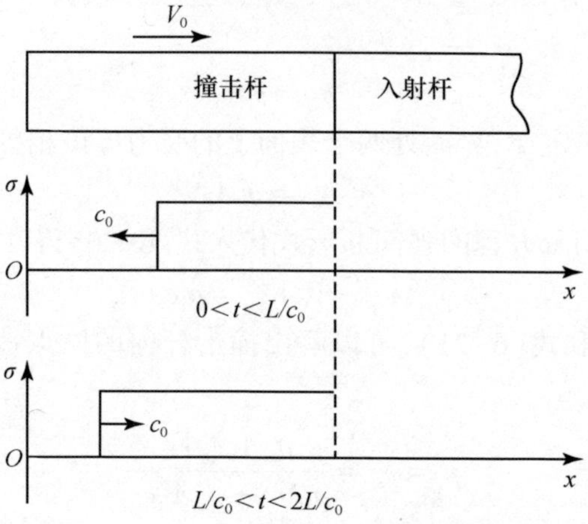

图 6-12　撞击杆中应力波传播示意图

根据式(6-26)和式(6-27)可以得到以下结论:对于波阻抗相同的两杆,撞击后将产生一波速为 c_0 的右行应力波,波的幅值由撞击速度的大小来控制,波持续的时间由撞击杆的长度来控制。

3. 弹性波在物质界面的反射和透射

当一个幅值为 $\Delta\sigma_i$ 的弹性强间断从阻抗为 $(\rho_0c_0)_{\mathrm{I}}$ 的介质自左向右传播到另一种阻抗为 $(\rho_0c_0)_{\mathrm{II}}$ 的介质时,将会在两种介质的界面上引起分别向左传播的反射波和向右传播的透射波,如图 6-13 所示。对于固结界面(能够承受拉、压应力),根据连续性条件和牛顿第二定律,反射波和透射波的波后质点速度和应力应相等。

按照这个条件,分别用 $\Delta\sigma_{\mathrm{i}}$、$\Delta\sigma_{\mathrm{r}}$、$\Delta\sigma_{\mathrm{t}}$ 表示入射波、反射波和透射波的波前后应力变化,Δv_{j}(j 分别为 i,r,t)表示质点速度的变化,并结合强间断关系式,可得

$$\begin{cases}\Delta\sigma_{\mathrm{r}} = F\Delta\sigma_{\mathrm{r}}\\ \Delta v_{\mathrm{r}} = -F\Delta v_{\mathrm{r}}\end{cases} \tag{6-28}$$

$$\begin{cases}\Delta\sigma_{\mathrm{t}} = F\Delta\sigma_{\mathrm{i}}\\ \Delta v_{\mathrm{t}} = -nT\Delta v_{\mathrm{i}}\end{cases} \tag{6-29}$$

其中

$$\begin{cases}n = \dfrac{(\rho_0c_0)_{\mathrm{I}}}{(\rho_0c_0)_{\mathrm{II}}}\\ F = \dfrac{1-n}{1+n}\\ T = \dfrac{2}{1+n}\end{cases} \tag{6-30}$$

式中：n 为两种介质的阻抗比；F 和 T 分别为反射系数和透射系数，它们显然满足

$$1 + F = T \tag{6-31}$$

可以看出，透射系数 T 总为正值，因此透射波和入射波总是同号。F 的正负取决于两种介质阻抗的相对大小。

当一个弹性间断波从左至右传入两个材料的交界面时(低阻抗材料位于左边，高阻抗材料位于右边)，应力波在时空平面上轨迹如图 6-13(a)所示，应力波轨迹线将时空平面划分为 0、1、2 三个状态区，它们的应力和速度状态分别对应图 6-13(c)中的 0、1、2 三个点。应力在空间上的分布如图 6-13(b)所示。

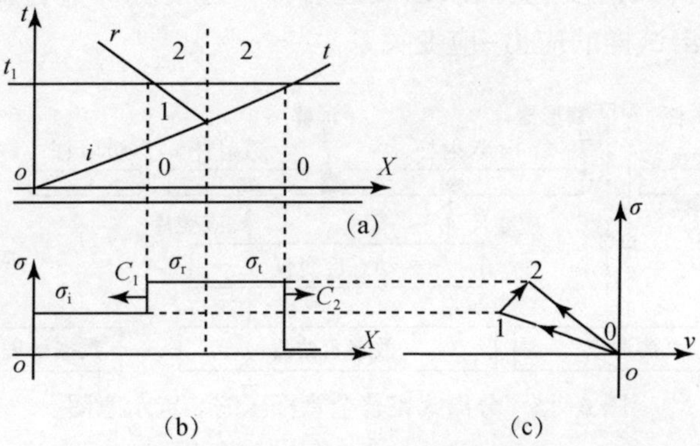

图 6-13　不同材料弹性杆中波的反射和透射($(\rho_0 c_0)_{\mathrm{I}} < (\rho_0 c_0)_{\mathrm{II}}$)

利用式(6-28)~式(6-30)同样可以画出应力波从波阻抗较高的材料传入波阻抗较低的材料时所对应波系图和应力-速度状态图，如图 6-14 所示。图中 C_1、C_2 分别表示反射和透射波阵面。

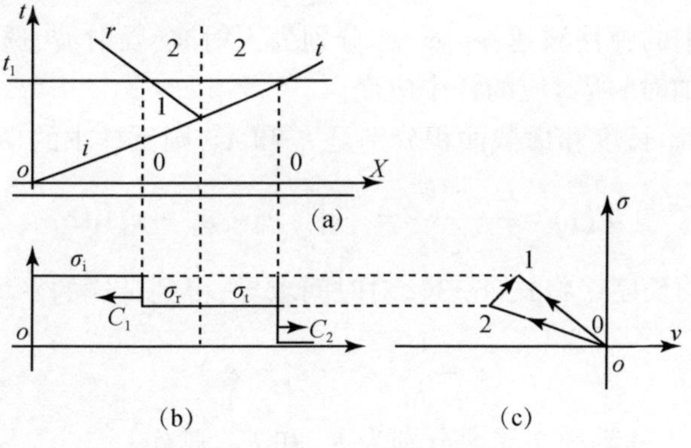

图 6-14　不同材料弹性杆中波的反射和透射($(\rho_0 c_0)_{\mathrm{I}} > (\rho_0 c_0)_{\mathrm{II}}$)

在应力波入射到刚性壁的情况下，对应$(\rho_0 c_0)_{\mathrm{II}} \to \infty$ 或 $n \to 0$ 时，有 $T=2, F=1$。在应力波入射到自由表面(自由端)时，对应$(\rho_0 c_0)_{\mathrm{II}} \to 0$ 或 $n \to \infty$ 时，有 $T=0, F=-1$。

当入射杆和透射杆的波阻抗相同时，即$(\rho_0 c_0)_{\text{I}} > (\rho_0 c_0)_{\text{II}}$，对应$n=1$，则弹性波在通过此界面时将不发生反射($F=0, T=1$)，称为阻抗匹配。在测试介质中应力波传播的实验中，如果埋入式传感器的波阻抗和介质的波阻抗相匹配，可以将传感器对波传播的影响降到最小。

6.1.3 分离式霍普金森杆实验技术

1. 分离式霍普金森杆实验技术的基本原理

分离式霍普金森杆装置简图如图 6-15 所示，其实验原理主要是通过使用应变片对入射杆中的入射波、反射波以及透射杆中透射脉冲进行测量，然后根据一维应力波理论导出试样的应力-应变关系。

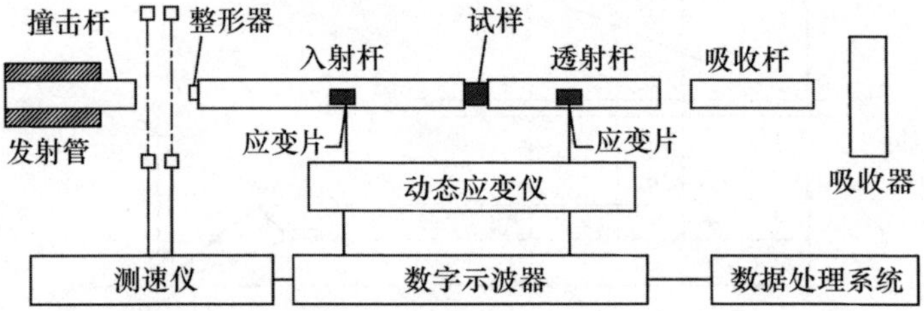

图 6-15 分离式霍普金森杆压缩装置示意图

设试样与入射杆相连的端面为 1，试样与透射杆相连的端面为 2。若在实验过程中界面 1、2 上的位移分别为U_1、U_2，根据线弹性波的线性叠加原理，则有

$$U_1 = c_0 \int_0^t (\varepsilon_{\text{i}} - \varepsilon_{\text{r}}) \mathrm{d}\tau \tag{6-32}$$

$$U_2 = c_0 \int_0^t \varepsilon_{\text{t}} \mathrm{d}\tau \tag{6-33}$$

式中：c_0为压杆中的弹性波速；ε_{i}、ε_{r}、ε_{t}分别为入射波、反射波、透射波在独立传播时(没有相互叠加时)所对应的杆中应变。

设试样的原始长度和横截面积分别是l_0和A_0，则试样中的平均应变为

$$\varepsilon(t) = \frac{U_1 - U_2}{l_0} = \frac{c_0}{l_0} \int_0^t (\varepsilon_{\text{i}} - \varepsilon_{\text{r}} - \varepsilon_{\text{t}}) \mathrm{d}\tau \tag{6-34}$$

式中：l_0为试样的长度。将式(6-34)对时间求导，得到试样的平均应变率为

$$\dot{\varepsilon} = \frac{c_0}{l_0} (\varepsilon_{\text{i}} - \varepsilon_{\text{r}} - \varepsilon_{\text{t}}) \tag{6-35}$$

若试样端面 1 和端面 2 受力分别为F_1和F_2，则有

$$F_1 = AE(\varepsilon_{\text{i}} - \varepsilon_{\text{r}}) \tag{6-36}$$

$$F_2 = AE\varepsilon_{\text{t}} \tag{6-37}$$

式中：A和E分别为杆的横截面积和弹性模量。试样中的平均应力为

$$\sigma = \frac{1}{2A_0}(F_1 + F_2) = \frac{AE}{2A_0}(\varepsilon_i + \varepsilon_r + \varepsilon_t) \tag{6-38}$$

当试样两端面受力平衡时,即

$$F_1 = F_2 \tag{6-39}$$

认为试样中发生了均匀的受力和变形过程,平均应力即表征了材料中的一维应力状态。由式(6-36)、式(6-37)和式(6-39)可得

$$\varepsilon_i + \varepsilon_r = \varepsilon_t \tag{6-40}$$

将式(6-40)代入式(6-34)、式(6-35)和式(6-38)有

$$\sigma = \frac{AE}{A_0}\varepsilon_t \tag{6-41}$$

$$\varepsilon = -\frac{2c_0}{l_0}\int_0^t \varepsilon_r \mathrm{d}\tau \tag{6-42}$$

$$\dot{\varepsilon} = -\frac{2c_0}{l_0}\varepsilon_r \tag{6-43}$$

联立式(6-41)和式(6-42)即可得到试样材料在应变率为 $\dot{\varepsilon}$ 时的动态应力-应变曲线。

以上推导得到的是材料的工程应力与工程应变计算公式,在材料不可压假设下,真实应力 σ_T 和应变 ε_T 与工程应力和应变之间的换算关系为

$$\sigma_T = (1 - \varepsilon)\sigma \tag{6-44}$$

$$\varepsilon_T = -\ln(1 - \varepsilon) \tag{6-45}$$

2. 杆中应变测试

在传统分离式霍普金森杆实验中,应变信号的测量采用电阻应变片法,入射、反射和透射应变分别由贴在入射杆和透射杆表面的应变片来测量。

应变片测试通常采用惠斯通电桥的测试原理。如图6-16所示,惠斯通电桥的四个桥臂电阻分别由标准电阻和电阻应变片构成,可采用对臂桥工作方式,如 R_1、R_4 采用高阻值(1000Ω)应变片,R_2、R_3 采用精密标准1000Ω电阻。

电桥采用直流电源 U_0 供电,如图6-16所示,四个桥臂由电阻 R_1、R_2、R_3、R_4 组成。当输出端 A、B 间开路(AB 间外接电阻为高阻)时,电桥中有电流

$$I_1 = \frac{U_0}{R_1 + R_2}, I_2 = \frac{U_0}{R_3 + R_4} \tag{6-46}$$

则电阻 R_1 和 R_3 上的电压分别为

$$U_{AC} = \frac{R_1}{R_1 + R_2}U_0, U_{BC} = \frac{R_3}{R_3 + R_4}U_0 \tag{6-47}$$

因此,AB 间电压 ΔU 为

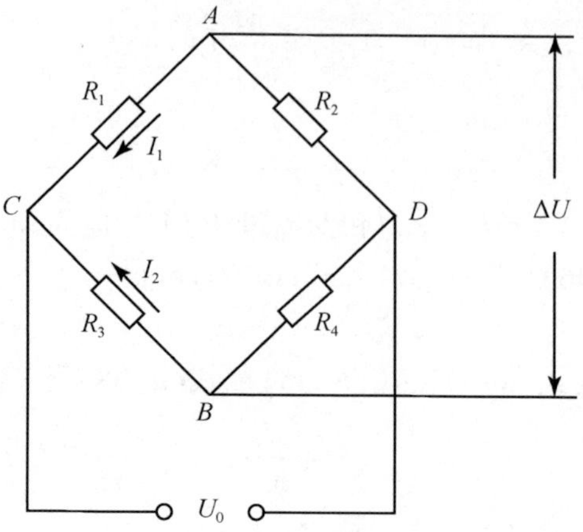

图 6-16　惠斯通电桥

$$\begin{aligned}\Delta U = U_{AC} - U_{BC} &= \frac{R_1}{R_1 + R_2}U_0 - \frac{R_3}{R_3 + R_4}U_0 \\ &= \frac{R_1R_4 - R_2R_3}{(R_1 + R_2)(R_3 + R_4)}U_0\end{aligned} \tag{6-48}$$

当电桥平衡时，$\Delta U=0$，必然有

$$R_1R_4 - R_2R_3 = 0, \frac{R_2}{R_1} = \frac{R_4}{R_3} = n \tag{6-49}$$

式中：n 为桥臂电阻比。

假设电桥各桥臂电阻 R_1、R_2、R_3、R_4 都发生变化，其阻值的变化量分别为 ΔR_1、ΔR_2、ΔR_3、ΔR_4，电桥的输出为

$$\Delta U = \frac{n\left[\left(1 + \frac{\Delta R_1}{R_1}\right)\left(1 + \frac{\Delta R_4}{R_4}\right) - \left(1 + \frac{\Delta R_2}{R_2}\right)\left(1 + \frac{\Delta R_3}{R_3}\right)\right]}{\left(1 + n + \frac{\Delta R_1}{R_1} + n\frac{\Delta R_2}{R_2}\right)\left(1 + n + \frac{\Delta R_3}{R_1} + n\frac{\Delta R_4}{R_4}\right)} \tag{6-50}$$

当 $\Delta R_i \ll R_i$ 时，电桥的输出近似为

$$\Delta U = \frac{n}{(1 + n)^2}\left(\frac{\Delta R_1}{R_1} - \frac{\Delta R_2}{R_2} - \frac{\Delta R_3}{R_3} + \frac{\Delta R_4}{R_4}\right) U_c \tag{6-51}$$

因此，电桥的电压灵敏度为

$$k = \frac{n}{(1 + n)^2}U_0 \tag{6-52}$$

显然，对于同样的 U_0 值（U_0 值大小受应变片功耗限制），当 $n=1$ 时，电桥的电压灵敏度最高。所以，一般电阻应变仪都采用全等臂电桥（$R_1=R_2=R_3=R_4=R$）方式，且电桥初始状态是平衡的。

当只有一个臂工作时，设 R_1 变化为 $R+\Delta R$，当 $\Delta R<<R$ 时，输出电压为

$$\Delta U \approx \frac{U_0 \Delta R}{4R} \tag{6-53}$$

同理，当两个相对臂工作时，如 R_1、R_4 阻值均增加 ΔR，或相邻臂工作时，如 R_1 阻值增加 ΔR，R_2 阻值减少 ΔR，输出电压为

$$\Delta U \approx \frac{U_0}{2} \frac{\Delta R}{R} \tag{6-54}$$

全桥工作（R_1、R_4 阻值增加 ΔR；R_2、R_3 阻值减少 ΔR）时，输出电压为

$$\Delta U = U_0 \frac{\Delta R}{R} \tag{6-55}$$

在分离式霍普金森杆实验中，应变测量使用的惠斯通电桥一般采用对臂桥工作方式：R_1 和 R_4 采用高阻值（如 1000Ω）应变片，R_2 和 R_3 采用对应的精密标准（如 1000Ω）电阻。两应变片对称地粘贴于压杆两侧，并置于压杆同一横截面上，以保证两者测到信号的同步性，同时还可以消除非轴向应变的干扰信号。

当压杆中有应变信号产生时，粘贴于压杆表面的应变片阻值将发生变化，应变片阻值变化与应变成线性关系，即

$$\frac{\Delta R}{R} = K_1 \varepsilon \tag{6-56}$$

式中：K_1 为应变片的灵敏系数。

假定应变仪的放大系数为 K_2，那么按照对臂工作电桥的原理，可以得到应变片测量的应变值 $\varepsilon(t)$ 与输出电压 $\Delta U(t)$ 的关系为

$$\varepsilon(t) = \frac{2\Delta U(t)}{K_1 K_2 U_0} \tag{6-57}$$

若将四个应变片等距地分布在同一圆周上，两个测轴向应变，两个测环向应变，构成全桥电路，结合实验杆的泊松比，能完全消除弯曲应变。此时，式（6-51）和式（6-57）变为（取 $n=1$）

$$\Delta U = \frac{1+v}{2} \frac{\Delta R}{R} U_0 \tag{6-58}$$

$$\varepsilon(t) = \frac{2\Delta U(t)}{(1+v) K_1 K_2 U_0} \tag{6-59}$$

式中：v 为实验杆的泊松比。四个应变片的排列还可以修正磁弹效应（应变片因应力波在铁磁杆中传播而产生的电压效应）。

从惠斯通电桥输出的电压幅值很小，一般在毫伏量级，需要放大器将信号放大后输入示波器。放大器和示波器必须具有较高的频响来采集和记录信号，需要选用恰当频率的低通滤波器来获得高信噪比、低失真度的实验信号。文献将全通（无滤波）、100kHz、3kHz 和 100Hz 滤波器分别应用于前置放大器进行实验。

图 6-17 给出了不同低通滤波器对同一实验信号记录的比较。从图中可以清晰地看出,当滤波器频率低于 3kHz 时,即便示波器有足够的频响,所记录的信号也会严重失真。因此,超动态应变仪的前置放大器频响必须大于 100kHz,这样才不会使信号失真,一般建议采用 200kHz 或以上频响。当绝对应变信号很小时,从应变片到超动态应变仪的导线屏蔽对消除外部噪声也是非常重要的。

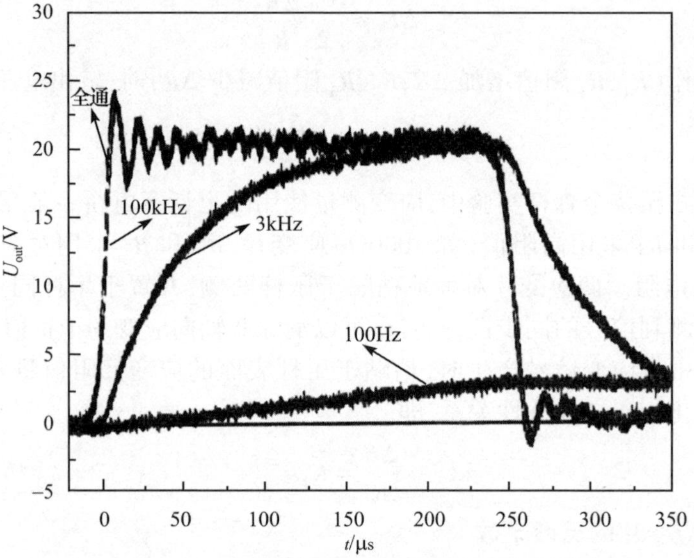

图 6-17　不同频响前置放大器对实验信号的影响

实验中,由于贴片技术、黏结剂和应变片的动态响应特性等因素的影响,压杆上的应变片的实际灵敏系数与出厂值之间会有一定的差距。动态实验时需要重新标定,此时应变片的灵敏系数 K_1 又被称作动态灵敏系数 K_d。长度为 L_0 的子弹以速度 V_0 撞击实验杆,示波器所得信号为 $\Delta U(t)$。根据式(6-27)知,应力波宽为 $T_0=2L_0/c_0$,于是得到信号的平均幅值 $\Delta\bar{U}$ 为

$$\Delta\bar{U}=\frac{c_0\int_0^{T_0}\Delta U(t)\,\mathrm{d}t}{2L_0} \tag{6-60}$$

结合弹性波阵面上的连续性方程式(6-14)和式(6-57),得到杆中的平均波后质点速度为

$$V_1=c_0\varepsilon=\frac{c_0^2\int_0^{T_0}\Delta U(t)\,\mathrm{d}t}{K_dK_2U_0L_0} \tag{6-61}$$

对于对称碰撞,由两杆共轴撞击理论式(6-25)知,杆中波后质点速度为 $V_0/2$,即 $V_1=V_0/2$。于是,可以得到应变片的动态灵敏系数为

$$K_d = \frac{2c_0^2\int_0^{T_0}\Delta U(t)\,\mathrm{d}t}{K_2 U_0 V_0 L_0} \tag{6-62}$$

3. 实验数据处理

数据处理首先要确定入射、反射和透射信号的起跳时间。入射信号起跳点可以设计软件程序判读，也可以设计若某数据点后连续 50 个点偏离基线超过信号幅值的 1/20，即认为这一点是起跳点 T_{i}。实验中，入射杆应变片与试样的距离为 L_1，透射杆应变片与试样的距离为 L_2，实验杆中弹性波波速为 c_0，根据应变片间的距离可确定透射信号起跳时间 T_{t} 及反射信号起跳时间 T_{r}，与入射信号起跳时间 T_{i} 的关系：

$$T_{\mathrm{r}} = T_{\mathrm{i}} + \frac{2L_1}{c_0}$$

$$T_{\mathrm{t}} = T_{\mathrm{i}} + \frac{L_1 + L_2}{c_0} \tag{6-63}$$

按照实验杆中一维应力波传播的基本原理，若不考虑弥散效应，则可以对波形进行平移。Lifshitz 和 Leber 详细讨论了分离式霍普金森杆实验的数据处理问题，采用快速傅里叶变换（FFT）算法修正了不同频率的波形在杆中传播时的弥散，并提出了实验杆中弹性波波速的标定方法，即在不加试样的情况下，先测量入射杆和透射杆起跳点的时间差，然后结合两应变片之间的距离标定杆中的弹性波波速。王礼立和王永刚指出只要杆的横向尺寸远小于波长，杆的横向动能便远小于纵向动能，则杆中一维应力波的初等理论就能给出足够好的近似结果；否则必须计及横向惯性引起的波的几何弥散并加以修正。

确定了起跳点，即将应变片处的应变历史曲线平移到实验杆与试样的界面上，便可以计算得到试样两端的加载应力历史。在试样两端面满足应力平衡，符合均匀性假定的条件下，可以采用二波法（见式（6-41）~式（6-43））或三波法计算得到试样的应力和应变-时间曲线，从而推出应力-应变曲线。这就是传统的基于实验数据的数据处理方法。

目前还发展了与数值模拟相结合的数据处理方法。例如，将试样两端的速度历史作为初边值条件，并假设一个材料本构模型及其参数，利用数值模拟技术计算得到试样两端的应力历史，与实验结果进行比较。通过改变本构参数，使得计算应力历史与实验曲线吻合，最终可以得到最佳的本构参数。理论上，这种方法不再需要应力平衡的假定就可以得到试样的本构参数。

4. 试样的设计原则

多数研究人员利用分离式霍普金森杆时一般采用圆柱形、立方形或长方形试样。圆柱形试样更易于在车床上精确加工。试样的最大长径比的选择取决于所需要的最大应变率以及能体现材料整体特性的尺寸要求，同时要满足实验技术的两个基本假设。

对压缩实验,试样的直径一般为杆直径的80%左右。这样试样横向膨胀到直径等于实验杆直径时,轴向真实应变可达到30%。与传统的低应变率测试一样,分离式霍普金森杆实验试样的加工必须保证两加载表面的光洁度,且平行度在0.01mm公差范围以内。加载的平面加工精度对实现试样达到应力均匀状态十分重要。

即便假定试样均匀变形,高应变率实验中质点加速引起的纵向和径向惯性也会影响到应力-应变曲线的测量数据。Davies 和 Hunter 分析了纵向和径向惯性引起的误差,并对此做出了修正。修正后应力 σ 由下式表出:

$$\sigma(t)=\sigma_{\mathrm{m}}(t)+\rho_{\mathrm{s}}\left(\frac{l_0^2}{6}-v_{\mathrm{s}}\frac{d^2}{8}\right)\frac{\mathrm{d}^2\varepsilon(t)}{\mathrm{d}t^2} \tag{6-64}$$

式中:σ_{m} 为测量应力;ρ_{s} 为试样的密度;v_{s} 为泊松比;L_0 和 d 分别为试样的长度和直径。

从式(6-64)可以看出,或者使实验应变率保持不变,或者通过选择试样尺寸使括号内的值为0,可以将误差减到最小。为达到这个目的,合适的试样尺寸为

$$\frac{l_0}{d}=\sqrt{\frac{3v_{\mathrm{s}}}{4}} \tag{6-65}$$

当泊松比为0.33时,试样最适宜的长径比为0.5,此时惯性效应引起的误差最小。Bertholf 和 Karnes 进一步用详尽的二维有限差分和弹塑性有限元分析对这些结果进行了证明。与静载实验标准 AETME9 中规定的使摩擦引起的误差最小的长径比($1.5<l_0/d<2.0$)相比,这个长径比要小很多。不过,为了减少试样与杆间的面积不匹配,分离式霍普金森杆实验中总应变一般局限在25%左右,所以长径比为0.5的试样不太可能导致严重的误差。美国金属学会(ASM)推荐的长径比为0.5~1.0。本书建议,若要减少径向、纵向惯性和端面摩擦效应引起的误差,试样的尺寸设计要能使试样与杆的面积不匹配降到最低,并且保持长径比在0.4~0.6。

除提高加载速度外,一般可以通过减小试样的尺寸来提高加载应变率。对于声速较高的材料,分离式霍普金森杆实验技术在应变率 $10^5\mathrm{s}^{-1}$ 以下都是有效的。必须注意的是,由于横向惯性效应局限了应变率的提高,因此试样减小的范围是有限的,只有声速较高、均匀性较好的材料,如纳米晶体结构材料,才能达到如此高的应变率。对多晶金属与合金,试样直径至少是微观结构单元尺寸的十倍以上。结构不均匀的材料,尤其是工程复合材料和岩石混凝土等大晶粒材料,要得到高应变率下有效的应力-应变曲线,则需要根据具体情况设计试样的尺寸。

对于拉伸强度较小的材料,如陶瓷或者纤维增强复合材料,需要专门设计试样。陶瓷试样尺寸的公差,如两端面的平行度、端面与轴的垂直度以及表面的粗糙度严重影响着分离式霍普金森杆测得的陶瓷的应力-应变关系和破坏强度。陶

瓷的弹性模量很高而破坏应变很小(<1%),两端面平行度的极小变化会引起局部应力集中,从而导致试样在变形时发生破裂,应力均匀性假设不能成立。因此,必须打磨端面使之达到良好的表面粗糙度(不大于 1.6)和两端面平行度(不大于 0.02mm),以免试样提前破坏。因为陶瓷材料对裂纹非常敏感,最好将所有的表面抛光,以减少加工表面瑕疵的影响。将陶瓷试样加工成由 Tracy 最初设计的狗骨头样式,在分离式霍普金森杆测试中能得到很稳定的一维应力状态。另一个办法就是在试样表面贴应变片,直接测量试样的应变。要精确测量高应变率下纤维增强复合材料的力学性能,同样需要单独设计试样。Couque 等认为,复合材料的一维应力测试可通过使用锥形试样来实现,试样的端面由斜切的圆环约束,以防止轴向劈裂。

6.1.4　压缩应力测试

1. 压缩应力测试方法

霍普金森压剪杆实验测试技术中的压缩应力测试利用透射杆的电阻应变片进行间接测量。入射杆、两透射杆中部表面分别贴有一组应变片。每组应变片在杆上关于杆轴对称粘贴,分别连接到动态应变测试仪。动态应变测试仪按照惠斯通电桥的电路结构设计,电桥输出电压经放大输出到数字示波器上。由电桥原理知道,处于平衡状态的电桥,当任意桥臂电阻发生变化时,桥路输出电压值可由下式求出:

$$\Delta U = \frac{U_0 \times \Delta R}{2(2R + \Delta R)} \tag{6-66}$$

当 $\Delta R << R$ 时,式(6-66)可以近似为

$$\Delta U = \frac{U_0}{4} \times \frac{\Delta R}{R} \tag{6-67}$$

由式(6-67)可知,输出电压的变化与任意桥臂电阻的变化呈线性关系。进一步,当对称臂的电阻同时变化时,输出电压的变化是这两臂电压变化的线性叠加。利用这一特性,实验中采用半桥接法,将一组应变片接到电桥的对称臂上进行测量,这样既提高了信号幅值,又消除了杆中弯曲波的干扰。

根据前面提到的对称臂电桥应变计算公式即可计算得到应变片输出的应变值。而由应变片基本测量原理可知,应变片给出的信号对应了杆中压缩应变的平均值。设透射杆所测应变为 ε_t、试样横截面积为 A_s、透射杆横截面积为 A_t,则试样中的压缩应力为

$$\sigma = \frac{A_t E \varepsilon_t}{A_s} \tag{6-68}$$

式中:E 为透射杆的弹性模量。

2. 压缩应力测试方法的有效性分析

试样的压缩应力计算公式(6-68)是否正确取决于是否满足以下两个条件:

(1) 试样中轴向压力达到平衡;

(2) 透射杆中部应变片所测轴向压力等于透射杆与试样界面处的轴向应力。

如果以上两个条件成立,则透射杆上的应变片所测轴向压力等于试样受到的压力。因此,压缩应力测试方法的有效性分析转化为对以上两个条件的合理性验证。霍普金森压剪杆实验中所采用的子弹长度远大于试样的厚度,对于金属材料的试样,应力波在试样中来回反射数次后就可以实现压力平衡。对于脆性材料,适当地运用波形整形器,降低加载波的上升斜率,试样仍然可以在破坏前达到受力平衡。所以条件(1)是满足的。

下面通过实验对条件(2)进行有效性验证。

通过实验直接验证第二个条件,即透射杆中部应变片所测轴向压力等于透射杆与试样界面的轴向压力,较为困难。而由数值模拟结果可知:透射杆-试样界面的轴向压力等于透射杆前端关于杆轴对称的任意两点的平均轴向压力。所以,选择验证在透射杆前端关于杆轴对称的任意两点的平均轴向压力是否等于由透射杆中部应变片信号计算得到的轴向应力。

在距离透射杆杆端 100mm 处,关于杆轴对称的任意位置贴两个电阻应变片1、2,分别测试此两点的轴向应力,图 6-18 给出了两点各自的轴向应力历史,而其中实曲线是两点的轴向应力的平均值。利用透射杆中部(距离杆端 600mm)的电阻应变片组 3,采用本节提出的实验方法测试透射杆中的平均轴向应力。沿时间轴平移透射杆中部应变片组 3 所测的数据,再与应变片 1、2 的平均值对比,如图 6-19 所示。图 6-19 表明,两条曲线重合。因此,从实验上证明了透射杆前端关于杆轴对称的任意两点的平均轴向压力等于透射杆中部应变片组所测的轴向应力。

实验结果证明了透射杆中部应变片所测轴向压力等于透射杆与试样界面的轴向压力,同时也就证明了式(6-68)合理,即霍普金森压剪杆的压缩应力测试技术是有效的。

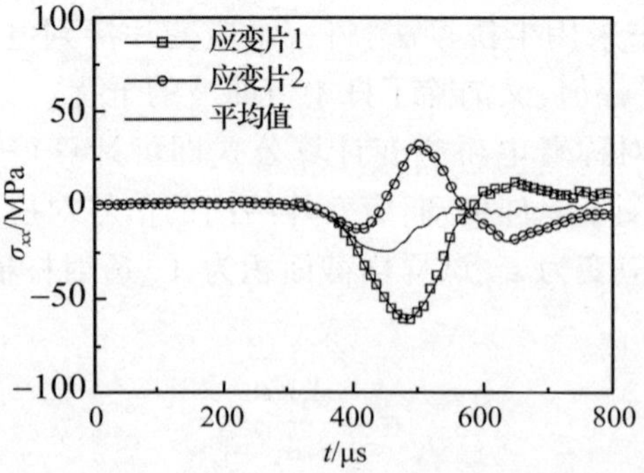

图 6-18 应变片 1、2 所测轴向应力及平均值图

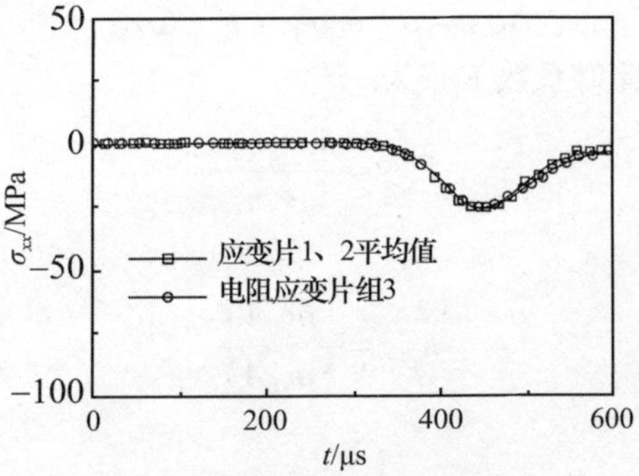

图 6-19　轴向应力历史曲线

3. 压缩应力测试的误差分析

压缩应力是通过电阻应变片测试获得的,测试的基本前提是试样与实验杆达到压力平衡。原则上,霍普金森压剪杆实验技术同霍普金森杆一致,均忽略了试样中的波传播效应,而在加载初始阶段,试样与实验杆是没有达到应力平衡的,故可以分析试样两个界面的压力不平衡造成的误差。为了简化分析,仅讨论试样发生弹性变形的情况。

在透射杆中传播的纵波和弯曲波近似解耦传播。由于透射杆采用了对称结构,在入射杆中仅传播纵波,弯曲扰动相互抵消。如果试样仅发生弹性变形,与在透射杆中的情况相似,试样中的纵波和弯曲波也是解耦传播的,弯曲波造成的平均轴向压缩应力为零。因此,将纵波引起的扰动单独考虑,并忽略试样的横截面积的变化,同时假设入射杆的一个斜截面处反射的应力波对另一个斜截面处的透射波传播不造成影响(这是因为两个试样的轴向相互垂直,即一个斜截面处的纵波反射波的传播方向与另一个斜截面处的纵波透射波传播方向垂直),于是在试样界面上的反射、透射主要是由于广义波阻抗不匹配造成的。考察试样两个界面的应力平衡情况,如图 6-20 所示。当弹性纵波在入射杆-试样界面发生第一次透射时,引起的应力扰动为

$$\Delta\sigma_1 = \sigma_1 - 0 = T_{\mathrm{i-s}}\sigma_{\mathrm{i}} \tag{6-69}$$

式中:入射杆-试样的透射系数 $T_{\mathrm{i-s}}$ 为

$$T_{\mathrm{i-s}} = \frac{2}{1 + n_{\mathrm{i-s}}} \tag{6-70}$$

其中

$$n_{\mathrm{i-s}} = \frac{(\rho c_0 A)_{\mathrm{i}}}{(\rho c_0 A)_{\mathrm{s}}} \tag{6-71}$$

式中:c_0 为杆中弹性波速度。在试样-透射杆界面上,再次发生波的透射、反射,传回试样的反射波引起的应力变化为

$$\Delta\sigma_2 = \sigma_2 - \sigma_1 = F_{s-t}\Delta\sigma_2 \tag{6-72}$$

式中:试样–透射杆的反射系数 F_{s-t} 为

$$F_{s-t} = \frac{1 - n_{s-t}}{1 + n_{s-t}} \tag{6-73}$$

其中

$$n_{s-t} = \frac{(\rho c_0 A)_s}{(\rho c_0 A)_t} \tag{6-74}$$

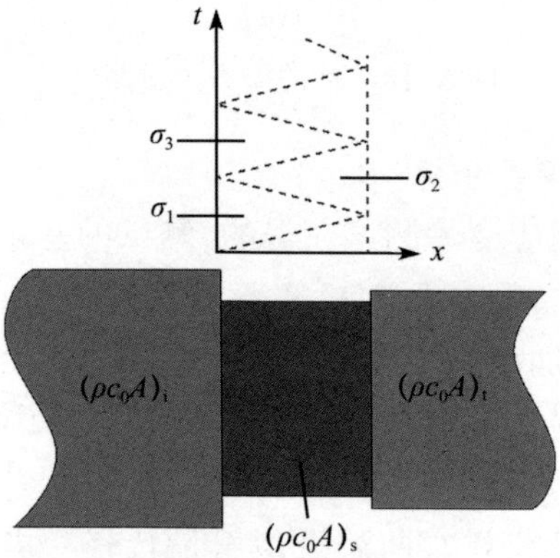

图 6-20　试样轴向应力状态变化示意图

试样中的反射波回传到入射杆–试样界面时再次反射,在试样中的应力扰动为

$$\Delta\sigma_3 = \sigma_3 - \sigma_2 = F_{s-i}\Delta\sigma_2 = F_{s-t}\Delta\sigma_1 \tag{6-75}$$

应力波在试样中经过第 k 次反射后,引起的应力扰动为

$$\Delta\sigma_k = \sigma_k - \sigma_{k-1} = \begin{cases} F_{s-i}^{\frac{k}{2}-1} F_{s-t}^{\frac{k}{2}} \Delta\sigma_1, k\text{ 为偶数} \\ F_{s-i}^{\frac{k-1}{2}} F_{s-t}^{\frac{k-1}{2}} \Delta\sigma_1, k\text{ 为奇数} \end{cases} \tag{6-76}$$

而经过第 k 次反射后,试样中的应力状态为

$$\sigma_k = \sum_{i-1}^{k} \Delta\sigma_k = \begin{cases} \left(1 + F_{s-t} + F_{s-i}F_{s-t} + F_{s-i}F_{s-t}^2 + \cdots + F_{s-i}^{\frac{k}{2}-1} F_{s-t}^{\frac{k}{2}}\right) \\ \Delta\sigma_1, k\text{ 为偶数} \\ \left(1 + F_{s-t} + F_{s-i}F_{s-t} + F_{s-i}F_{s-t}^2 + \cdots + F_{s-i}^{\frac{k-1}{2}} F_{s-t}^{\frac{k-1}{2}}\right) \\ \Delta\sigma_1, k\text{ 为奇数} \end{cases} \tag{6-77}$$

对于给定的广义波阻抗 $(\rho c_0 A)_i$、$(\rho c_0 A)_s$、$(\rho c_0 A)_t$,利用式(6-77)可以计算出

试样-透射杆界面的应力和试样入射杆界面的应力状态。借鉴王礼立、Ravichandran 和 Subhasht 的工作，定义试样两个界面的非平衡系数：

$$e_k = \frac{\Delta\sigma_k}{\sigma_k} \tag{6-78}$$

假设经过 k(k 为奇数)次反射后，有

$$e_k = \frac{\Delta\sigma_k}{\sigma_k} = \frac{F_{s-i}^{\frac{k-1}{2}} F_{s-t}^{\frac{k-1}{2}}}{1 + F_{s-t} + F_{s-i}F_{s-t} + F_{s-i}F_{s-t}^2 + \cdots + F_{s-i}^{\frac{k-1}{2}} F_{s-t}^{\frac{k-1}{2}}} \tag{6-79}$$

对于横截面积为 10mm×10mm，密度为 1.7g/cm³，弹性模量为 1GPa、10GPa、35GPa 的试样来说，需要反射 11、9、6 次，使得 $e_k<5\%$（认为非平衡系数小于 5%时，试样两端近似力平衡），如图 6-21 所示，图中 k 为被反射的次数 E_b 和 E_s，分别表示杆和试样的弹性模量。而对于密度、弹性模量均与实验杆相同的试样来说，造成广义波阻抗失配的原因是入射杆斜截面、试样和透射杆横截面积不相同，试样横截面积与非平衡系数的关系如图 6-22 所示。

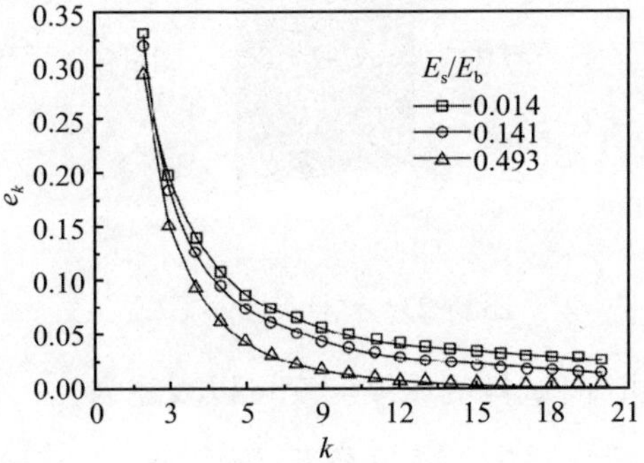

图 6-21　改变试样弹性模量时，e_k 的变化规律

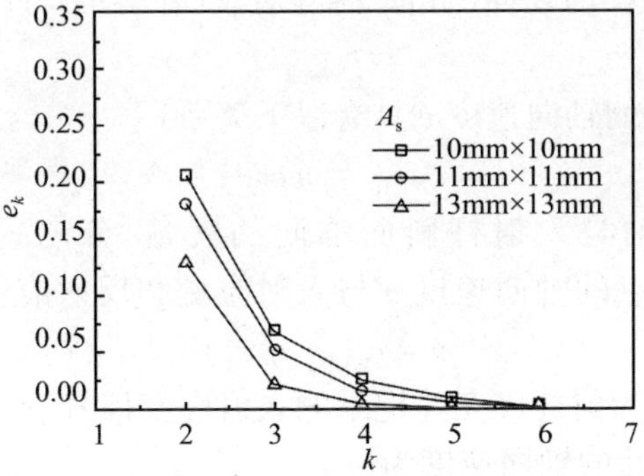

图 6-22　改变试样横截面积时，e_k 的变化规律

以上分析中，应力波的波形简化为方波，其他波形也可以采用类似的方法进

行分析,只是数学处理上更加复杂。由分析可知,对于给定的试样材料,装置与试样的广义波阻抗越匹配,初始时刻压力不平衡的误差就越小,而对于给定的霍普金森压剪杆实验装置,试样的横截面积越大,即越接近透射杆截面,初始时刻压力不平衡引入的误差就越小。

6.1.5 压缩应变测试

1. 压缩应变测试方法

试样在承载过程中,两个界面1、2不仅具有横向速度,而且具有轴向速度,如图6-23所示。

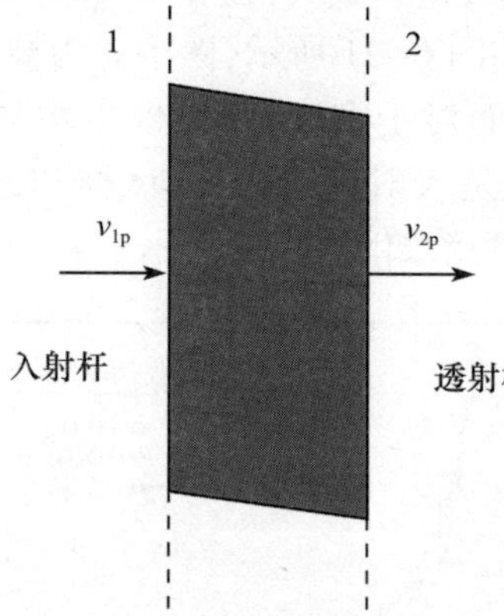

图6-23　试样变形示意图

由前面章节分析可知,试样的压缩应变可以表述为

$$\dot{\varepsilon} = \frac{v_{1p} - v_{2p}}{l_0}$$

式中:v_{1p}、v_{2p} 分别为试样前表面(界面1)与后表面(界面2)质点速度;L_0 为试样的厚度。

v_{1p} 与入射杆质点的轴向速度 v 具有以下关系:

$$v_{1p} = v\cos\theta \tag{6 - 80}$$

式中:θ 为入射杆杆轴与入射杆斜面法向的夹角,分离式霍普金森压剪杆中 $\theta=45°$。入射杆上质点的轴向速度 v 与入射应变和反射应变具有如下关系:

$$v = c_0(\varepsilon_i - \varepsilon_r) \tag{6 - 81}$$

式中:ε_i、ε_r、c_0 分别为入射杆应变片记录的入射应变信号、反射应变信号和杆中的纵波波速。透射杆端面的轴向速度为

$$v_{2p} = c_0\varepsilon_t \tag{6 - 82}$$

由式(6-80)~式(6-82)可以得到试样的压缩应变率为

$$\dot{\varepsilon} = \frac{c_0}{l_0}\left[\frac{\sqrt{2}}{2}(\varepsilon_i - \varepsilon_r) - \varepsilon_t\right] \tag{6-83}$$

则压缩应变为

$$\varepsilon = \int_0^t \frac{c_0}{l_0}\left[\frac{\sqrt{2}}{2}(\varepsilon_i - \varepsilon_r) - \varepsilon_t\right]\mathrm{d}t \tag{6-84}$$

2. 压缩应变测试方法的有效性分析

压缩应变测试也是借助入射杆和透射杆上的电阻应变片，通过实验杆上的应变计算获得试样的压缩应变。压缩应变计算的核心公式是式（6－80）～式(6－82)。因此，对压缩应变测试技术验证转换为对上面三个公式成立与否的证明。本节首先利用数值模拟的结果说明此问题。

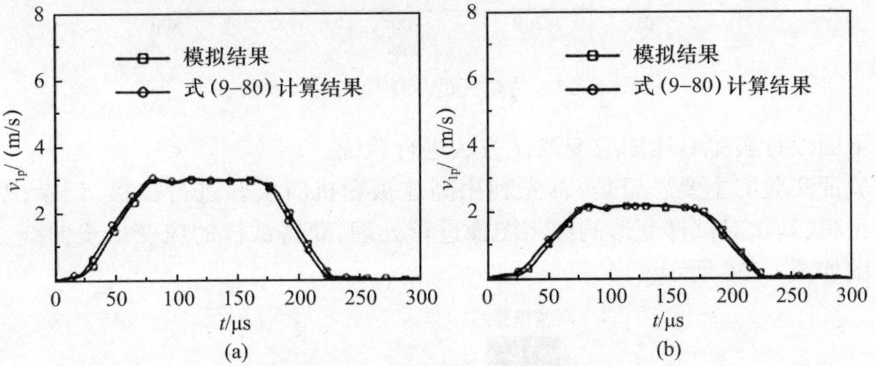

图 6－24　θ 为 45°和 60°时的 v_{1p} 模拟结果和利用式(6－80)计算的速度曲线

(a) 45°; (b) 60°。

图 6－24 是数值模拟中试样前表面单元的真实轴向压缩速度 v_{1p} 和利用式(6－80)、式(6－81)计算所得轴向压缩速度。由图 6－24 可知，在入射杆杆轴与入射杆斜面法向的夹角 Q 分别为 45°与 60°两种情况下，两条曲线吻合，表明试样前表面的轴向压缩速度完全可由入射杆表面的应变片所测的入射应变和反射应变算得，证明式(6－80)、式(6－81)是合理普适的。图 6－25 是透射杆端单元平均压缩应力 σ；和利用透射杆端单元速度通过一维应力波计算所得的压缩应力时程曲线。由图 6－25 可知，两条曲线完全吻合，这表明透射杆中压缩波符合一维应力波公式，所以试样的压缩应变计算方法也是合理的。因此通过式（6－80）～式(6－84)计算的压缩应变和压缩应变率是合理可信的。

其实，在前面分析指出：由于两个透射杆采用了对称结构，两个试样对入射杆的反作用力的合力方向是入射杆杆轴方向，因此入射杆中反射波为平面纵波，不存在弯曲波扰动，入射杆斜截面的法向速度等于轴向速度在斜面法向的投影；在弯曲波和纵波共同传播的阶段，弯曲波对纵波没有产生实质性的影响，两者的效果可进行简单叠加;透射杆的平均轴向应力是纵波的扰动的结果,符合一维应力波理论,故在透射杆-试样界面的轴向速度等于透射压缩应变与杆中纵波波速的乘积。

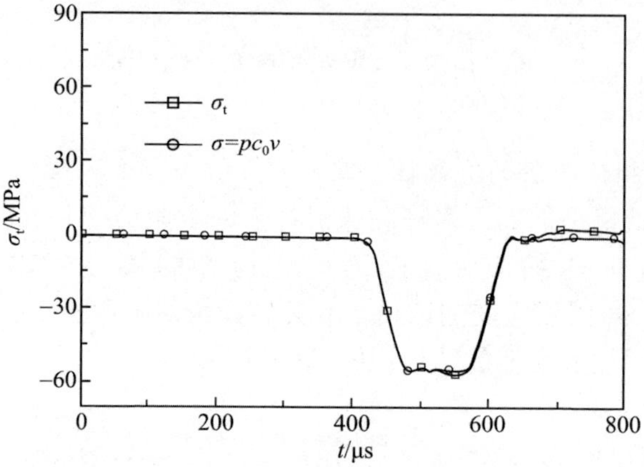

图 6-25　透射杆的压缩应力时程曲线

下面设计实验对压缩应变测试方法进行验证。

验证实验的主要思想是:首先利用高速摄影机对实验进行拍摄,记录试样的变形过程,其次对试样变形的数字图像进行处理,获得试样的应变历史曲线,装置示意图如图 6-26 所示。

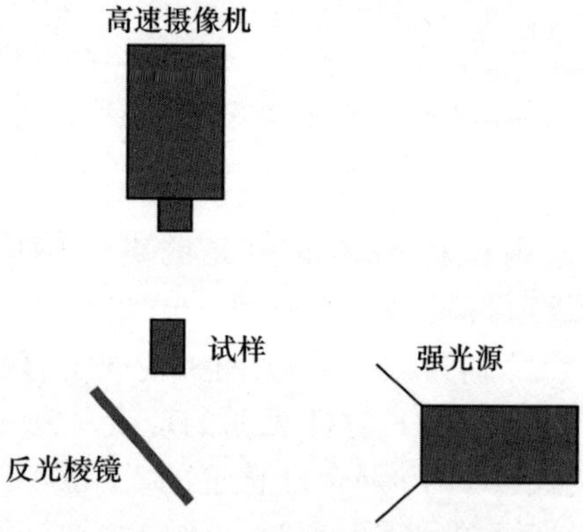

图 6-26　实验装置示意图

在试样底部安置光学反光棱镜,且反光面与高速摄影机、试样成 45°夹角。高速摄影机方向对准试样、入射杆端、透射杆端,强光源对准反光棱镜。于是,在高速摄影机所成的像中,试样、入射杆、透射杆是黑色,而反光棱镜的像是白底,入射杆斜面-试样-透射杆端面的轮廓可以清晰分辨。

这样设计的优点在于,当光源的光强一定的情况下,可以大幅提高每秒的拍摄帧数,而不用担心所拍物体轮廓不清晰。

在实际拍摄中，高速摄影系统采用 12bits CMOS 传感器，拍摄速率是 60000 帧/秒。由于选定拍摄速率后，图像的像素是一定的，为了提高被摄物体的清晰度，对相关区域进行局部放大，如在验证实验中，只拍摄入射杆端面-透射杆端面的部分区域。而此局部区域像素点数相对于拍摄全景图像中的此区域像素点数要高很多，这样便于后续对图像进行处理，提高处理精度。

在数字图像上，假设初始时刻入射杆端的斜面与透射杆端的距离是 l_0，而经过 t_1 时刻后，两者的距离变为 l_1，则压缩应变可以表示为

$$\varepsilon = \frac{l_0 - l_1}{l_0} \tag{6-85}$$

在实际图像处理过程中，首先提取入射杆端面与透射杆端面的图像，如图 6-27 所示；其次，利用 Matlab 软件的图像处理功能对两个端面进行线性拟合（入射杆，$y=ax+b_1$；透射杆，$y=ax+b_2$）；最后在图像坐标系下，计算入射杆端面与透射杆端面的距离，如图 6-28 所示，由简单推导可知：

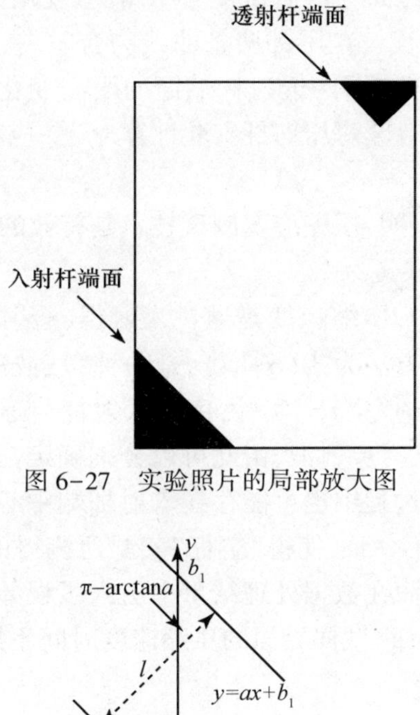

图 6-27　实验照片的局部放大图

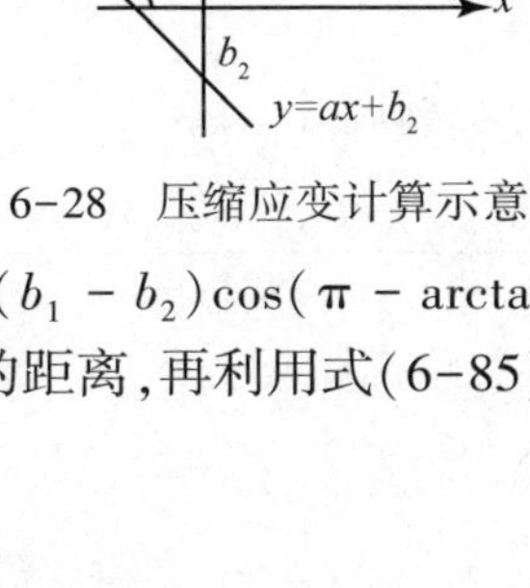

图 6-28　压缩应变计算示意图

$$l = (b_1 - b_2)\cos(\pi - \arctan a) \tag{6-86}$$

由此通过计算不同时刻的距离，再利用式(6-85)计算出试样在不同时刻的压

缩应变。选择密度为 1.7g/cm^3 的某含铝 PBX 试样进行验证实验，试样尺寸是 10mm×10mm×5mm。图 6-29 给出了式(6-84)计算的压缩应变和验证实验采用的数字图像处理方法所测得的压缩应变历史曲线。

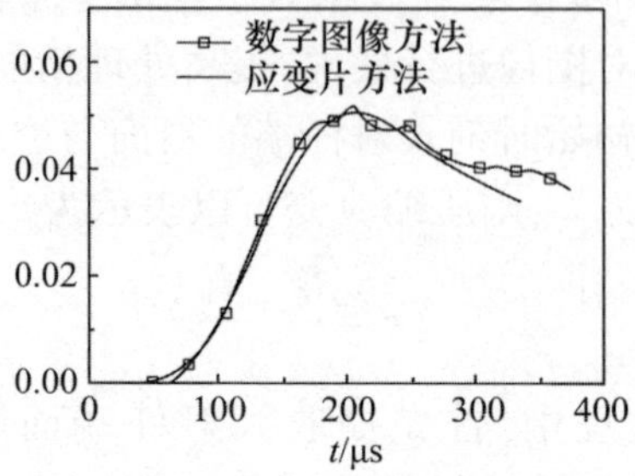

图 6-29　实验对比结果

由图 6-29 可以看出，两条压缩应变历史曲线在上升阶段以及下降开始阶段吻合得比较好，吻合部分正是对应着试样受压缩，应变增大，以及加载波卸载产生的回弹，使应变减小的过程。在尾部两条曲线吻合较差，主要是由于试样出现了破坏，试样的变形与入射杆端面-透射杆端面的距离变化不再一致。从这个细微处也可以说明，在基于霍普金森压剪杆实验计算应力-应变曲线时，回弹的后半部分数据往往是不可信的。

上述验证实验结果表明，压缩应变测试技术是有效的。

3. 压缩应变测试的误差分析

在压剪杆实验技术中，压缩应变是通过入射杆、透射杆上的应变片记录的应变信号计算得到的，计算方法为式(6-84)，是一种“三波法”计算公式。在实验操作中，首先会进行无试样的“空杆”实验，由于入射杆与透射杆界面广义波阻抗不匹配，因此既有透射波，又有反射波，由此可以分别确定三个波的起跳点。而在进行实验时，由于装配试样过程中也可能存在入射杆端中心点在斜截面投影的位置与“空杆”实验中的位置不一致，使得“空杆”实验所测得的入射波起跳点-透射波起跳点间距发生变化，从而在数据处理结果中引入了误差。此误差源也可认为是透射杆-试样界面与入射杆-试样界面的压缩速度时间不同步引起的，可用如下数学关系式表示：

$$\dot{\varepsilon}=\frac{v_{1\mathrm{p}}(t)-v_{2\mathrm{p}}(t+\Delta t)}{l_0} \tag{6-87}$$

将 $v_{2\mathrm{p}}(t+\Delta t)$ 在 t 时刻进行泰勒展开，并保留一阶项：

$$\dot{\varepsilon}=\frac{v_{1\mathrm{p}}(t)-v_{2\mathrm{p}}(t)-v'_{2\mathrm{p}}(t)\Delta t-o(\Delta t^2)}{l_0} \tag{6-88}$$

对式(6-88)进行变换，并忽略高阶项，有

$$\dot{\varepsilon} = \frac{v_{1p}(t) - v_{2p}(t)}{l_0} - \frac{v'_{2p}(t)\Delta t}{l_0} \tag{6-89}$$

式(6-89)的前一项即为真实的应变率项,用 $\dot{\varepsilon}_T$ 表示,而后一项是由于时间不同步造成的误差项。对式(6-89)进行积分,得到压缩应变:

$$\varepsilon = \varepsilon_T - \int_0^{t_0} \frac{v'_{2p}(t)\Delta t}{l_0}\mathrm{d}t = \varepsilon_T - \frac{\Delta t}{l_0}[v_{2p}(t_0) - v_{2p}(0)] \tag{6-90}$$

为了分析方便,在这里仅考虑加载情况,不考虑应力波卸载情况,所以 $v_{2p}(t_0)$ 对应于加载终了时刻的透射杆-试样界面的速度值,$v_{2p}(0)$ 对应于加载初始时刻的速度值,且 $v_{2p}(0)=0$,则应变的误差项为

$$\varepsilon_{\text{error}} = \frac{\Delta t}{l_0}v_{2p}(t_0) \tag{6-91}$$

可以通过实际实验数据对压缩应变误差进行估算。在实际中,由于广义波阻抗失配,透射信号相对于入射信号较小,同时为了保护剪切应力计,加载波强度不能过高,综合这两个因素,在实际实验中,$v_{2p}(t_0)<10\text{m/s}$。假设由于入射杆应变片-透射杆应变片距离偏离 2mm,试样厚度取 5mm,则应变的误差 $\varepsilon_{\text{error}}<0.8\%$。

对不同材料,这一结果具有不同的意义。对于易变形的延性材料,其特征力学量(如屈服点等)对应的应变值较大,此误差可以忽略;而对于脆性材料,由于破坏应变值较小,这一误差对结果有一定的影响。

实质上,对于霍普金森杆一类的实验技术,试样应变的计算过程都伴有上述分析中所涉及的误差,而这一误差的引入具有明显的主观性。所以降低此误差对结果的影响,需要实验者认真细致地进行实验操作,以及细心严谨地完成数据处理。

6.1.6　霍普金森杆实验技术拓展应用

霍普金森杆实验技术除了用于传统的压缩、拉伸、断裂等动态实验外,还可以进行其他的拓展实验,如中应变率加载、动态剪切和动态摩擦等。本节将介绍基于霍普金森杆的若干拓展应用。

1. 用霍普金森杆实现中应变率加载实验

关于材料在中应变率加载下的力学性能研究进行得还比较少,主要原因是受实验技术的限制。准静态实验($<10\text{s}^{-1}$)可以采用静态试验机完成,分离式霍普金森杆可以满足加载应变率在 $10^2\sim10^4\text{s}^{-1}$ 的高应变率实验要求。在 $10\sim10^2\text{s}^{-1}$ 的中应变率,静态试验机因加载频响不足难以得到准确数据,而传统分离式霍普金森杆因受到杆件长度的限制,其加载脉宽不足,难以得到完整实验结果。目前中应变率加载下的实验技术主要分为两类:一类是通过对静态试验机进行改进,以提高加载应变率;另一类是对霍普金森杆进行改进,以降低加载应变率。

在对静态试验机进行改进的方面,国内中国科技大学夏源明课题组通过液压驱动、缓冲撞击加载、分级调速等技术实现了中应变率加载;Song 等在静态试验机上引入石英晶体测试应力,克服了原有应力传感器频响不足的缺点;最近,Othman 等通过对静态试验机进行改造,建立了一套中应变率实验装置,如图 6-30 所示。该装置在静态试验机上增加了一个长杆,通过杆上的应变片组实现应力测试,而应变通过高速相机观测得到。

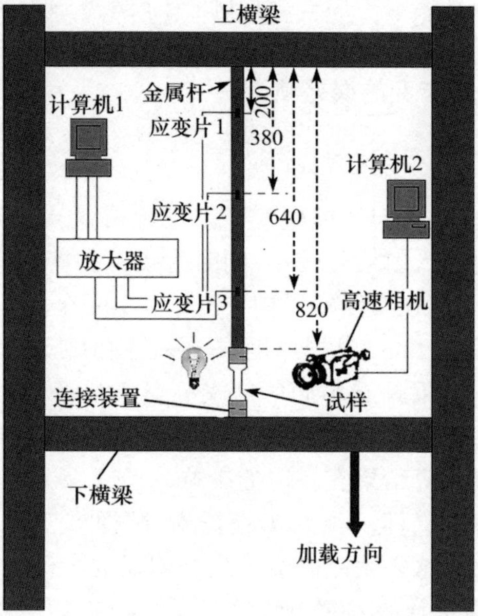

图 6-30 基于静态试验机的中应变率测试装置

利用霍普金森杆的改进可以实现中应变率加载,但面临一个问题,即随着加载应变率的降低,需要不断增加入射波的波宽才能使试样实现全程变形响应,最终达到破坏,在中应变率条件下这个过程一般需要毫秒量级的加载波宽。而传统的分离式霍普金森杆实验技术中,加载波的波宽由加载子弹的长度控制,数据处理过程要求入射波和反射波完全分离。这时,则需要通过增加入射杆的长度来保证入射波和反射波的有效分离。然而,对于一个脉宽为 2ms 的入射波,入射杆的长度必须大于 10m 才能达到要求($2ms\times5000m/s=10m$),这往往是不现实的。即使在入射杆上粘两个或更多应变片,将入射波和反射波进行分离,入射杆的长度也不能小于 5m,比如 Song 等建立的超长霍普金森杆。为此,Zhao 和 Gray 利用加载波在入射杆中来回反射对试样进行多次加载叠加,来增加加载脉宽,实现对试样的中应变率加载,他们采用的数据处理方法是对试样在每次加载下的应力-应变曲线分别计算,然后再进行叠加。后来,Zhao 在此基础上发展了慢霍普金森杆技术,通过液压装置加载,以产生任意长的加载波,实现中应变率加载。Tarigopula

等通过改进霍普金森杆的加载端,建立气-水联动装置,获得稳定的低速长脉冲加载,进而实现对试样的中应变率加载,如图 6-31 所示。这里试样的应力测试用杆上的应变片实现,应变通过杆上的位移传感器得到。

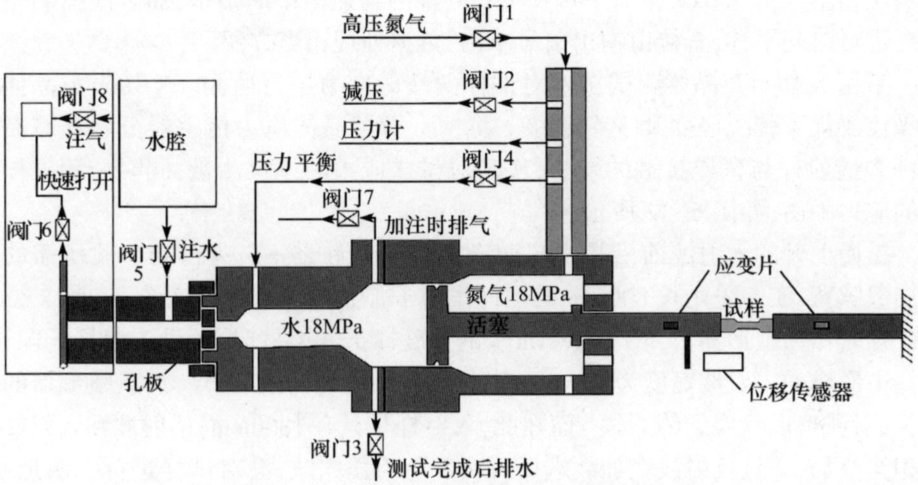

图 6-31　基于霍普金森杆的中应变率测试装置

Chen 等运用了 Zhao 的加载波多次反射叠加的思想,同时采用阻抗失配的长子弹结合软整形器,实现较长的加载脉宽,对试样进行中应变率加载。但不同于传统的应变片测试技术,采用粘在入射杆和透射杆上的一对石英晶体监测试样两端的应力,试样的应变由激光光通量位移计得到,如图 6-32 所示。由于试样的应力、应变均在试样端面测量,故称之为原位测量的霍普金森杆实验技术。下面介绍作者采用上述方法获得的某 PBX 炸药试样中应变率下的力学响应。

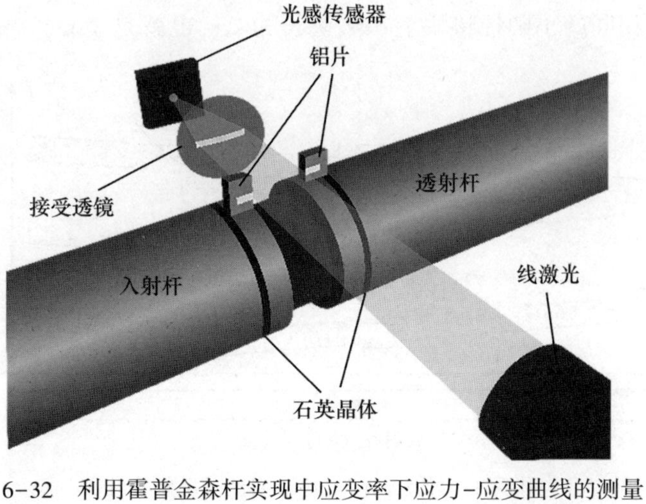

图 6-32　利用霍普金森杆实现中应变率下应力-应变曲线的测量

1）实验系统

实验采用通常的加载杆系统，实验杆为 LY12 铝杆，入射杆长 1800mm，透射杆长 1000mm。如图 6-32 所示，试样的应变通过激光光通量位移计直接得到，其系统响应频率为 1.5MHz，相当于每秒 150 万幅的高速摄影的结果，而且应变测量不需要进行时间平移，直接由输出信号求出，数据处理相当方便。

采用 X 切石英晶体测试技术对试样两端的应力进行监测。X 切石英晶体的信噪比要优于传统应变片 3 个量级。将两个石英晶体应力传感器分别安装在入射杆和透射杆与试样接触的端头，实现对试样应力的原位测量，同时监测试样两端的应力平衡，如图 6-32 所示。

缓慢上升的入射波前沿是中应变率加载的条件之一。为得到实验所需的超长加载脉宽，实验采用长 800mm 的钢杆作为子弹，采用直径为 12.5mm、厚 2.5mm 的硅橡胶作为整形器。当子弹以 1m/s 的速度撞击入射杆时，假设入射杆无限长，在杆中形成的入射波宽度为 0.32ms（$0.8\times2/5000=3.2\times10^{-4}$s）。加上整形器的效果，入射波可以延展到约 1ms。而在此，入射杆长只有 1800mm，反射波和入射波必然相互叠加，并且反射波在加载端面再次反射为压缩波，会对试样进行二次加载，在此称为二次加载波。在传统的分离式霍普金森杆实验中，两次加载波是分离的，如图 6-33 所示。但在这里，第一次加载波到达后 0.72ms（$1.8\times2/5000=7.2\times10^{-4}$s），第二次加载波前沿就会到达，而此时第一次加载尚未结束，于是两个加载波相互叠加。类似地，随着波的传播，会有第三次加载、第四次加载，这样最终加载波的波宽可以达到 5~50ms，如图 6-34 中虚线所示。

2）实验误差分析

（1）石英测量误差。

在实验中，石英晶体的阳极用导电胶粘在入射杆端，阴极粘在一个与入射杆材料、直径均相同的小圆柱垫块上。垫块长为 Δx，也就是说石英晶体与试样的距

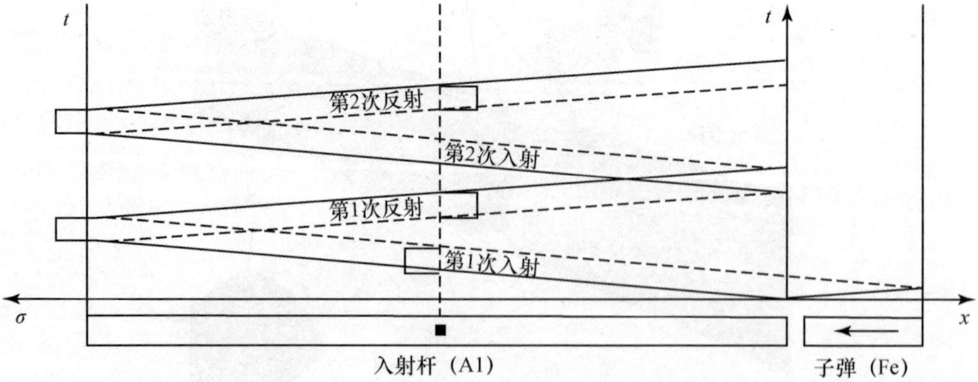

图 6-33　传统 SHPB 中入射波及反射波分离

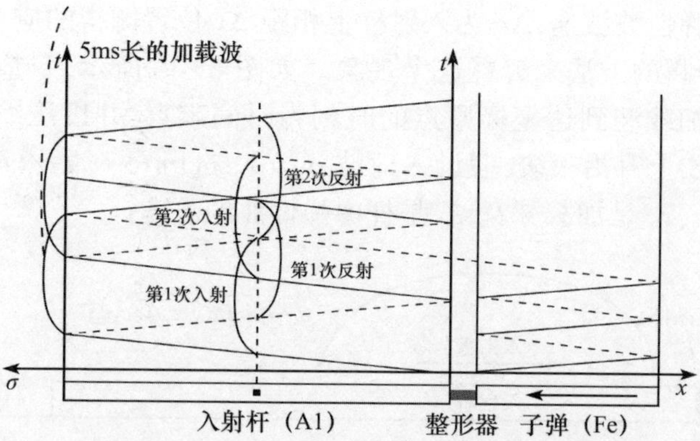

图 6-34　利用多次重复加载叠加形成长加载波

离为 Δx。通常小圆柱体高为 3~5mm，若是准静态实验，因为不需考虑波的传播，这个距离可以忽略。而在动态实验中，由于入射波和反射波的叠加，会导致实验误差的产生。

Casem 等采用质量分析的方法得到石英晶体测得的力与试样实际受力之间的关系为

$$F_{QG1} = F_1 + \left(m_p + \frac{m_g}{2}\right) a_1 \tag{6-92}$$

式中：F_{QG1} 为石英晶体测得的力；F_1 为试样实际受力；m_p 为垫块的质量；m_g 为石英晶体质量；a_1 为加速度，如图 6-35 所示，图中 $m_e = m_p + m_g$。

垫块导致的测量误差为

$$\Delta F = \left(m_p + \frac{m_g}{2}\right) a_1 \tag{6-93}$$

这里石英晶体的厚度是给定的，所以 m_g 为定值。可以通过两种方法减小测量误差：一是减小垫块的厚度，从而减小 m_p；二是减缓加载波的上升沿，从而减小加速度 a_1。

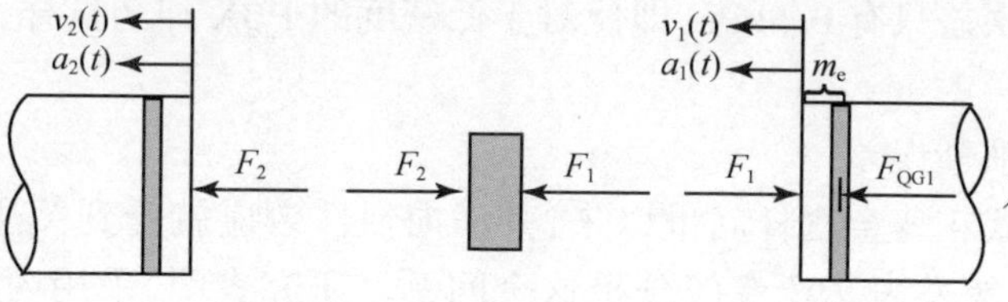

图 6-35　入射杆中石英晶体预埋位置引起的误差—质量分析法

而加速度值可以由下式给出：

$$a_1 = c_0^2 \frac{\Delta \varepsilon}{\Delta x} \tag{6-94}$$

式中：c_0 为杆中弹性波波速；$\Delta\varepsilon$ 为入射杆上相距 Δx 位置测得的应变差。

采用波形分析的方法来解释这个现象。如图 6-36 所示，令垫块和试样接触处为坐标原点，加载波到达坐标原点的时刻为时间零点，并以压缩为正。由于加载波的脉宽很长，上升沿很缓，假设入射波 $\sigma_i=\sigma_0\sin[\pi(x+c_0t)/(c_0\tau_0)]$，其中 σ_0 是加载波的峰值，τ_0 是加载脉宽，c_0 是杆中弹性波的波速。

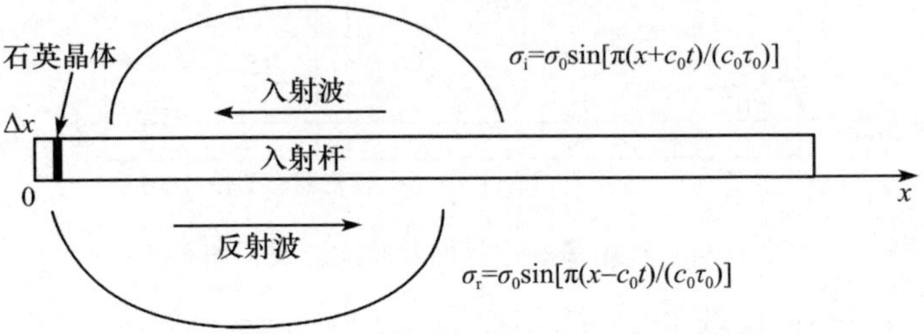

图 6-36　入射杆中石英晶体预埋位置引起的误差—波形分析法

入射波到达试样端面会反射形成拉伸波，假设自由面反射，则反射波为 $\sigma_r=\sigma_0\sin[\pi(x-c_0t)/(c_0\tau_0)]$。入射波和反射波叠加之后为

$$\sigma = 2\sigma_0\sin\frac{\pi x}{c_0\tau_0}\cos\frac{\pi t}{\tau_0} \tag{6 - 95}$$

由式(6-95)可以看到，在试样和杆的端面处，即 $x=0$ 处，应力始终为 0。而石英晶体预埋的位置 $x=\Delta x$ 处的最大应力为

$$\Delta\sigma/\Delta x = 2\sigma_0\sin\frac{\pi\Delta x}{c_0\tau_0} \tag{6 - 96}$$

杆中弹性波速近似为 5000m/s，传统分离式霍普金森杆实验中加载脉宽 $\tau_0=200\mu s$，加载波的幅值为 25MPa，则 $\Delta x=3mm$ 时预埋位置导致的误差为 15kPa。这对普通的材料是可以忽略的。对于强度较小的材料，如质量密度为 1.5g/cm^2 的 PBX 炸药，其单轴压缩强度只有 0.384MPa，必须考虑这个误差。本研究采用 1mm 厚的铝圆片作为石英晶体的阴极，且加载脉宽有 5ms，加载幅值只有 2MPa，这样预埋位置导致的误差只有 0.5kPa，即使对于低密度的 PBX 炸药试样，这个误差也是可以忽略的。

（2）横向惯性误差。

自从分离式霍普金森杆问世以来，其横向惯性效应就受到关注，近年来 Forrestal 等和 Song 等发表文章专门分析这个问题。研究表明，采用内径为外径 30% 的圆环试样进行实验，横向惯性效应会显著减小。试样的横向惯性效应导致试样中径向应力的存在，相当于对试样中间部分施加了围压效果，必然导致实验结果的偏差。

Forrestal 等假设试样横向惯性导致的轴向应力增量为 σ，在试样中心处达到最大值,沿径向按照抛物线规律下降,到试样表面下降为 0。Song 等得到横向惯性导致的轴向应力偏差在整个横截面上的平均值为

$$\bar{\sigma}_z^{l} = \frac{R^2\rho_s}{8}\ddot{\varepsilon} \tag{6-97}$$

式中:R 为试样半径;ρ_s 为试样密度;$\ddot{\varepsilon}$ 为试样轴向加载应变上升沿的加速度。

研究认为,传统的分离式霍普金森杆实验中,$\ddot{\varepsilon}$ 值为 $10^8 s^{-2}$。对于一个密度为 1.5g/cm^3,直径为 15mm 的试样,横向惯性导致的轴向应力偏差为 400kPa。采用本研究中的长加载脉宽的加载形式,试样的轴向加载应变率为 $10s^{-1}$,加载波上升时间为 1ms,则 $\ddot{\varepsilon}$ 可以下降到 $10^4 s^{-2}$。对于同样的密度为 1.5g/cm^3,直径为 15mm 的试样,此横向惯性导致的轴向应力偏差下降到 40Pa,完全可以忽略。

3）实验结果

图 6-37 是针对某 PBX 炸药试样进行的中应变率加载实验的典型原始示波器记录。试样为压装 PBX,压装密度分别有 1.5g/cm^3、1.6g/cm^3、1.7g/cm^3 三种。图 6-37 中示波器的水平灵敏度是 2ms,Ch1 记录入射杆的应变片信号,Ch2 记录石英晶体测试的应力信号,Ch3 记录激光光通量位移计所得的应变信号。从图中可以看出,Ch1 只有一个压缩波,加载脉宽达到 5ms。红外测速计两个红外传感器得到信号的时间间隔为 4.24ms,传感器间的位置间隔为 20mm,计算得到子弹速度为 4.7m/s。由于入射波反射波的多次叠加,入射杆的应变片信号相互叠加形成了超长加载脉宽。在这里入射波的上升沿只有 866MPa/s,而典型的分离式霍普金森杆的入射波上升沿即使在加整形器的情况下也会达到 1000GPa/s 以上。

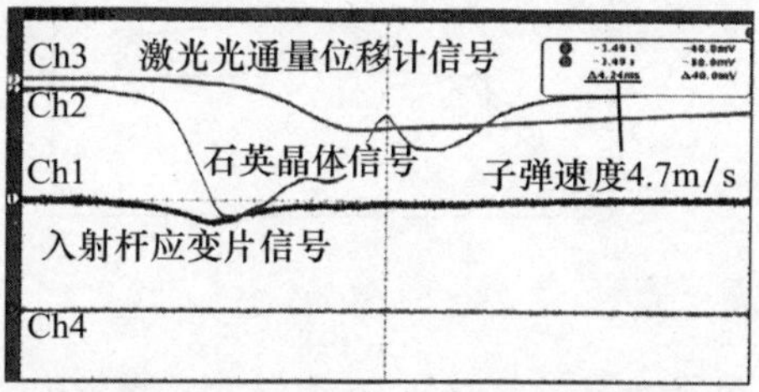

图 6-37　中应变率加载原始曲线图

图 6-38 为应力及应变历史曲线。对应变上升段的线性部分进行拟合,得到本次实验的加载应变率为 $9s^{-1}$。

图 6-39 为不同初始密度试样中应变率加载下的应力-应变曲线。从图 6-39 中可以看出,三种密度下试样均呈现出明显的应变率效应,炸药试样的强度随着加载应变率的提高而增加。

2. 火工品过载评价

随着装甲防护的加强和重要军事基地等战备工事向地下深入发展,对动能穿甲弹或钻地弹破坏能力的要求也不断地提高。这类弹在攻击过程中所遇到的环

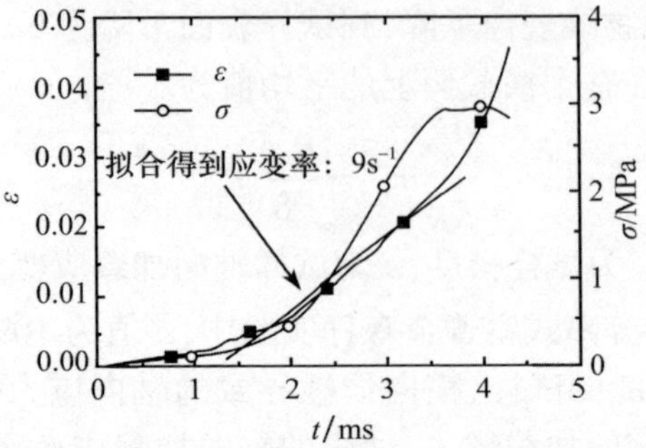

图 6-38　中应变率加载典型应力与应变历史

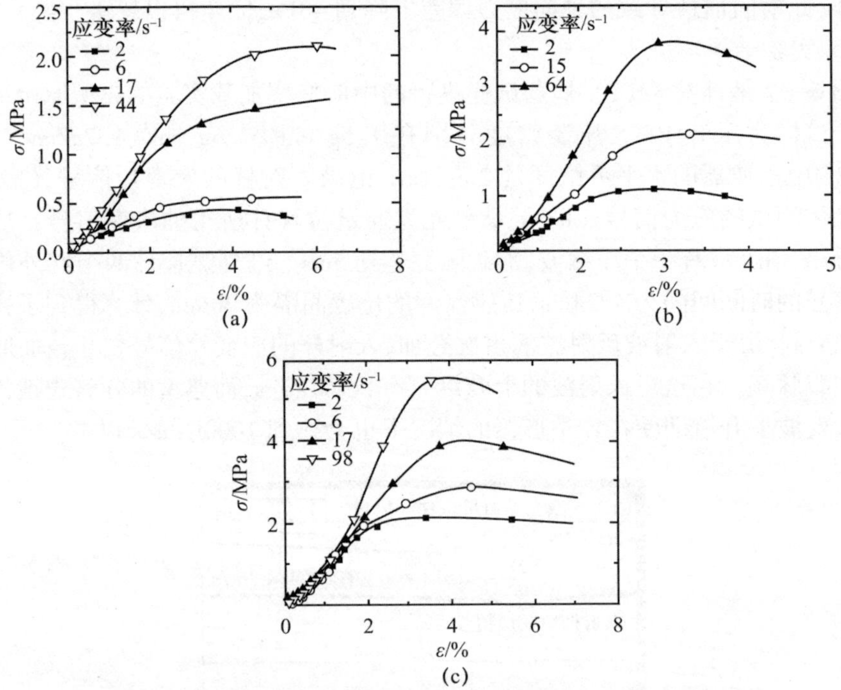

图 6-39　三种密度 PBX 试样的中应变率单轴压缩应力-应变曲线

(a) $\rho_0 = 1.5\mathrm{g/cm^3}$；(b) $\rho_0 = 1.6\mathrm{g/cm^3}$；(c) $\rho_0 = 1.7\mathrm{g/cm^3}$。

境条件非常恶劣、复杂，要求弹药在高过载加速度环境下具有很高的可靠性，即弹药在高过载加速度环境下的高安定性和高可靠性。火工品及其组成的点火和起爆、传爆序列是弹体的心脏，在弹药中起着至关重要的作用，尤其是弹内火工品装药的动态安全性、可靠性将直接影响弹药的效能。因此，在这样复杂的环境下火工品装药能否承受住高过载的考验，是安全设计和使用中必须要考虑的问题。

为了研究火工品装药的动态过载，国内外关注弹丸发射和着靶阶段的过载模拟实验技术和耐过载评估技术，尤其关注 $100000g \sim 150000g$ 值或更高的加速度值模拟试验技术和弹药耐高过载能力评定方法。目前,国内外主要采用的火工品装药过载加速度试验方法有实弹射击、马歇特锤击试验、落球碰撞、冲击摆等试验方法。

实弹射击试验是应用最为久远,也是最接近实际过载状态的试验方法。但是这一方法不易获得动态过程的状态量,通常只能通过终态效果定性评估火工品装药过载指标的质量检验和定量分析火工品装药的过载状态。而且实弹射击试验具有成本高、风险大、试验数量少、难以操作、难以获得过载过程中试件的实时状态等缺点。马歇特锤击试验法属于传统的过载能力评价方法,其原理为:用一定重量的重锤为动力,带动装在锤柄上的具有选定重量的击锤,旋转一定角度打击击砧,利用击锤碰撞击砧时产生的惯性力使火工品组件具有加速度过载,运用一定的方法采集装药的加速度值。此方法操作简单,成本低廉,但是只能模拟火炮发射时的加速度极值,不能模拟发射过程中过载加速度的变化规律,且加速度一般不超过 30000g。落球碰撞试验方法的原理是把装有火工品组件的假引信装在定重的假弹上,让假弹从一定高度自由坠落到钢板上产生冲击振动,使火工品组件产生过载。冲击最大幅值由假弹重量和下落高度而定。目前落球碰撞试验方法评价的过载值一般不超过 50000g。冲击摆试验是以一定高度将摆自由释放,在摆的悬定点正下方撞击试件,从而获得过载。此方法装置和操作都简单,但是难以控制精度,其测试过载值一般不超过 10000g。

由于霍普金森杆实验具有装置简单、操作方便等优点,国内外发展了一类基于霍普金森杆实验技术的火工品高过载试验方法,此类试验方法可以有效地考核 30000g~250000g 的冲击加速度下火工品的安全性。

张学舜等考核了 3 种制式引信用针刺雷管的过载安全性。邓琼等利用霍普金森杆拓展实验技术考察了一种冲击片雷管的高过载性能。蔡吉生等研究了 5 种不同管壳尺寸的延期体在 60000g~170000g 的加速度过载作用下的延期性能,比较了加载前后不同尺寸延期体的燃速变化,分析不同尺寸的延期体抗过载的性能。张学舜等利用霍普金森杆拓展技术对两种火工品在高加速度(100000g~160000g)环境下的安全性进行了评价。针对火工品的输入端和输出端两个轴向方向和一个径向方向进行过载试验。试验结果表明:火工品抗轴向冲击的能力高于抗径向冲击的能力,且火工品结构失稳是导致雷管在冲击环境下不安定的主要原因。图 6-40 给出了火工品组件示意图。火工品座和垫块的材料为 LY12 铝,直径为 14mm,垫块厚度为 5.6mm,火工品自由放入火工品座孔中,火工品座与垫块、垫块与压杆之间用 502 胶黏结。杨光强等采用霍普金森杆拓展实验技术,对普通桥丝电雷管在加速度高于 100000g,过载脉冲宽度大于 100μs 情况的高过载性能进行了研究,并对回收试样进行了 CT 层析扫描分析研究。结果表明:桥丝电雷管受到塑性波作用,在周围环境挤压下导致雷管结构变形造成结构失稳,性能指标发生变化,导致雷管失效或早爆。

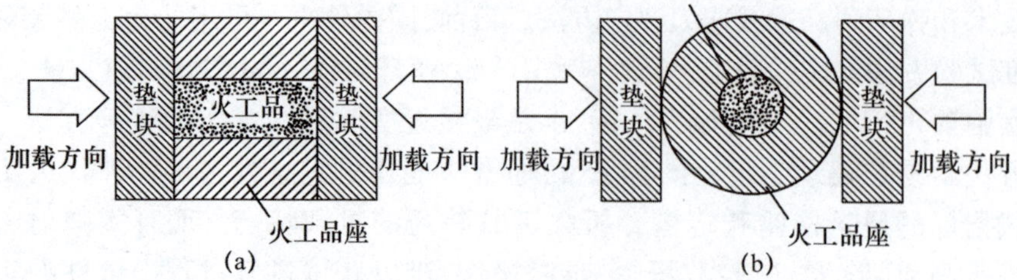

图 6-40　火工品安全性研究试验件结构图

(a)轴向试验用试件；(b)径向试验用试件。

火工品在过载环境中往往承受至少两种形式的应力环境：第一种是火工品自身的质量带来的惯性应力；第二种是火工品与其装配组件的结构失稳导致火工品挤压变形的应力。针对火工品过载特征，基于霍普金森杆实验技术的火工品高过载试验也分为两种。

第一种是将火工品组件采用机械或胶黏的方式固定在入射杆端面，这种实验方法用于评价火工品自身惯性导致的安全性问题。实验过程与高 g 值加速度标定过程相似。由应力波理论可知，与入射杆端面黏结的火工品试件的速度和加速度分别为

$$v = 2c_0\varepsilon_i \tag{6-98}$$

$$a = 2c_0 \frac{d\varepsilon_i}{dt} \tag{6-99}$$

第二种是将火工品组件直接放置于入射杆和透射杆之间，这种实验方法用于评价火工品组件结构失稳导致的安全性问题。实验方法与传统分离式霍普金森杆的实验方法一致，在力平衡条件下，火工品组件的平均速度和加速度可以表示为

$$v = \frac{1}{2}(v_1 + v_2) = c_0\varepsilon_i \tag{6-100}$$

$$a = c_0 \frac{d\varepsilon_i}{dt} \tag{6-101}$$

式中：c_0 为杆中弹性纵波波速；v_1 和 v_2 分别为火工品组件两端面的速度；ε_i 为入射应变。

基于霍普金森杆的高过载试验技术克服了传统实弹射击试验的缺点，同时又能达到马歇特锤击试验、落球碰撞、冲击摆等试验方法不能实现的高 g 值。因此基于霍普金森杆的高过载试验技术为火工品安全性评估研究提供了有利的实验支撑。

3. 炸药安全性研究

美国陆军研究实验室(U. S. Army Research Laboratory)的 Krzewinski 等采用改进的霍普金森杆对炸药和推进剂进行剪冲实验，研究其剪切变形及剪切起爆响

应。图 6-41(a)为实验装置示意图,入射杆和透射杆均为长 1.5m、直径 12.7mm 的 350 马氏体超强钢(拉伸强度 2.3GPa),采用长度为 0.25m、0.5m、0.55m 的子弹以实现持续时间为 100μs、200μs、220μs 的加载脉冲。此装置与传统分离式霍普金森杆的主要不同之处在于其试样及试样固定方式,同时由于炸药或推进剂实验时可能发生爆炸,因此在入射杆部分增加能量吸收器,防止炸药爆炸导致入射杆反向冲击引起设备损坏。入射杆、透射杆与试样接触用转换杆过渡,若实验时转换杆被炸坏,则可用新的替换,从而保护入射杆和透射杆。图 6-41(b)为试样固定装置图。试样直径为 19.05mm,长度为 12.7mm。安装时,试样与杆同轴,侧面不能横向膨胀。

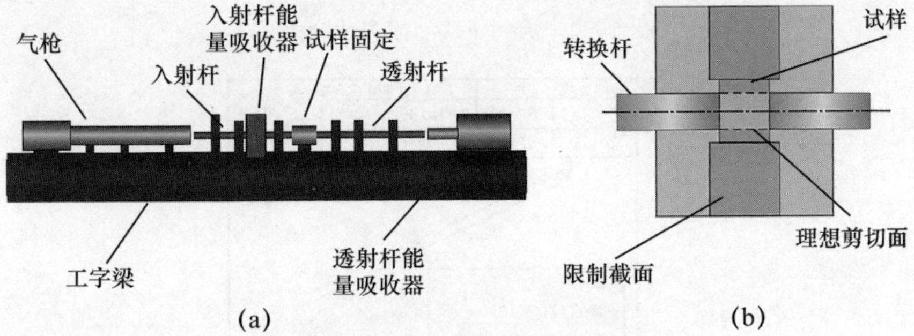

图 6-41　炸药安全性实验装置示意图

(a)改进的分离式霍普金森杆装置;(b)剪冲试样固定装置。

传统的分离式霍普金森杆实验要求试样两端加载过程力平衡,即满足 $\varepsilon_i+\varepsilon_r=\varepsilon_t$,其中 ε_i、ε_r、ε_t 分别为杆上应变片记录的入射波、反射波和透射波信号,在剪冲实验中,由于试样中剪切力的存在,试样两端力不平衡,且剪切力 τ 可表示为

$$\tau=-AE(\varepsilon_i-\varepsilon_r-\varepsilon_t) \tag{6-102}$$

式中:A、E 分别为杆的横截面积和弹性模量。

通过对实验后未点火试样回收,测出试样凹进和挤出距离并取平均,即可评估试样加载过程的剪切位移,根据剪切力及剪切位移即可得到沉积在试样剪切层的能量,正是该能量达到一定临界值使炸药发生点火起爆。图 6-42 为四种含能材料剪切位移与撞击速度的变化关系:随着撞击速度的增大,剪切位移也相应增大。图 6-43 为三种材料临界撞击速度与加载脉冲宽度的关系:随着加载脉冲时间的增大,临界撞击速度变小。由于 ETPE/RDX 材料中特殊的弹性黏结剂,撞击速度达到 48.2m/s 时该炸药仍没发生点火起爆,表现出很低的感度。

美国海军水面武器中心(U.S. Naval Surface Warfare Center)的 Joshi 等采用霍普金森杆和落重的混合实验技术研究了 PBXN-110 的点火极限。图 6-44 为他们采用的实验装置。气枪驱动子弹以一定的速度撞击入射杆,炸药试样安装在入射杆末端和砧骨之间,子弹和入射杆都为长 300mm、直径 25.4mm 的 4340 超硬钢。

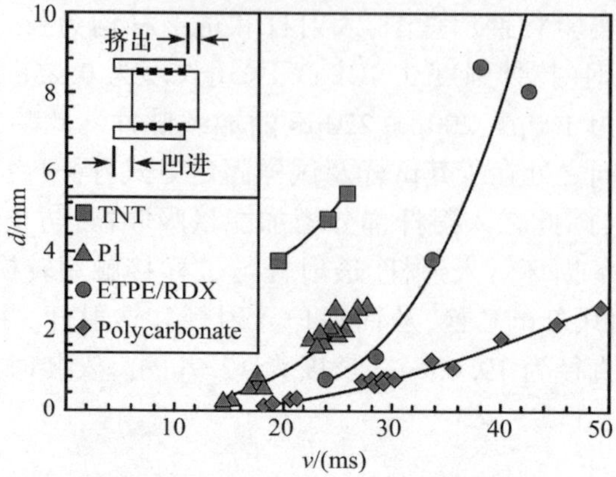

图 6-42　剪切位移与撞击速度关系

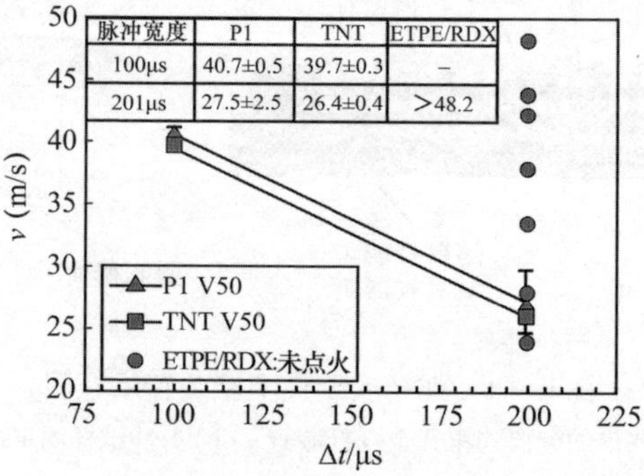

图 6-43　临界撞击速度与脉冲宽度关系

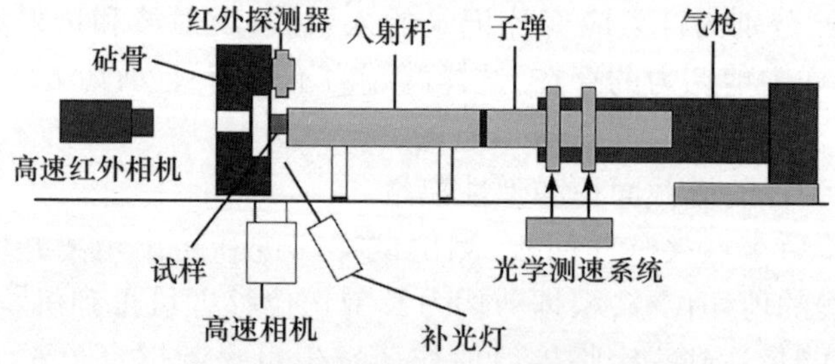

图 6-44　霍普金森杆混合实验技术示意图

实验时入射杆动能传入到试样中,试样处于高应变和高应变率加载下,炸药是否发生点火由沉积于试样中的能量和能量随时间的变化率共同决定。入射杆上不贴应变片,试样的轴向变形由试样侧面的高速相机进行记录;试样的受力由砧骨上的压力传感器测得;砧骨背面的高速红外相机可用于记录试样底面的温度场随加载过程的变化,但由于使用时需要将带压力传感器的砧骨替换为带蓝宝石观察窗口的砧骨,故不能同时进行压力的测量。对热敏感的红外探测器用于监测实验过程试样的点火情况。

根据压力传感器测得的力 F,可得试样任意时刻的应力 σ 为 $\sigma=\dfrac{F}{A}$,式中 A 为试样的横截面积。

根据高速相机记录的入射杆末端的位移 x,可得其速度 v 为

$$v=\frac{\mathrm{d}x}{\mathrm{d}t}=\frac{\mathrm{d}l}{\mathrm{d}t} \tag{6-103}$$

式中:dl 为试样厚度变化。

试样的应变率 $\dot{\varepsilon}$ 为

$$\dot{\varepsilon}=\frac{v}{l_0}=\frac{i}{l_0} \tag{6-104}$$

传入炸药中的能量 W 为入射杆损失的动能,可以表示为

$$W=\frac{1}{2}mv^2 \tag{6-105}$$

沉积于炸药中的能量率 $\dot{W}$ 可表示为

$$\dot{W}=\sigma\dot{\varepsilon}=\frac{F}{A}\frac{i}{l_0} \tag{6-106}$$

每次实验可以得到能量-能量率坐标平面的一个点,以及炸药是否发生点火的信息。改变加载条件反复进行多次实验,即可获得炸药的点火极限。图 6-45 为能量-能量率坐标平面下的实验结果及获得的 PBXN-110 的点火极限。图中点火极限(虚线)将坐标平面分为左下和右上两部分,当炸药中沉积的能量及能量率落在右上区域时,一般会发生点火;而落在左下区域时,一般不发生点火。炸药材料的点火极限越往右上区域移,表明这种炸药感度越低。

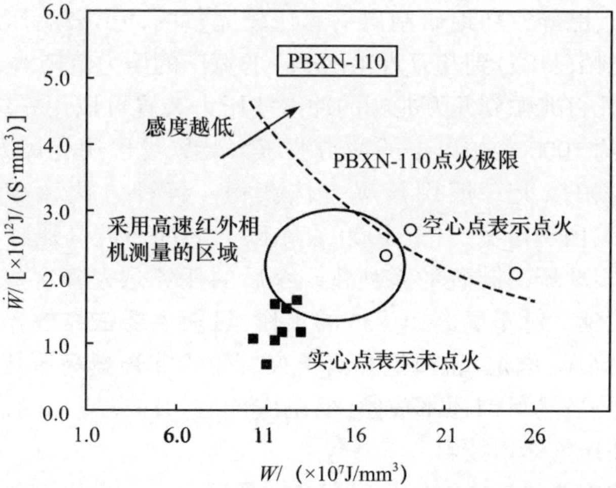

图 6-45　PBXN-110 的点火极限

6.2 气体炮实验技术

为了开展冲击动力学实验技术研究,必须首先研制出对应于不同压力的高压装置,以便进行系统的测量工作。

在自然界中,极高压力是在巨大天体内部由重力产生的。图 6-46(a)的压力-温度图上给出了描述地球中心状态点(4×10^{11}Pa,4000K)和太阳中心状态点(1.5×10^{16}Pa,2×10^{7}K)的数据。从图上还可以看出,在实验室中,也可以用多种方法产生高压。静态高压技术目前达到的最高压力约为10^{11}Pa。为了获得比静态方法更高的压力,从目前的发展状况看,广泛地利用了动态高压技术。动态高压技术又分为等熵压缩方法和冲击压缩方法。冲击压缩技术是20世纪40年代末期发展起来的,文献于1979年报道的6700GPa下铀的冲击压缩点的测量结果,是迄今为止实验测量极高压下物质状态点数据的典型例子。由于这一方面的技术进展,目前已将冲击绝热线的实验曲线,向托马斯-费米量子统计理论的适用范围接近了一大步,等熵压缩方法是20世纪60年代才开始发展的一项新技术,目前在实践中的应用尚不如冲击压缩方法广泛,本书限于篇幅,不准备讨论它,读者如有兴趣,可参阅文献。

用冲击压缩方法研究物态方程时,对所用的高压装置有两个基本要求:第一,压力是可调的,有比较宽广的压力范围,以便进行由低压到高压的冲击绝热线的实验测量;第二,所产生的冲击波要有一定的平面范围,因为分析一维应变压缩数据在理论上比较简单。从后一点要求看,它与一般作高速碰撞实验用的装置是有原则区别的。

到目前为止,已经成功地研制出一套比较完整的冲击波高压装置系列,它们覆盖了从几百兆帕(MPa)到几万吉帕(GPa)的宽广的压力范围。

一般说来,几百兆帕到几万兆帕的冲击波压力装置可以用一级压缩气体炮获得,几万兆帕到约1000吉帕以下的冲击波压力装置可以用化爆方法或二级轻气炮获得,1000吉帕以上一般用核爆方法获得。各种方法覆盖的压力范围见图6-46(b)所示,由图可见,对于1000吉帕以下的冲击波高压技术,目前已基本上成熟了,可以实现压力装置的系列化。今后的任务是完善这些方法,并且向更高的压力区间扩延。对于更高压力区的工作,目前主要依靠核爆高压技术解决;同时,激光产生高压、电炮、轨道炮和离子束打靶等非核爆高压技术,近年来也取得了很大的进展,虽然目前还不成熟,但也应该密切注意它们的进展状况,下面,重点讨论一下高压气体炮技术。

高压气体炮主要包括压缩气体炮和二级轻气炮。这类装置在20世纪40年代开始就相继问世,但是一直到60年代才从理论上和装置结构上研究得比较成熟,并得到普遍的应用。

压缩气体炮是一种低动压装置,它是研究低压下材料动态响应特性的主要设备,二级轻气炮是在压缩气体炮基础上发展起来的高速炮,主要用于研究各种高速碰撞现象,模拟飞行器飞行姿态,提供高速撞击下材料动态响应特性研究的一种性能优良的动高压设备。和化爆装置相比,高压气体炮具有弹丸速度可以精密调整、飞片飞行平稳、数据重复性好、测量结果精度高等特点。

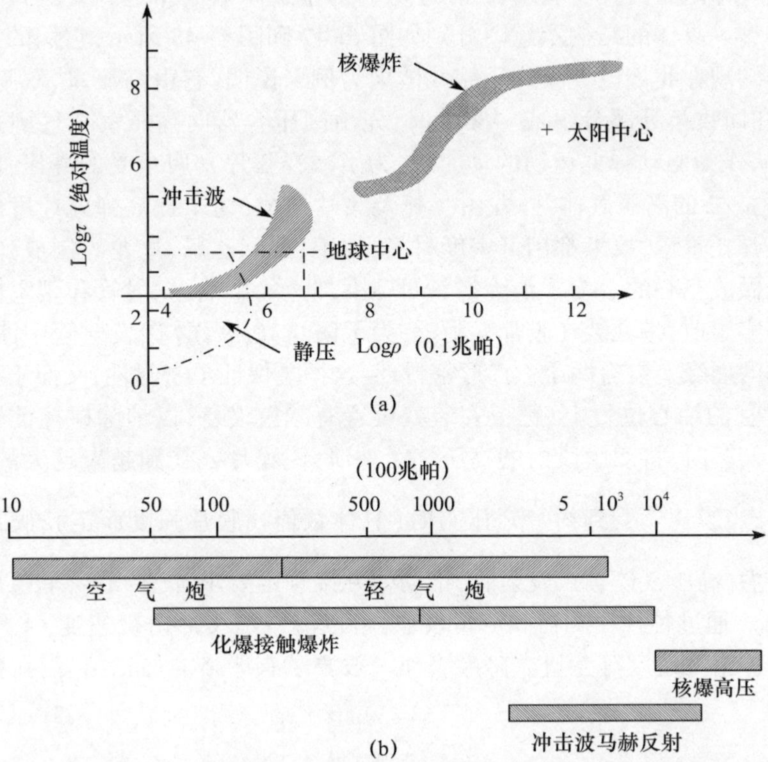

图 6-46　实验高压装置的性能

(a)实验的压力—温度关系;(b)各种冲击波高压方法覆盖的压力范围。

压缩气体炮可以将冲击压力扩延到化爆装置目前尚无法达到的低压区,二级轻气炮则已发展到可以与化爆方法相比拟的高压范围(图 6-46)。为了适应在宽广的压力范围内进行实验研究的要求,高压气体炮目前已发展到装置系列化的程度,是研究动高压下材料响应特性的一种重要的实验室设备。

6.2.1　压缩气体炮

化爆动高压装置在低压区的不适用性,主要由两个情况决定:一方面,压力幅度难以精确控制;另一方面,即使采用特殊的炸药透镜和低爆速(爆压)主药柱,再加上一系列的冲击波幅衰减措施,目前也难以设计出低于 1000MPa 的稳定的冲击压力装置。

为了适应低压区实验研究的需要,从 20 世纪 60 年代开始,人们广泛地利用滑膛炮精确控制飞片速度的方法,作为动态低压加载的一种方式,获得了令人满意的结果,有效地扩延了实验研究的低压范围,为材料在低压下动态响应特性的研究提供了一种实用的压力装置。

压缩气体炮是一种实验室设备,它分为活塞式压缩气体炮和夹膜式气体炮两种基本类型。具体的结构示意图分别如图 6-47 和图 6-48 所示,它们的工作原理基本相同。现在我们以夹膜式压缩气体炮为例来说明:它由高压室、双膜段、发射管、靶室和回收箱等部分组成。实验时,先由高压容器向高压室充气到预定的工作压力 p_0,作为驱动弹丸运动的动力源,为了减轻膜片 a 所承受的高压,同时在双膜段充以 $p_0/2$ 的高压气体,弹丸由弹托及飞片组成,为了提高弹丸速度应该尽可能地减轻弹托重量,故大都用低密度材料,如铝、聚酯乙烯、尼龙等制成弹托,有时还将弹托做成空心的。为了消除空气对弹丸加速的影响,发射管和靶室内必须抽成真空。实验前,弹丸装在膜片 b 附近,为了防止高压气体向发射管中泄漏,在弹丸圆柱体的周缘上装有两个"O"形密封环,这样既保证了密封性,又便于控制弹丸处于发射管的轴心位置上,靶板安装处设置有减震设备,以消除碰撞前靶板的提前运动。实验时,将双膜段内的高压气体外泄,使膜片 a 受到越来越大的压力,一般情况下,当膜片 a 受到约 $\frac{3}{4}p_0$ 压力时(具体数值视膜片强度而定),膜片将瞬时破裂。随后,高压气体进入发射管,推动弹丸按预定要求加速,最后平稳地撞击靶板(样品)。通过各种探测器和测量仪器,可以测量出飞片击靶速度、飞片"波形"及样品中冲击波速度等参量。碰撞表面一般要求有严格的加工精度,在样品的测

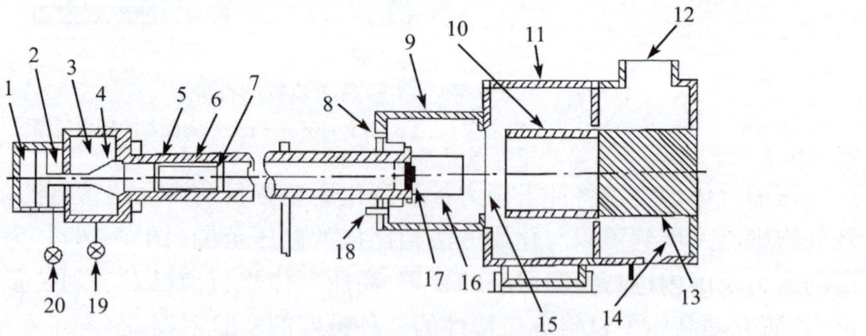

图 6-47　活塞式压缩气体炮装置示意图

1—炮后室; 2—点火室; 3—高压室; 4—活塞头; 5—铝膜; 6—弹托; 7—飞片; 8—电缆孔; 9—靶室; 10—样品回收箱; 11—外罩; 12—清洗排污孔; 13—重块; 14—膨胀室; 15—迈勒膜; 16—光学观察孔; 17—样品; 18—抽真空管; 19—高压进气管; 20—点火高压排气孔。

量平面范围内,有时要求高达0.5μm的平面度,飞片击靶的平面性由一组探针来测量,一般情况下,碰撞表面间的倾斜度要求小于5×10^{-4}rad,在发射管的末端和靶板之间装有另一组探测器(电探针,或者是X光或激光探测器),用于测量飞片击靶速度,测时误差一般要小于±0.2%,数据重复性在1%左右。

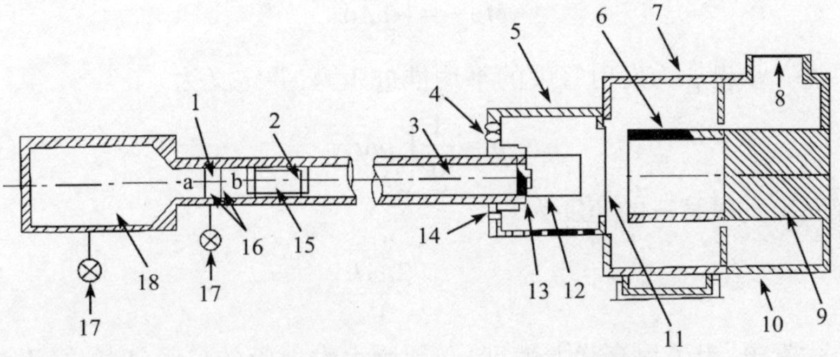

图6-48　夹膜式压缩气体炮装置示意图

1—双膜段;2—密封圈;3—发射管;4—电缆孔;5—靶室;6—样品回收箱;7—外单;8—清洗排污孔;9—重块;10—膨胀室;11—迈勒膜;12—光学观察窗;13—样品;14—抽真空管;15—弹丸;16—双膜片a,b;17—高压气体进气管;18—高压室。

按照所要求的弹丸速度,可以选用不同的工作物质(气体)。当要求30~600m/s弹丸速度时,一般采用压缩空气或压缩氮气;600~1500m/s时,则需采用氢气或氦气,发射管的口径取决于样品的径向尺寸,当样品较厚、观测时间较长时,口径就要求大,反之,口径就可以小。总的看来,目前常用的发射管内径大致为Φ63.5~Φ154mm之间,发射管长度则为3~24m。几种口径高压气体炮对应的弹丸速度范围如表6-2所列。

表6-2　几种典型的高压气体炮及其弹丸速度

炮型	炮径/mm	弹丸速度/(m/s)	
		最小	最大
一级气体炮	62.5	≈100	1500
	101	≈100	≈1500
	152	≈100	≈600
二级轻气炮	30	2000	8200
	50.8	1400	6500
	69	1000	4000

为了了解影响弹丸速度的基本因素,我们可以通过图6-49所示的两种状态进行分析:设弹丸质量为M,发射管长度为L,横截面积为A,弹丸受到的驱动压力为p,弹丸速度为u。如果不考虑弹丸与管壁的摩擦、附面层以及热传导的影响,按

照牛顿定律可得

$$M\frac{\mathrm{d}u}{\mathrm{d}t}=Mu\frac{\mathrm{d}u}{\mathrm{d}x}=pA \tag{6-107}$$

积分上式得到

$$M\frac{u^2}{2}=\int_0^L pA\mathrm{d}x \tag{6-108}$$

如果进一步设 $\bar{p}$ 为发射管中的平均推进压力,并定义为

$$\bar{p}=\frac{1}{AL}\int_0^L pA\mathrm{d}x \tag{6-109}$$

则弹丸出发射管口的速度为

$$u=\sqrt{\frac{2\bar{p}AL}{M}} \tag{6-110}$$

从上式看出,为了提高弹丸速度,必须增大发射管的口径和长度,减轻弹丸质量,提高平均推进压力。实际上,改变结构尺寸虽然可以提高弹丸速度,但是当 $\sqrt{AL/M}$ 增到一定程度时,速度的增益并不明显,因此,要想得到较高的弹丸速度,必须设法提高高压室的压力,比较理想的情况是维持弹丸底面有一个高而恒定的底压力。

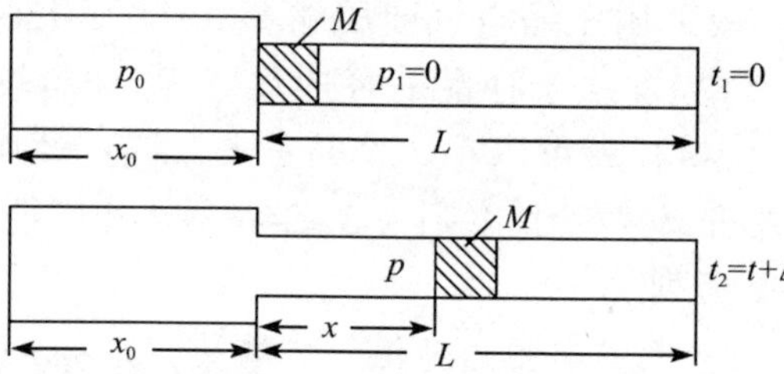

图 6-49 压缩气体炮中弹丸驱动示意图

弹丸速度与高压室内工作物质的质量(即压力)密切有关。原则上说,工作物质越多,弹丸速度就越高。在实际应用中,一般选择工作物质重量 G 与弹丸质量 M 之比 $\frac{G}{M}\approx 5$。大于 5 以后,速度的提高已不明显,这时,即使采用氦气和更高的初始压力,弹丸速度也不会有明显的增加。

气体(工作物质)的性质对弹丸速度也有重要的影响。设弹丸作一维平面运动,利用一维等熵膨胀和热力学关系式,可以求出推进压力与弹丸速度的另一种表示式:从气体的平面一维特征级方程出发,如果高压室和发射管直径相等,高压室为无限长,弹丸运动后整个高压气体均处于简单波区,则根据黎曼不变量有

$$\mathrm{d}u+\frac{\mathrm{d}p}{\rho C}=0 \tag{6-111}$$

式中:C 为声速;ρ 为密度。

设工作气体为理想气体,则根据物态方程

$$p = \frac{\rho RT}{\mu} \tag{6-112}$$

可以得到它的等熵过程关系式

$$p = p_0\left(\frac{\rho}{\rho_0}\right)^K \tag{6-113}$$

及声速关系式

$$\rho C = \frac{Kp_0}{C_0}\left(\frac{p}{p_0}\right)^{\frac{K+1}{2K}} \tag{6-114}$$

式中:R 为普适气体常数;T 为温度;μ 为气体分子量;K 为气体绝热指数。

将式(6-114)代入式(6-111),可以得到气体压力与弹丸速度的关系式

$$\frac{p}{p_0} = \left(1 - \frac{K-1}{2}\frac{u}{C_0}\right)^{\frac{2K}{K-1}} \tag{6-115}$$

根据式(6-115)、式(6-112),又可以得到

$$C_0 = \sqrt{\frac{KRT_0}{\mu}} \tag{6-116}$$

由式(6-115)、式(6-116)看出,选择分子量 μ 小,初始声速 C_0 大的气体作为工作物质,以及通过加温提高声速的办法,都有利于提高弹底压力和弹丸速度。从表 6-3 列出的四种气体看出:氢气是一种理想的工作物质,但由于它具有危险性和腐蚀性,故常用氦气作为提高弹丸速度的工作气体。

表 6-3　几种气体的参数(T=15℃时)

气体	初始声速/(m/s)	K	μ
空气	342	1.4	28.97
氮气	300	1.4	28.016
氢气	1300	1.41	2.016
氦气	1000	1.66	4.003

将式(6-115)代入式(6-107)可得

$$\frac{p_0AL}{MC_0^2} = \frac{2}{K+1}\left\{1 + \frac{\dfrac{2}{K-1} - \dfrac{K+1}{K-1}\left(1 - \dfrac{K-1}{2}\dfrac{u}{C_0}\right)}{\left[1 - \dfrac{u(K-1)}{2C_0}\right]^{\frac{K+1}{K-1}}}\right\} \tag{6-117}$$

这个公式给出了弹丸速度 u 与发射管长度 L 的关系。由上式得到的速度计算值一般比实测值高 10%以上。

调整压缩气体炮高压室的压力、弹丸尺寸和重量,可以严格地控制弹丸速度、弹丸飞行的平稳性、弹丸击靶时的平面性以及靶中冲击波的时间宽度。击靶压力脉冲的波阵面不平度一般可以做到在 Φ100mm 范围内小于 0.06μs。由于弹丸在发射管内是缓慢加速的(与化爆相比),故飞片温度基本上不会增高,可以更好地满足"对称碰撞"条件,有利于提高冲击压缩线绝对测量的精度,由于压缩气体炮具有上述优点,因此已被广泛用于测量低压下的物态方程,精细地观测冲击波和爆轰波结构,研究冲击相变等特性。同时,它还是各种冲击波传感器理想的压力标定设备。

6.2.2 二级轻气炮

活塞式二级轻气炮诞生于 20 世纪 40 年代末期,但在 10 年之后才真正引起人们的注意,最初,它是用于研究模拟高速飞行器的飞行姿态、子弹侵彻以及陨石撞击等现象。随着内弹道理论的发展,也有力地促进了二级轻气炮设备研制的进展,并把它的应用领域扩大到高压物态方程的测量研究。目前,为物态方程测量所用的平头弹丸(飞片)速度已达到 8km/s 以上,在高冲击阻抗靶中的相应压力约为 600GPa。

二级轻气炮是一种实验室动高压设备,它由火药室、泵管、活塞、高压容器、发射管等部分组成(图 6-50)。整个工作过程和波系作用如图 6-51 所示,火药室与泵管隔开,泵管内充以适量的轻气(氦气或氢气)。实验时,通过点火器使火药燃烧,火药室内形成的高压气体冲破膜片 A 进入泵管,并迅速地推动活塞运动,使泵管内的气体受到突然的压缩,导致它的压力和温度骤然升高。一般情况下,火药燃烧后作用于活塞的压力为数百大气压至数千大气压,而泵管内的压力可以高达 2000MPa 以上。活塞由可变形的塑料、尼龙等制成,这类材料在高压气体作用下具有近于流体的性质,因而有效地防止了火药室内气体的泄漏。随着活塞向右运动,泵管内形成的冲击波将在活塞与膜片 B 之间来回反射,当冲击波强度达到一定值时,膜片 B 将瞬时破裂,高压气体随之迅速地涌入发射管,推进弹丸高速运动,最后平稳地撞击靶板,对靶进行冲击压缩。

二级轻气炮的性能与炮的结构尺寸有关,主要是火药室的容积、泵管和发射管的内径及长度,活塞和弹丸的材料及其长/径比等尺寸,另外,它还与火药装量、火药室和泵管中的初始压力等情况有关。

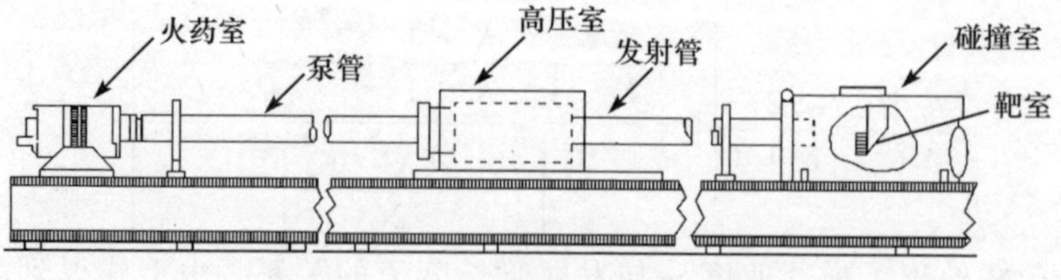

图 6-50　二级轻气炮系统示意图

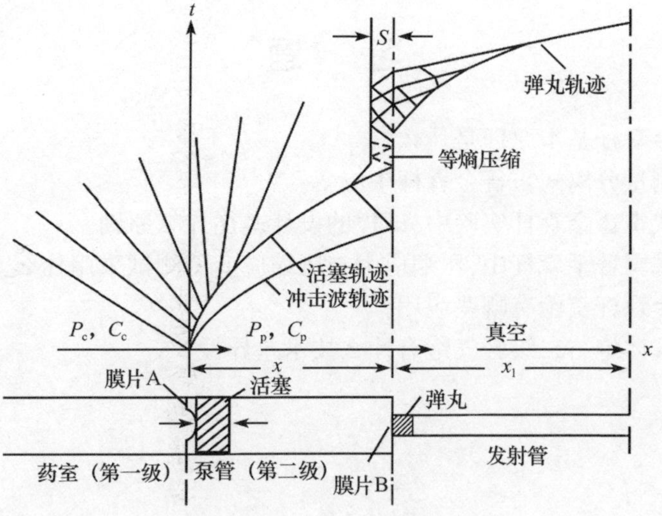

图 6-51　二级轻气炮波系图

严格地说,二级轻气炮和压缩气体炮之间并无本质的差别,它们都是通过压缩气体推动弹丸运动的,仅仅是前者由火药室和泵管组成了一个高压耦合器,以代替压缩气体炮的高压容器。由于泵管压力比高压容器的压力高 1~2 个数量级,通过调整活塞尺寸,可使弹丸底压保持近于恒定的高压值,因此所得弹丸速度也远大于压缩气体炮的速度值当结构尺寸一定时,为了提高弹丸速度,也可采用压缩气体炮所采用的那些措施,如提高工作物质的初始温度,选用声速大、分子量小、K 值低的气体作为工作物质等,作为一种粗估弹丸速度的方法,在高压室为无限长的等径炮时,由平面一维等熵条件下推导的速度公式式(6-117)仍然适用;如果对该式计算结果作简单的修正,还可以得到比较符合实际情况的弹丸速度预估值。

发射管和靶室一般要抽成 10^{-2}torr 左右的真空度,以消除弹丸和靶板之间气体的影响,靶内压力脉冲波阵面的不平度和倾斜度,分别决定于弹丸和靶表面的平面度和弹丸击靶的倾斜度,碰撞表面要求精密抛光,其平面度为 0.5μm 左右,碰撞倾斜角一般不能大于 0.03°。

通过以上的叙述可以看出,压缩气体炮和二级轻气炮与化爆的空腔增压技术相比,并无本质的原理性区别,仅仅是前者利用高压气体作为弹丸加速的驱动源,后者则是利用炸药的爆轰产物气体作为飞片加速的驱动源,因此高压气体炮的弹丸、靶(样品)等的设计原则也与化爆高压装置的相同,所采用的测试技术也大致类同,只不过化爆系统的“波形”平面性不如高压气体炮的好,测量数据的精度相应地要差一些,在实际应用中,在用高压气体炮作为实验设备时,对靶板及弹丸的加工、安装等工作要求相当严格,实践中要注意这一点。

习　题

1. 霍普金森杆基本原理是什么?
2. 如何测量分离式霍普金森杆中应变?
3. 分离式霍普金森杆实验中,试样的设计遵循什么原则?
4. 分离式霍普金森杆中,压缩应力与压缩应变的测试采用什么方法?
5. 霍普金森杆实验有哪些应用?
6. 压缩气体炮与二级轻气炮有什么技术差异性?

附录　部分人物简介

1. Rayleigh

瑞利（Lord John WilliamStrutt Rayleigh, 1842—1919），英国物理学家，因发现稀有元素氩和在气体密度精确测量方面所作出的贡献，获得了1904年度诺贝尔物理学奖。

1894年8月13日，当英国科学家在牛津开会时，瑞利和化学家拉姆赛（因发现氖、氩、氪等惰性气体获1904年诺贝尔化学奖）在大会上宣布他们发现了一种新的气体元素。这种新的气体和氧、氮等一样都是大气的组成部分，但是它几乎不和任何元素发生反应，因此他们将其命名为氩（Argon，意即不活泼）。

事实上，在发现氩气以前，瑞利已花了20年的时间精确测量各种气体的密度。1892年，在测定氮气密度的实验过程中，他发现用从空气中得到的氮气测得的密度为1.2572g/L，而用从氨气中得到的氮气测定的密度为1.2408g/L，两者相差0.0064g/L。此后，瑞利又进行了多次实验都得到了相同的结论。拉姆赛认为，空气中含有一种未知的较重的气体，这种气体混在氮气中，使它密度变大了。两人又用不同的方法收集了这种未知气体，并进行了光谱分析，发现在光谱中出现了已知空气成分中的元素所没有的新谱线，这就说明未知气体是一种还没有被发现的新气体，氩气就这样被发现了。

瑞利在声学、振动、光学理论及热辐射等方面也都有重要贡献，例如，瑞利-金斯公式和瑞利散射公式等。

2. Mach

马赫（Ernst Mach, 1838—1916），奥地利物理学家、心理学家、哲学家，马赫主义的创始人。1838年2月18日出生在摩拉维亚（现属捷克），卒于德国慕尼黑附近的哈尔。

马赫在一生中主要致力于实验物理学的研究，发表过100多篇研究论文和报告。马赫用纹影技术研究飞行抛射体的工作最为人所熟知，他的最重要成就是在研究物体在气体中的高速运动时，发现了激波，并拍摄下激波的清晰照片。他在1887年起的几篇论文中指出：在空气中运动的物体发出以声速 c 传播的球面扰动波，当物体的速度 v 大于 c 时，扰动波的波前形成以物体为顶点的锥形包络面（见马赫锥），锥面母线与物体运动方向所形成的角度 α 与 v、c 的关系是 $\sin\alpha = c/v$。1907年，L. 普朗特首次称角 α 为马赫角。1929年，J. 阿克莱特鉴于比值 v/c 在空气动力学研究中日益显示出重要性，建议用马赫数表示这一比值。马赫数至今已成为表征流体运动状态的重要参数。第二次世界大战后，超声速飞行和原子爆炸出现，他的研究成果就更受到高度重视。马赫效应、马赫波、马赫角等这些以马赫命名的术语，在空气动力学中广泛使用，可见马赫在力学上的历史性贡献。

3. Murnaghan

默纳汉（Murnaghan Francis Dominic，1893—1976），美国数学家，致力于将群论应用于连续介质力学，生于爱尔兰泰伦（Tyrone）县。

默纳汉1910年进入都柏林大学学院，于1913年获得数学一等学位。之后他在巴尔的摩的约翰·霍普金斯大学攻读博士学位，同时研究放射性衰变研究中出现的微分方程。1916年，默纳汉提交了论文 *The Lines of Electric Force Due to a Moving Electron*，并获得了博士学位。

之后，他被任命为得克萨斯州休斯敦莱斯学院（Rice Institute）的讲师。1918年，他回到约翰·霍普金斯大学，并被任命为副教授。

4. Hopkinson John

Hopkinson John（1849—1898），1849年出生于曼彻斯特一个纺织工程师的家庭，从小就显示了出众的数学天赋，并于1871年在剑桥大学著名的三一学院（Trinity College）获得数学学位。毕业后，他的兴趣转向将数学用于工程实践。当时物理学家Maxwell建立了电磁波理论；Hopkinson John尽管经济上不宽裕，还是把他家的两个房间改建成实验室，在里面进行电磁学的实验。他和弟弟一起研制出实用的交流电动机和同步电机，并获得三相发电机的专利。由于这些突出的成就，Hopkinson John被遴选为英国皇家学会院士（1877），获聘为伦敦国王学院的电工教授（1890），并且两次（1890和1896）被推选为英国电机工程师学会的主席。目睹剑桥大学卡文迪许实验室在实验物理研究上的巨大成功，他又积极呼吁和策划在剑桥大学创建一间高水平的工程实验室。

Hopkinson John 酷爱户外运动，早在剑桥三一学院读书的时候，他就担任学院划艇队的队长，并曾带领划艇队在著名的一英里划艇大赛中获胜。后来，他常同朋友和家人去登山。1898 年夏天，他带着两个儿子和两个女儿去瑞士攀登阿尔卑斯山，除了长子 Hopkinson Bertram 因其律师事务先行离开了之外，他和其他三名子女全都在 8 月 27 日的登山事故中不幸罹难。

5. Hopkinson Bertram

Hopkinson Bertram（1874—1918）是 Hopkinson John 的长子，生于 1874 年。他同样以优异成绩毕业于剑桥大学的三一学院，并选择了专利律师为职业。1898 年夏天，他亦随同父亲、弟弟和妹妹一起去瑞士登山。其间，为处理业务而提前离开瑞士，在去澳洲的途中听到登山队的噩耗。回到英国后，他毅然决定放弃待遇优渥的律师职业，以继承父亲在科学研究和工程教育领域内的未竟事业。他首先参与了英国几个城市的有轨电车的设计，并因管道电解的实验研究获得英国土木工程师学会的金奖。1903 年，他从几位竞聘者中脱颖而出，获聘为剑桥大学的机构学与应用力学讲座教授。此时他才 29 岁，虽然没有教学经验，但已在工程实践中显示了出众的才华。此后 15 年中，他以极大的热情领导刚诞生不久的剑桥工程系，在工程教学和实验室建设方面亲力亲为，对工程系的发展贡献良多。

Hopkinson Bertram 本人的研究兴趣主要集中在燃烧、爆炸和冲击这些在工程上广泛应用而当时所知甚少的领域。一位名叫 Harry Ricardo 的学生在他的鼓励下由学习土木工程转向研究内燃机，后来成就卓著而享有盛名。

为了解钢丝在突然施加的强动载荷下的性能，Hopkinson Bertram 设计了一个实验：把一根钢丝上端固定在实验室的顶棚上，下端连接一个砝码盘，然后将一个中心有孔的砝码从高处沿着钢丝滑落撞击到砝码盘上，观察砝码的重量和下落高度对钢丝的断裂与否以及断裂部位有什么影响。从实验中观察到一个很有趣的现象：当砝码下落高度（也就是它的撞击速度）达到一个临界值时，钢丝在上端（即固定端）发生断裂；若进一步增加下落高度，钢丝最终在下端（即撞击端）发生断裂。这个实验在世界上第一次证实了材料在动载下的强度比静态强度为高，它不仅引起了人们对材料动态性能的浓厚兴趣，而且启迪了后人建立弹塑性应力波传播理论。

测定炸药爆炸产生的载荷脉冲在当时更是一个难题。为解决这个难题，Hopkinson Bertram 萌生创意，设计了一种被称为 Hopkinson 杆的装置。图中的炸药被雷管引爆后，产生的压缩应力波沿着长杆向右传播。该压缩波在长杆右边的自由端反射后变成拉伸波,使得飞片脱离压杆,携带着一定的动量向右飞去。测量悬置在右方的单摆受到飞片撞击后的摆动,便可以算出飞片携带的动量。再通过多次改变飞片的厚度,就能够确定爆炸产生的脉冲的形状和强度。

进入20世纪10年代,欧洲被战争的阴云所笼罩。于是Hopkinson Bertram开始倾力投入与国防有关的科学研究,例如对内燃机、火焰,以及子弹对钢板的撞击的实验研究;他还领导推动了一批国防应用课题,例如为军舰的船体加设防雷外壳,以及为飞机设计炸弹和投弹装置等。第一次世界大战爆发后,尽管当时他已经比飞行员的平均年龄大一倍,仍毅然决然地学习飞行。为了更好地理解飞行员所需的技术支援,他尝试在夜间和恶劣天气中飞行及在云中巡航。由于精湛的专业知识和全心全意的奉献,他在空军中从上尉一直升到上校。

不幸的是,厄运又突然降落在他的身上。1918年8月26日,他驾驶的Bristol战斗机在飞往伦敦的途中因气候恶劣而失事。此时他年仅44岁,殉难的日子同他父亲和弟妹在登山事故中去世的日子几乎正好相距20年!

在Hopkinson Bertram的葬礼上,剑桥大学工程系的前任系主任Ewing教授致辞说,Bertram从来没有为自己寻求什么,他的全部精力都奉献给了国家的利益,并且随时准备牺牲自己。

当年Hopkinson Bertram设计的Hopkinson杆,在1949年前后经过Davis和Kolsky等人的重新构思,以及后来许多研究工作者的不断改进,添加了应变片和动态信号采集系统,逐渐演变成了今天普遍使用的分离式Hopkinson杆。现在,分离式Hopkinson杆同高速摄像、光力学散斑技术以及有限元动态数值模拟结合在一起,已经成为力学家和材料科学家研发新材料的不可或缺的有力工具。

6. 吴雄

吴雄(1931—),出生于湖南涟源,中国兵器工业专家。

1949年,参加中国人民解放军;1950年,参加抗美援朝;1958年,到中国人民解放军军事工程学院学习。1965年毕业后分配到兵器工业第204研究所从事爆炸物理研究工作,历任技术员、工程师、高级工程师、研究员;先后获省部级以上重大科技成果奖8项,被评为“七五”、“八五”先进科技工作者,在美国、日本、德国、法国与国内发表论文数十篇,有的被国际刊物广泛引用,有的被SCI、CA、EI、Current Contents、Research Alert等权威数据库收录,有的被写入高等院校教科书中。

吴雄以国际公认的维里(Virial)理论为基础,成功解决高温下高级维里系数计算难题,建立爆轰产物状态方程。该方程被命名为VLW爆轰产物状态方程(VL

代表 VIRIAL 理论,W 代表吴雄),在国防事业上广泛应用。

1992 年,吴雄离休后,被南京理工大学聘为兼职教授,培养 VLW 状态方程的应用人才。

7. 邓稼先

邓稼先(1924—1986),出生于安徽怀宁,核物理学家,中国科学院学部委员。生前是核工业部科技委员会副主任、国防科学技术工业委员会科技委员会副主任。

邓稼先 1941 年考入西南联合大学物理系;1945 年从西南联合大学毕业,先后任教于昆明市文正中学、培文中学;1946 年任北京大学物理系助教;1948 年 10 月赴美国普渡大学物理系学习深造,毕业后获得物理学博士学位;1950 年 10 月任中国科学院近代物理研究所助理研究员;1952 年任中国科学院近代物理研究所副研究员;1954 年至 1958 年任中国科学院数理化学部副学术秘书;1958 年起历任第二机械工业部第九研究院理论部主任,九院 901 所副所长、所长,核工业部九院副院长、院长,核工业部科技委员会副主任,国防科学技术工业委员会科技委员会副主任;1972 年任核武器研究院副院长;1979 年任核武器研究院院长;1980 年当选为中国科学院学部委员(院士);1986 年 7 月 29 日在北京逝世,享年 62 岁;1999 年被追授"两弹一星功勋奖章"。

8. 周光召

周光召(1929—2024),出生于湖南宁乡,中国科学院院士,曾任中国科学院院长、党组书记,中国科学技术协会名誉主席、主席,第九届全国人大常委会副委员长。

周光召于 1954 年从北京大学研究生院理论物理专业研究生毕业;8 月,任北京大学物理系讲师。1957 年,赴苏联莫斯科杜布纳联合原子核研究所学习深造。1961 年 2 月,返回中国,任教于北京大学;5 月,调入第二机械工业部第九研究所,任理论部第一副主任,进行有关核应用的理论研究。1979 年,归理论物理研究事业,任中国科学院理论物理研究所研究员。1983 年至 1990 年,任中国科学院理论物理研究所所长。1987 年,任中国科学院院长、党组书记。1996 年 5 月,当选为第五届中国科学技术协会主席。1998 年 3 月至 2003 年 3 月,任第九届全国人大常委会副委员长。2001 年 6 月,当选为第六届中国科学技术协会主席。2024 年 8 月 17 日,在北京逝世,享年 95 岁。

周光召毕生从事高能物理和核应用理论研究,在中国第一颗原子弹、第一颗氢弹和战略核武器的设计、研制和试验方面卓有成就,是国际公认的赝矢量流部分守恒定律(PCAC)奠基者之一,是中国特色核武器发展道路的开拓者和探索者之一。1994 年,获得香港求是科技基金会"中国杰出科学家"奖。1999 年 9 月 18 日,获得"两弹一星功勋奖章"。2022 年,获得中国物理学会终身贡献奖。

9. 陈能宽

陈能宽(1923—2016),出生于湖南慈利,中国科学院院士,金属物理学、材料科学、工程物理学家。中国工程物理研究院高级顾问、研究员,长期从事金属物理和材料科学方面研究工作。

1946 年毕业于唐山交通大学(现西南交通大学)矿冶系。1948 年和 1950 年先后获美国耶鲁大学硕士学位和博士学位。1980 年当选为中国科学院学部委员。1996 年,获何梁何利基金科学进步奖,当选为中国科学院主席团成员。1999 年,被授予研制"两弹一星"有突出贡献的科技专家,并荣获"两弹一星功勋奖章"。

10. 郭永怀

郭永怀(1909—1968),出生于山东荣成,中国科学院学部委员,著名力学家、应用数学家、空气动力学家,中国科学技术大学化学物理系首任系主任,近代力学事业的奠基人之一。

1935 年毕业于北京大学物理系;1945 年获美国加州理工学院博士学位;1957 年被选聘为中国科学院学部委员(院士);1968 年 12 月 5 日因飞机失事不幸牺牲,12 月 25 日被追认为烈士;2018 年 7 月,国际小行星中心正式向国际社会发布公告,编号为 212796 号的小行星被永久命名为"郭永怀星"。

郭永怀长期从事航空工程研究,发现了上临界马赫数,发展了奇异摄动理论中的变形坐标法,即国际上公认的 PLK 方法,倡导了中国高速空气动力学、电磁流体力学和爆炸力学等新兴学科的研究。郭永怀在中国原子弹、氢弹的研制工作中领导和组织爆轰力学、高压物态方程、空气动力学、飞行力学、结构力学和武器环境实验科学等研究工作,解决了一系列重大问题,是一位为中国核弹,氢弹和卫星实验工作均作出巨大贡献的科学家。

11. 于敏

于敏(1926—2019),出生于河北宁河(现天津市宁河区),中国科学院学部委员(院士),原中国工程物理研究院副院长、研究员、高级科学顾问。

在中国氢弹原理突破中解决了一系列基础问题，提出了从原理到构形基本完整的设想，起了关键作用。此后长期领导核武器理论研究、设计，解决了大量理论问题。对中国核武器进一步发展到国际先进水平做出了重要贡献。从20世纪70年代起，在倡导、推动若干高科技项目研究中，发挥了重要作用。1982年获国家自然科学奖一等奖。1985年、1987年和1989年三次获国家科技进步奖特等奖。1994年获求是基金杰出科学家奖。1999年被国家授予“两弹一星功勋奖章”。1985年荣获“五一劳动奖章”。1987年获“全国劳动模范”称号。2015年获2014年度国家最高科技奖。2018年12月18日，党中央、国务院授予于敏同志“改革先锋”称号，颁授“改革先锋奖章”，并获评“国防科技事业改革发展的重要推动者”。2019年9月17日，国家主席习近平签署主席令，授予于敏“共和国勋章”。

附表　课程思政案例库

序号	章节	课程思政要点	教材中课程思政提示	思政类型
一	爆轰波基础	1. 逻辑学，守恒定律	守恒定律是自然界中的一个普遍规律，也是解决各种自然现象或矛盾问题的有效方法手段。常见的守恒包括质量守恒、动量守恒、能量守恒等。在爆炸与冲击动力学领域，守恒定律是最为常见、最为重要的定律之一，是求解分析各类问题的根本出发点与落脚点	辩证思维
		2. CJ 爆轰理论	炸药爆炸过程中会产生高温高压的气体（爆轰产物）急剧向外膨胀，并对外界做功，如何计算炸药爆炸后爆轰产物的状态参数是一个非常重要，但又非常困难的问题。在 19 世纪开始，Chapman 与 Jouget 针对炸药的爆轰问题开展了大量的研究，提出了 CJ 爆轰理论，解决了炸药爆轰产物参数计算的难题。在当时实验测试条件非常有限，炸药的爆炸过程时间很短，具有高危险性，Chapman 与 Jouget 克服重重困难，不惧艰险，最终解决了炸药爆轰这一世界性难题	科学家精神
		3. ZND 模型	CJ 爆轰理论解决了炸药爆轰参数计算这一难题，但随着研究的深入也发现该理论计算得到的爆轰参数与实验值之间存在较大的误差，表明 CJ 爆轰理论具有一定的局限性。在 CJ 爆轰理论的基础上，Zeldovich、Von Neuman、Doring 三位学者通过大量的研究，相继对 CJ 理论进行修正，即把爆轰波视为一个前沿冲击波和一个化学反应区所构成，此即 ZND 模型，使得炸药爆轰过程更加合理，模型更加准确，这是现今较完整的爆轰波理论概念	创新精神与批判思维
		4. JWL 状态方程	炸药爆轰参数计算是评估炸药威力、改进武器装备设计的重要依托，但炸药的爆轰过程时间非常短暂，且具有一定的危险性，因此爆轰参数计算面临诸多挑战。Lee 等人在 Jones 和 Wilkins 的研究基础上，结合大量的实验，提出了 JWL 状态方程，且经过实验验证，精度较高，为炸药的爆轰参数计算开辟了新的途径	创新精神
		5. 吴雄	吴雄长期从事炸药的爆轰理论与爆炸物理方面的研究工作，提出了著名的 VLW 爆轰产物状态方程，并得到国际认可，目前已被广泛应用于计算含能材料的爆轰参数。炸药的爆炸过程研究充满危险性与不确定性，但吴雄等人在当时极为困难的条件下，不畏艰辛，不惧风险，经过大量实验研究最终提出了爆轰产物状态方程，为爆轰物理的研究做出了重要贡献	科学家精神

续表

序号	章节	课程思政要点	教材中课程思政提示	思政类型
一	爆轰波基础	6."两弹一星"元勋钱学森	钱学森(1911—2009),我国著名的空气动力学家、系统科学家,工程控制论创始人之一,中国科学院学部委员,"两弹一星功勋奖章"获得者。钱学森在超高声速空气动力学领域贡献卓著,他提出的压缩流体边界理论、钱-卡门方程,钱学森弹道等一系列理论,在世界范围内都具有重大影响。 1955年,在毛泽东主席和周恩来总理的争取下,钱学森经过重重磨难,克服艰难险阻终于回到祖国。回国之后,在钱学森等人的努力下,1960年11月,我国仿制的第一枚导弹"1059"发射试验成功;1964年10月,我国第一颗原子弹爆炸成功;1967年6月,我国第一颗氢弹空爆试验成功;1970年4月,中国第一颗人造卫星发射成功。 1999年,为了表彰钱学森在"两弹一星"研制中所作出的突出贡献,被授予"两弹一星功勋奖章"	爱国情怀
二	爆轰波传播及波形控制	1. 波形控制元件	在武器装备上,需要根据武器装备的爆炸作用过程与机理,对炸药爆炸的爆轰波波形进行控制,得到理想形状的爆轰波。在我国武器装备研制过程中,为了实现爆轰波波形控制,采用了若干个波形控制元件。通过波形控制元件,可以实现炸药爆炸时爆轰波的正反射,提高爆轰波压力,从而实现武器的可靠起爆,这也体现了我国科学家的智慧	专业认同
		2. 多点起爆技术与两点起爆技术	为了实现武器装备上炸药爆炸过程中爆轰波波形控制,根据惠更斯-菲涅尔原理,可以采用多点起爆技术,得到类似的球面爆轰波。但采用多点起爆难度大,实现困难,对炸药的生产工艺与加工精度提出了很高的要求。在多点起爆技术的基础上,我国老一辈科学家通过大量实验与艰苦探索,提出了两点起爆技术。与多点起爆技术相比,两点起爆技术实现容易,难度降低,有利于武器装备的小型化。因此,两点起爆技术在武器装备中得到了应用	科学家精神
		3. 炸药爆轰波传播实验	炸药的爆轰过程是非常迅速的,在微秒级时间内就结束了,具有很大的破坏和杀伤效应。因此开展炸药爆轰波传播方面的研究是非常不容易的,也是非常危险的,但是爆轰物理学家们克服了重重困难和危险,在炸药爆轰波传播方面做了大量理论和实验研究,发现爆轰波也是一种波,它的传播与光波的传播相类似,都遵循几何光学的惠更斯-菲涅尔原理	科学家精神
		4. 高速摄影技术观测爆轰波传播情况	科学的研究思路就是大胆假设,小心求证。为了研究爆轰波的传播情况,学者通过高速摄影技术对爆轰波的传播波形进行了观察。结果表明,波阵面的曲率半径最初随药柱的长度的增加而增加,但当药柱长度大于某一极限长度 l_m 时,波阵面的曲率半径 R 趋近于一个恒定的 R_m	创新精神

续表

序号	章节	课程思政要点	教材中课程思政提示	思政类型
二	爆轰波传播及波形控制	5. "两弹一星"元勋邓稼先	邓稼先主要从事中国核武器的发展与研制工作,组织领导开展了爆轰物理、流体力学、状态方程、中子输运等基础理论研究,对原子弹的物理过程进行了大量模拟计算和分析,从而迈开了中国独立研究设计核武器的第一步。领导完成了中国第一颗原子弹的理论方案并参与指导核试验前的爆轰模拟试验,先后指挥了15次核试验,为我国核武器的研制做出了重大贡献	家国情怀
二	爆轰波传播及波形控制	6. "两弹一星"元勋周光召	周光召是中国特色核武器发展道路的开拓者和探索者之一,毕生从事高能物理和核应用理论研究,在中国第一颗原子弹、第一颗氢弹和战略核武器的设计、研制和试验方面卓有成就,是国际公认的赝矢量流部分守恒定律(PCAC)奠基者之一。在我国第一颗原子弹设计过程中,与邓稼先一起经过大量计算与艰辛探索,最终提出了强爆轰因子的概念,圆满解决了球面聚心爆轰波参数计算的难题	家国情怀
二	爆轰波传播及波形控制	7. "两弹一星"元勋于敏	于敏是我国著名的核物理学家,主要从事氢弹的设计研发,设计了我国的第一颗氢弹模型,并通过核试验验证了模型的合理性,为我国氢弹的研制做出了突出贡献,因此我国的氢弹模型又被称作"于敏构型"	奉献精神
三	爆轰波与介质的作用	1. 爆轰产物流场,辩证思维	当炸药爆炸时,会产生高温高压的爆轰产物气体并急剧向外膨胀,形成爆轰产物流场,不同形式装药所形成的爆轰产物流场存在差异性,但也存在一定的联系。对比分析不同形式的装药,发现可以在一端引爆半无限长装药的基础上进行分析。对于一端引爆半无限长装药,当从一端面引爆后,爆轰波以爆速 D 向右传播,爆轰波后面紧跟一系列的膨胀波,其爆轰产物流场是由右传中心膨胀波所确定的简单波区。对于其他形式的装药,可以借鉴一端引爆半无限长装药爆轰产物流场进行分析,结合装药形式与边界条件,对爆轰产物流场进行变换,从而简化分析	辩证思维
三	爆轰波与介质的作用	2. 马赫反射的应用	当平面爆轰波斜入射时,将发生爆轰波的非正规斜反射。当入射角大于临界角时,将会发生爆轰波的马赫反射。马赫反射在日常生活与武器装备中有非常重要的应用,例如最常见的聚能装药。当炸药爆炸时,爆轰波斜入射到金属药型罩表面发生马赫反射,在马赫波的作用下,药型罩向中心轴线方向加速运动,当运动到轴线方向时药型罩发生高速碰撞,形成类似于液体的细长金属射流。金属射流的速度可高达7000~9000m/s,具有很强的侵彻能力,可用于打击装甲类目标与混凝土类坚固目标	学以致用

续表

序号	章节	课程思政要点	教材中课程思政提示	思政类型
三	爆轰波与介质的作用	3. 空腔技术	美国的“胖子”原子弹属于内爆式原子弹的典型结构，通过炸药爆炸产生的能量压缩核材料，使核材料达到超临界状态，从而发生爆炸。内爆式原子弹中炸药装填质量太多，不利于原子弹的小型化。研究发现，可以在原子弹中采用空腔技术，减轻炸药用量，从而减小原子弹的质量，例如美国的 W87 核弹头就采用了这一结构。我国的老一辈科学家在原子弹的研制过程中，经过艰苦奋斗与不懈探索，发现了空腔技术的显著优势，并成功应用于我国第一颗原子弹的设计中，使我国核武器的设计水平处于领先地位	专业认同
		4. “两弹一星”元勋陈能宽	陈能宽长期从事金属物理和材料科学方面研究工作，在多种金属单晶体形变、再结晶及该材料在高温高压下的行为方面，解决了一系列有实际应用价值的理论和实际问题，对我国技术科学的发展做出了贡献。在交叉学科的工程物理研究方面，为中国原子弹、氢弹的研制从事爆轰物理、炸药工艺与炸药物理化学、特殊材料冶金、实验核物理等学科领域的研究和组织领导工作，做出了重要贡献	科学家精神
四	固体中高压冲击波的传播	1. 解析解与数值解	解析解是指通过严格的公式所求得的解，即包含分式、三角函数、指数、对数甚至无限级数等基本函数的解的形式。给出解的具体函数形式，从解得表达式中就可以算出任何对应值，具有广泛适用性。 数值解，是指给出一系列对应的自变量，采用数值方法求出的解。采用的方法包括有限元法、数值逼近、插值法等。他人只能利用数值计算的结果，而不能随意给出自变量并求出计算值。当无法由微积分技巧求得解析解时，便只能利用数值分析的方式来求得其数值解了，数值方法变成了求解过程重要的媒介。数值解一般是近似结果，它与微分方程的真实结果有偏差。 在实际的问题处理过程中，数学物理模型往往极为复杂，我们往往无法得到精确的解析解，而数值解才是实际问题的更普遍情况	科学素养
		2. 归纳与演绎	归纳和演绎是科学研究中运用得较为广泛的逻辑思维方法。马克思主义认识论认为，一切科学研究都必须运用到归纳和演绎的逻辑思维方法。归纳和演绎这两种方法既互相区别、互相对立，又互相联系、互相补充，它们之间的辩证关系表现为：一方面，归纳是演绎的基础，没有归纳就没有演绎；另一方面，演绎是归纳的前导，没有演绎也就没有归纳。一切科学的真理都是归纳和演绎辩证统一的产物，离开演绎的归纳和离开归纳的演绎，都不能达到科学的真理	辩证思维

续表

序号	章节	课程思政要点	教材中课程思政提示	思政类型
四	固体中高压冲击波的传播	3.“两弹一星”元勋郭永怀	郭永怀是我国近代力学事业的奠基人之一,倡导了我国的高超声速流、电磁流体力学、爆炸力学的研究,培养了优秀力学人才。他曾对跨声速理论与黏性流动进行了深入的研究,解决了跨声速流动中的重大理论问题。在炸药爆轰波的理论计算上,郭永怀正确地提出用一维特征线法进行,解决了一大批理论和技术难题。 1968 年 12 月 4 日,某次核试验结束后,在赶赴北京途中,飞机失事不幸遇难。1999 年郭永怀被授予“‘两弹一星’功勋奖章”,是该群体中唯一获得“烈士”称号的科学家	爱国情怀
五	高压冲击波与介质的作用	1. 简化思维	两列等强度的冲击波迎面相遇,可以按照两冲击波迎面相遇问题进行分析,基于质量守恒、动量守恒、能量守恒与状态方程进行求解分析,从而计算迎面相遇后冲击波的相关参数,但采用该方法计算量大,难度大。也可将其视为其中一列冲击波与刚性壁面正反射问题进行处理,利用冲击波刚性壁面反射理论进行求解分析,从而简化计算。根据两列等强度冲击波迎面相遇问题可以看出,知识之间是有内在联系的,要善于运用已有知识分析解决问题	科学素养
		2. 物理模型与实际问题	辩证唯物主义告诉我们,物质的本性即客观存在性,能作用于人们的感官,为人们的感官所感知,为思维所把握。人们对客观存在的认识从实践中产生,实践检验认识的正确性并纠正不正确的认识,从而获得正确的认识。在一定阶段上,由于主客观条件的限制,人的认识能力是有限的,但随着社会实践的发展,人的认识能力又是无限的,一切尚未被认识的事物终究会被认识。 根据上述观点,现实物理世界存在的一切物理规律是可以认知的,而物理模型就是我们认识世界客观规律抽象建立起来的。在解决实际问题时,遇到的不可能是经过分类的、典型的运动问题,而是要求研究者根据观察到的现象,依照物理学理论,将实际问题经过科学假设,抽象成模型化的、与理论研究所描述的形式一致的表达形式。例如第五章中讲到的两冲击波迎面相遇、同向追赶等都是在不同假设下的物理模型,因此也就有其自身的局限性和适用范围	科学素养
		3. 原公浦	原公浦(1934—2021),山东莱州人,1956 年原公浦到上海汽车底盘厂工作,担任团总支书记。1959 年国家二机部到上海选调一批优秀的技术工人,原公浦因技术过硬被选定到西北从事核材料的生产加工,为我国核武器的研制做准备,同年任中核 404 厂机械加工班班长。1964 年 4 月 30 日,原公浦被确定为车削我国第一颗原子弹铀球的操刀人,这是当时国内唯一的一颗铀球半成品,自发现铀矿起经由十年研制才完成。因其加工的最后关键三刀,被亲切地称为“原三刀”。原子弹中的核心部件—核材料,对其尺寸、形状、表面粗糙度有非常苛刻的要求,同时核材料具有放射性,会对人产生一定的辐射伤害。在这种情况下,原公浦凭借过硬的素质与精湛的技艺圆满完成了核材料的切削加工,为我国第一颗原子弹的成功爆炸做出了巨大贡献	工匠精神

续表

序号	章节	课程思政要点	教材中课程思政提示	思政类型
五	高压冲击波与介质的作用	4. 王俊卿	王俊卿(1943—),河南清丰人,1960年8月入伍,入伍后被分配在青海海北藏族自治州海晏县金银滩221厂二分厂负责警卫工作(221厂当时专门负责我国核武器的设计研究工作)。1964年12月退伍,转业安置至221厂二分厂工作,负责我国武器炸药生产加工。受当时技术的限制,炸药生产加工工艺落后,设施设备陈旧,防护手段有限,风险性大,危险性高,且武器中所用炸药对形状、尺寸、密度都有非常高的要求。为了确保生产的炸药质量可靠,满足装配与使用要求,王俊卿与同事不畏艰险,克服重重困难,凭借过硬的技术与无私的奉献精神生产出质量要求合格的炸药部件,为我国核武器的研制做出了重要贡献	奉献精神
六	冲击动力学实验技术	1. Hopkinson Bertram	Hopkinson Bertram是Hopkinson John的长子,之前从事律师职业。1898年在经历父亲及兄弟姐妹不幸遇难的事件后,放弃律师职业,从事科学研究,继承父亲在科学研究和工程教育领域内的未竟事业。最终在燃烧、爆炸和冲击等工程领域享有盛名,取得显著成绩	奋斗精神 科学家精神
		2. 继承与创新	在霍普金森杆领域,Hopkinson John于1872年发表了两篇关于铁丝拉伸断裂的论文,介绍了波在铁丝中的传播理论,开启了该领域研究的先河。1905年,Hopkinson Bertram基于父亲的实验,通过增大铁丝的长度,得到了波在钢丝中传播的解析表达式。1914年,Hopkinson Bertram设计出了霍普金森杆装置的雏形,为霍普金森杆的实际应用奠定了坚实基础。随后,Davies在1948年基于大量的实验研究与理论计算,指出了霍普金森杆在实验和理论上存在一定的局限性,并首次提出了采用平板及柱形电容器同时测量霍普金森杆实验中轴向和径向应变的方法。1949年,Kolsky基于Davies的应力应变测试方案,建立了分离式霍普金森杆,他被认为是分离式霍普金森杆实验技术的创始人。从此以后,霍普金森杆技术逐渐成熟,并引起人们的重视并在实践中得到应用	创新思维
		3. 霍普金森杆实验技术应用—火工品过载评价	随着装甲防护的加强和重要军事基地等战备工事向地下深入发展,对动能穿甲弹或钻地弹破坏能力的要求也不断地提高。这类弹在攻击过程中所遇到的环境条件非常恶劣、复杂,要求弹药在高过载加速度环境下具有很高的可靠性,即弹药在高过载加速度环境下的高安定性和高可靠性。火工品及其组成的点火和起爆、传爆序列是弹体的心脏,在弹药中起着至关重要的作用,尤其是弹内火工品装药的动态安全性、可靠性将直接影响弹药的效能。因此,在这样复杂的环境下火工品装药能否承受住高过载的考验,是安全设计和使用中必须要考虑的问题。 由于霍普金森杆实验具有装置简单、操作方便等优点,国内外发展了一类基于霍普金森杆实验技术的火工品高过载试验方法,可以有效地考核$30000g \sim 250000g$的冲击加速度下火工品的安全性。国内借助霍普金森杆实验在火工品过载评价方面开展了大量的研究工作,也为武器弹药的设计改进提供了重要依据与有力支撑	学以致用

参考文献

[1] 刘彦,黄风雷,吴艳青,等. 爆炸物理学[M]. 北京:北京理工大学出版社,2019.

[2] 张震宇,田占东,陈军,等. 爆轰物理[M]. 长沙:国防科技大学出版社,2016.

[3] 门建兵. 爆炸冲击数值模拟技术基础[M]. 北京:北京理工大学出版社,2015.

[4] 宁建国,王成,马天宝. 爆炸与冲击动力学[M]. 北京:国防工业出版社,2010.

[5] 叶本治. 应用内爆动力学处理方法与分析[M]. 绵阳:中国工程物理研究院内部讲义,1997.

[6] 孙承纬. 应用爆轰物理[M]. 北京:国防工业出版社,2000.

[7] 张宝钘,张庆明,黄风雷. 爆轰物理学[M]. 北京:兵器工业出版社,2006.

[8] 王保国,刘淑艳,黄伟光. 气体动力学[M]. 北京:北京理工大学出版社,2005.

[9] 李维新. 一维不定常流与冲击波[M]. 北京:国防工业出版社,2003.

[10] 张守中. 爆炸与冲击动力学[M]. 北京:兵器工业出版社,1993.

[11] 王继海. 二维非定常流和激波[M]. 北京:科学出版社,1994.

[12] 邓稼先,周光召. 球面聚心爆轰波理论[R]. 中国工程物理研究院,1964.

[13] 卢芳云,陈荣,林玉亮,等. 霍普金森杆实验技术[M]. 北京:科学出版社,2013.